연습문제 풀이집(개정판)

미분적분학

박재명 · 정세영 · 안재현 공저

도서출판 신성

머리말

미분적분학은 여러 가지 현상에서 일어나는 물체의 운동과 변화를 다루는 수학의 한 분야이다. 인공위성을 발사하거나 우주탐사를 계획하는 등의 연구를 하는 데도 미분적분학이 이용된다. 특히, 현대과학과 공학에서는 물리적인 현상을 연구하기 위하여 여러 가지 물리 법칙을 수학적인 용어로 설명하고 미분적분학을 이용하고 있다.

Isaac Newton(1642~1727)과 Gottfried Wilhelm Leibniz(1646~1716)는 미분적분학의 기본 정리들과 많은 연산공식을 체계화하여 각각 독자적으로 미분적분학을 과학으로 발전시켰다. 그 후 미분적분학은 여러 수학자들에 의하여 많은 발전을 가져왔다.

금세기의 위대한 수학자 John von Neuman(1903~1957)은 "미분적분학은 현대수학 중에서 최고의 작품이며 그 중요성을 평가한다는 것은 쉬운 일이 아니다."라고 하였다. 이것은 현대수학에서 미분적분학의 중요성을 잘 말해주고 있다.

미분적분학 교재는 자연과학이나 공학 또는 이와 관련된 분야를 전공하는 학생들이 전공을 공부하기 위해서 필요한 기본적인 미분적분학의 내용을 다루고 있으며 주당 3시간씩 두 학기에 걸쳐서 학습하기에 알맞은 분량으로 구성 되어 있다. 그리고 학생들이 내용을 쉽게 이해할 수 있도록 풀이와 함께 많은 예제와 다양한 문제를 수록하여 스스로 공부할 수 있도록 하는데 최선을 다하였다.

특히, 각 절의 끝에는 교재의 내용을 이해하고 그것을 활용하는 능력을 기르기 위하여 비교적 많은 연습문제를 수록하였다.

본 연습문제 풀이집은 학생들이 문제를 스스로 푸는 능력을 기르는 데 도움을 주기 위하여 홀수번의 풀이를 자세히 수록하였다. 짝수번의 문제는 홀수번 문제의 풀이를 참고하여 학생이 스스로 풀 수 있을 것으로 생각한다.

끝으로 신성출판사 편집부 여러분을 비롯하여 본 연습문제 풀이집의 출판을 위하여 도움을 주신 많은 분들께 진심으로 감사의 말씀을 드린다.

저자 일동

차 례

제0장 실수와 함수

0.1 실수와 직선

정의 0.1.1

$$x < y \quad \Leftrightarrow \quad y - x \text{는 양수}$$
$$x \leq y \quad \Leftrightarrow \quad y - x \text{는 양수 또는 } 0$$

정의 0.1.2

$$|x| = \begin{cases} x & (x \geq 0\text{일 때}) \\ -x & (x < 0\text{일 때}) \end{cases}$$

절대값의 성질

1. $|ab| = |a||b|$
2. $\left|\frac{a}{b}\right| = \frac{|a|}{|b|}$ (단, $b \neq 0$)
3. $|a+b| \leq |a| + |b|$ (삼각부등식)
4. $|a| - |b| \leq |a-b|$

정의 0.1.3

평면상의 두 점 $P(x_1, y_1)$과 $Q(x_2, y_2)$를 지나는 직선의 기울기 m은 다음과 같이 정의한다.

$$m = \frac{y_2 - y_1}{x_2 - x_1} \quad (\text{단}, x_1 \neq x_2)$$

정의 0.1.4

(1) x축에 수직이 아닌 두 직선이 서로 평행할 필요충분조건은 기울기가 같고 y절편이 다른 것이다.

(2) 기울기가 m_1, m_2인 두 직선이 서로 수직으로 만날 필요충분조건은 m_1, m_2의 곱이 -1이 되는 것이다. 즉,

$$m_1 \cdot m_2 = -1$$

1. (1) $|2x-1|<2 \quad \Leftrightarrow -2<2x-1<2 \Leftrightarrow -1<2x<3 \Leftrightarrow -\frac{1}{2}<x<\frac{3}{2}$

(3) $\left|\frac{x}{3}+1\right|>5 \Leftrightarrow \frac{x}{3}+1>5 \text{ or } \frac{x}{3}+1<-5 \quad \Leftrightarrow x>12 \text{ or } -18>x$

3. $a<b$이므로 $a=\frac{a}{2}+\frac{a}{2}<\frac{a}{2}+\frac{b}{2} = \frac{a+b}{2}<\frac{b+b}{2}=b$ 이다.

$\therefore a<\frac{a+b}{2}<b.$

5. $(a-b)^2 \ge 0 \Rightarrow (a+b)^2 \ge 4ab$

$\Rightarrow a+b \ge 2\sqrt{ab}$

$\Rightarrow \frac{a+b}{2} \ge \sqrt{ab}$

$\therefore$ 두 양수 a와 b에 대하여 $\sqrt{ab} \le \frac{a+b}{2}$.

7.

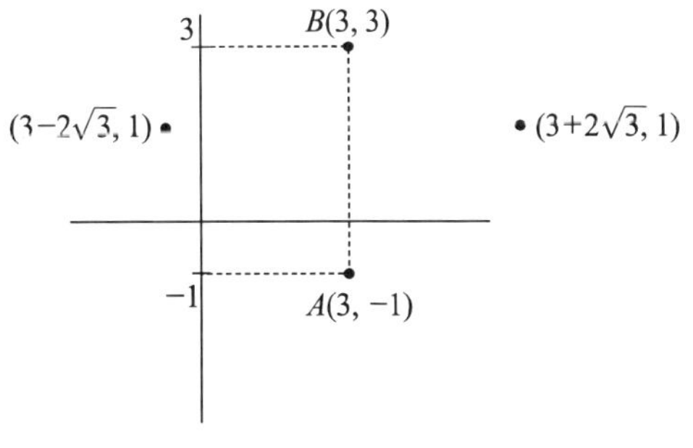

$\overline{AB}$의 길이가 4이므로 나머지 한점은 $\overline{AB}$와의 거리가 $2\sqrt{3}$ 이고, 그 점의 y좌표는 1이다.

$\therefore \left(3 \pm 2\sqrt{3}, 1\right)$

9. $\overline{AB}$의 중점이 $\left(\frac{3}{2}, \frac{9}{2}\right)$이고, $\overline{CD}$의 중점이 $\left(\frac{7}{2}, \frac{11}{2}\right)$이므로, 두 중점 사이의 거리는 $\sqrt{\left(\frac{7}{2}-\frac{3}{2}\right)^2+\left(\frac{11}{2}-\frac{9}{2}\right)^2}=\sqrt{5}$ 이다.

11. (1) $y=2x-9$

(3) 두 점 $(-1, 2)$와 $(3, -1)$을 지나는 직선의 기울기는 $\frac{-1-2}{3-(-1)}=-\frac{3}{4}$ 이므로 구하고자 하는 직선의 방정식은 $y=-\frac{3}{4}x+\frac{5}{4}$ 이다.

13. x절편이 a이고, y절편이 b이므로 $(a, 0)$, $(0, b)$를 지나는 직선이다. 따라서, 그 직선의 방정식은 $y-b=\frac{b-0}{0-a}(x-0)$.

$\therefore y=-\frac{b}{a}x+b$

이식의 양변을 b로 나누면 $\frac{y}{b}=-\frac{x}{a}+1$.

$\therefore \frac{x}{a}+\frac{y}{b}=1.$

15. n년 후의 달걀 생산령 N을 나타내는 식을 $f(n)=an+b$라 하자.

$$f(0)=b=700000$$
$$f(10)=10a+b=820000 \quad \therefore a=12000.$$
$$\therefore f(n)=12000n+700000$$
$$\therefore f(20)=940000.$$

0.2 함 수

정의 0.2.1(함수)

집합 X, Y에 대하여 집합 X의 각 원소 x에 집합 Y의 하나의 원소 y를 대응시키는 규칙을 X에서 Y로의 **함수**(function)라고 하고, 이 함수 f를 기호 $f: X \to Y$로 나타낸다.

정의 0.2.2

함수 f의 치역이 함수 g의 정의역에 포함되면 f의 정의역의 원소 x를 $g(f(x))$에 대응시키는 새로운 함수를 얻는다. 이 함수를 f와 g의 **합성함수**(composite function)라 하고, $g \circ f$로 나타낸다. 즉,

$$(g \circ f)(x) = g(f(x)).$$

정의 0.2.3

함수 $f: X \to Y$가 전단사함수일 때, f의 **역함수** f^{-1}는 정의역 Y와 치역 X를 가지며, 임의의 $y \in Y$에 대하여

$$f^{-1}(y) = x \Leftrightarrow f(x) = y$$

로 정의된다.

1. (1) 정의역 $= \left\{x \mid x \geq -\dfrac{3}{2}\right\}$, 치역 $= \{y \mid y \geq 0\}$,

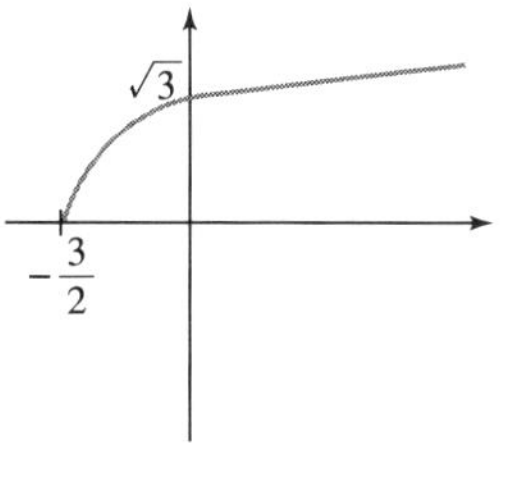

(3) 정의역$=\{x \mid x\in\mathbb{R}-\{3\}\}$, 치역$=\{y \mid y\in\mathbb{R}-\{0\}\}$,

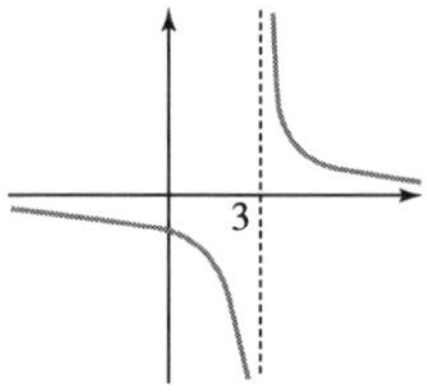

3. (1) $(f\circ g)(x)=f(g(x))=f(|x+1|)=(|x+1|)^2+1=x^2+2x+2.$

(3) $$\begin{aligned} f^3(x) &= f^2(f(x))=f\left(f\left(x^2+1\right)\right)\\ &=f\left(\left(x^2+1\right)^2+1\right)=f\left(x^4+2x^2+2\right)\\ &=\left(x^4+2x^2+2\right)^2+1\\ &=x^8+4x^4+4+2\left(2x^6+2x^4+4x^2\right)+1\\ &=x^8+4x^6+8x^4+8x^2+5.\end{aligned}$$

5. (1) 우함수 $(\because f(-x)=3=f(x))$.

(3) 기함수 $$\left(\because f(-x)=3(-x)+(-x)^3=-3x-x^3 = -\left(3x+x^3\right)=-f(x)\right).$$

7. $$f^2(x)=f(f(x))=f\left(\frac{x-3}{x+1}\right)=\frac{\frac{x-3}{x+1}-3}{\frac{x-3}{x+1}+1}=\frac{-2x-6}{2x-2}=-\frac{x+3}{x-1},$$

$$f^3(x)=f\left(f^2(x)\right)=f\left(\frac{-x-3}{x-1}\right)=\frac{\frac{-x-3}{x-1}-3}{\frac{-x-3}{x-1}+1}=\frac{-4x}{-4}=x.$$

9. $$\begin{aligned} P&=\sqrt{32-2D+D^2}=\sqrt{32-2\left(2+\sqrt{t}\right)+\left(2+\sqrt{t}\right)^2}\\ &=\sqrt{t+32+2\sqrt{t}}.\end{aligned}$$

11. (1)

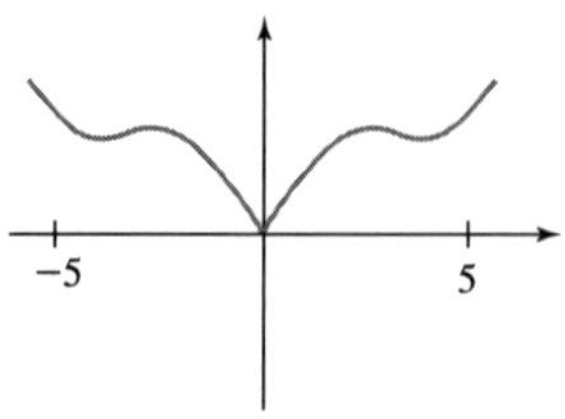

0.3 삼각함수

정의 0.3.1

반지름이 r인 원 위의 점 $P(a,b)$와 점 $A(r,0)$에 대하여 호 AP에 대한 중심각의 크기가 x라디안일 때, **사인함수**(sine function)와 **코사인함수**(cosine function)를 각각 다음과 같이 정의한다.

$$\sin x = \frac{b}{r}, \qquad \cos x = \frac{a}{r}$$

삼각함수의 여러 가지 공식

(1) $-x$의 공식

$\sin(-x) = -\sin x$
$\cos(-x) = \cos x$
$\tan(-x) = -\tan x$

(2) 여각 공식

$$\sin\left(\frac{\pi}{2} - x\right) = \cos x$$
$$\cos\left(\frac{\pi}{2} - x\right) = \sin x$$
$$\tan\left(\frac{\pi}{2} - x\right) = \cos x$$

(3) 항등식

$\sin^2 x + \cos^2 x = 1$
$1 + \tan^2 x = \sec^2 x$
$1 + \cos^2 x = \sec^2 x$

(4) 덧셈공식

$$\sin(x \pm y) = \sin x \cos y \pm \cos x \sin y$$
$$\cos(x \pm y) = \cos x \cos y \mp \sin x \sin y$$
$$\tan(x \pm y) = \frac{\tan x \pm \tan y}{1 \mp \tan x \tan y}$$

(복호동순)

(5) 배각 공식

$$\sin 2x = 2\sin x \cos x$$
$$\cos 2x = \cos^2 x - \sin^2 x = 2\cos^2 x - 1 = 1 - 2\sin^2 x$$
$$\tan 2x = \frac{2\tan x}{1 - \tan^2 x}$$

(6) 반각 공식

$$\sin^2 \frac{x}{2} = \frac{1 - \cos x}{2}$$
$$\cos^2 \frac{x}{2} = \frac{1 + \cos x}{2}$$
$$\tan^2 \frac{x}{2} = \frac{1 - \cos x}{1 + \cos x}$$

(7) 합, 차를 곱으로 고치는 공식

$$\sin x + \sin y = 2\sin \frac{x+y}{2} \cos \frac{x-y}{2}$$
$$\sin x - \sin y = 2\cos \frac{x+y}{2} \sin \frac{x-y}{2}$$
$$\cos x + \cos y = 2\cos \frac{x+y}{2} \cos \frac{x-y}{2}$$
$$\cos x - \cos y = -2\sin \frac{x+y}{2} \sin \frac{x-y}{2}$$

(8) 곱을 합, 차로 고치는 공식

$$\sin x \cos y = \frac{1}{2}\{\sin(x+y) + \sin(x-y)\}$$
$$\cos x \sin y = \frac{1}{2}\{\sin(x+y) - \sin(x-y)\}$$

$$\cos x \cos y = \frac{1}{2}\{\cos(x+y) + \cos(x-y)\}$$

$$\sin x \sin y = \frac{1}{2}\{\cos(x+y) - \cos(x-y)\}$$

1. (1) $\frac{\pi}{6}$ (3) $-\frac{\pi}{3}$ (5) $-\frac{19}{18}\pi$

3. (1) $\frac{1}{\sqrt{3}}$ (3) -1 (5) $-\frac{1}{\sqrt{3}}$

5. (1) 주기: $\frac{2}{3}\pi$, 진폭: 2

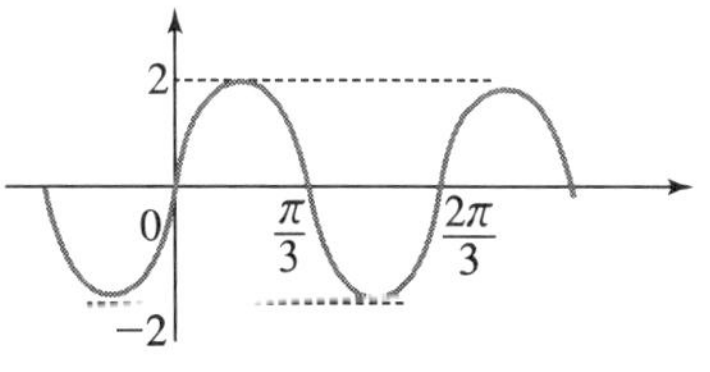

(3) 주기: $\frac{1}{2}\pi$, 진폭: ×

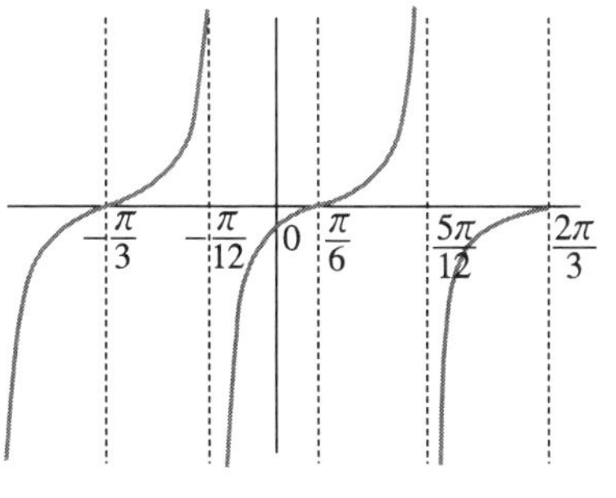

7. $\frac{\pi}{3}$

9. $S = \pi r^2 \times \frac{(\text{중심각의 크기})}{360^\circ} = r^2 \times \frac{(\text{중심각의 크기})}{180}\pi \times \frac{1}{2} = \frac{1}{2}r^2\theta.$

$S = \frac{1}{2} \times 4^2 \times 3 = 24$.

제 1 장 함수와 극한과 연속

1.1 함수의 극한

정의 1.1.1

x가 a에 접근할 때 $f(x)$의 값이 L에 접근하면

$$\lim_{x \to a} f(x) = L$$

로 나타내고, L을 $x = a$에서의 f의 **극한**(limit)이라고 한다.

정리 1.1.2

$\lim\limits_{x \to a} f(x) = L$일 필요충분조건은

$$\lim_{x \to a^-} f(x) = L = \lim_{x \to a^+} f(x)$$

이다.

1. (1) $\lim\limits_{x \to 1} (2x-3) = -1$

(3) $\lim\limits_{x \to -3} \dfrac{3x+9}{x^2-9} = \lim\limits_{x \to -3} \dfrac{3(x+3)}{(x-3)(x+3)} = \lim\limits_{x \to -3} \dfrac{3}{x-3} = -\dfrac{1}{2}$

(5) $\lim\limits_{x \to 1} \dfrac{x^2-3x+2}{x^2-1} = \dfrac{(x-1)(x-2)}{(x-1)(x+1)} = \dfrac{-1}{2}$

3. (1) $\lim\limits_{x \to 1^-} \dfrac{|x-1|}{x-1} = \lim\limits_{x \to 1^-} \dfrac{1-x}{x-1} = -1$이고 $\lim\limits_{x \to 1^+} \dfrac{|x-1|}{x-1} = \lim\limits_{x \to 1^+} \dfrac{x-1}{x-1} = 1$이므로

$\lim\limits_{x \to 1} \dfrac{|x-1|}{x-1}$는 존재하지 않는다.

(3) $\lim\limits_{x \to 1^-} \dfrac{[x]}{x} = \lim\limits_{x \to 1^-} \dfrac{0}{x} = 0$이고 $\lim\limits_{x \to 1^+} \dfrac{[x]}{x} = \lim\limits_{x \to 1^+} \dfrac{1}{x} = 1$이므로 $\lim\limits_{x \to 1} \dfrac{[x]}{x}$는 존재하지 않는다.

5.

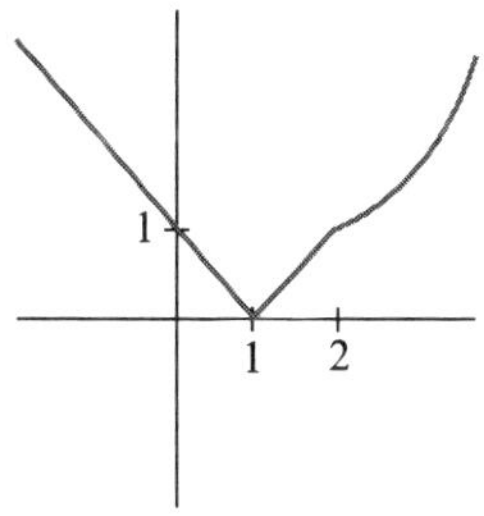

(1) $\lim_{x\to1} g(x) = 0$　　(3) $\lim_{x\to2} g(x) = 1$

7. (1) $\lim_{x\to1} f(x)$는 존재하지 않는다.

9.

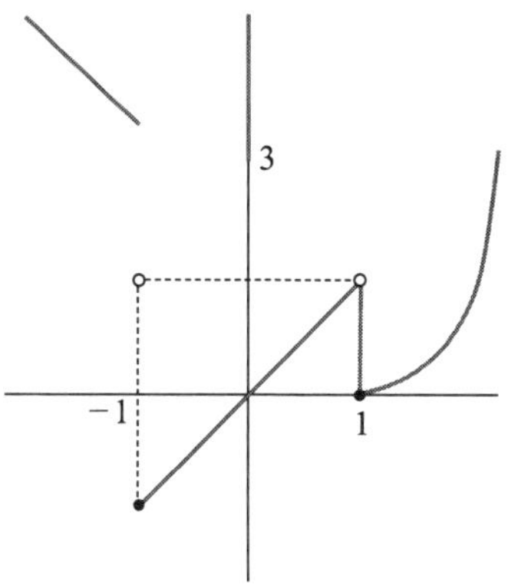

∴ a가 -1과 1이 아닌 모든 실수에서 $\lim_{x\to a} f(x)$가 존재한다.

1.2 극한의 성질

정의 1.2.1

(1) $\lim\limits_{x \to a} c = c$ (2) $\lim\limits_{x \to a} x = a$

정리 1.2.2

$\lim\limits_{x \to a} f(x)$와 $\lim\limits_{x \to a} g(x)$가 존재할 때, 다음이 성립한다.

(1) $\lim\limits_{x \to a}[f(x)+g(x)] = \lim\limits_{x \to a} f(x) + \lim\limits_{x \to a} g(x)$

(2) $\lim\limits_{x \to a}[cf(x)] = c\lim\limits_{x \to a} f(x)$ (단, c는 상수)

(3) $\lim\limits_{x \to a}[f(x)-g(x)] = \lim\limits_{x \to a} f(x) - \lim\limits_{x \to a} g(x)$

(4) $\lim\limits_{x \to a}[f(x)g(x)] = \lim\limits_{x \to a} f(x) \cdot \lim\limits_{x \to a} g(x)$

(5) $\lim\limits_{x \to a} \dfrac{f(x)}{g(x)} = \dfrac{\lim\limits_{x \to a} f(x)}{\lim\limits_{x \to a} g(x)}$ (단, $\lim\limits_{x \to a} g(x) \neq 0$)

(6) $\lim\limits_{x \to a}[f(x)]^n = [\lim\limits_{x \to a} f(x)]^n$ (단, n은 양의 정수)

(7) $\lim\limits_{x \to a} \sqrt[n]{f(x)} = \sqrt[n]{\lim\limits_{x \to a} f(x)}$

(단, n은 양의 정수이고, n이 짝수일 때 $\lim\limits_{x \to a} f(x) \geq 0$)

정리 1.2.3(다항함수의 극한)

함수 f가 다항함수이면,

$$\lim_{x \to a} f(x) = f(a)$$

정리 1.2.4(유리함수의 극한)

함수 $f(x)$와 $a(x)$가 다항함수이면,

$$\lim_{x \to a} \frac{f(x)}{g(x)} = \frac{f(a)}{g(a)} \qquad (\text{단, } g(a) \neq 0)$$

정리 1.2.5(Sandwich 정리)

a의 근방의 모든 x에 대하여 $(x \neq a)$

$$f(x) \leq g(x) \leq h(x)$$

이고, $\lim_{x \to a} f(x) = \lim_{x \to a} h(x) = L$이면

$$\lim_{x \to a} g(x) = L$$

이다.

1. (1) $\lim_{x \to 4} \left(4x^2 - 3x + 2\right) = 54$

(3) $\lim_{t \to -1} (t+2)^8 \left(t^2 + 1\right) = 2$

(5) $\lim_{x \to 1} \left(\frac{2x+1}{2x^3 + 3x^2 - 1}\right)^4 = \left(\frac{3}{4}\right)^4$

(7) $\lim_{h \to 0} \frac{(2+h)^3 - 8}{h} = \lim_{h \to 0} \frac{h^3 + 6h^2 + 12h}{h} = \lim_{h \to 0} \left(h^2 + 6h + 12\right) = 12$

3. $\lim_{x \to -1} 1 = 1$이고 $\lim_{x \to -1} \left(x^2 + 2x + 2\right) = 1$이므로 Sandwich 정리에 의해 $\lim_{x \to -1} f(x) = 1$이다.

5. (1) $\lim_{\theta \to 0} \frac{\tan\theta}{\theta} = \lim_{\theta \to 0} \frac{\sin\theta}{\theta} \frac{1}{\cos\theta} = 1$

(3) $\lim_{\theta \to 0} \frac{\sin 5x}{\sin 3x} = \lim_{\theta \to 0} \left(\frac{3x}{\sin 3x} \frac{\sin 5x}{5x} \frac{5}{3}\right) = \frac{5}{3}$

7. $\lim_{\theta \to 0} \frac{\cos\theta}{\theta} = \infty$

9. (증명) $\lim_{x\to a} f(x)$가 존재하고 그것을 b라 하면

$$1=\lim_{x\to a} f(x)g(x)=\lim_{x\to a} f(x)\lim_{x\to a} g(x)=b\cdot 0=0$$

이것은 모순입니다. 따라서 $\lim_{x\to a} f(x)$는 존재하지 않는다.

11. (증명) Q는 C_1과 C_2의 위쪽 교점이므로 $(x-1)^2+y^2=1$과 $x^2+y^2=r^2$의 교점 중 y좌표가 0보다 큰 것이다.

$\therefore\ 1-(x-1)^2=r^2-x^2 \Rightarrow x=\dfrac{r^2}{2}$이다.

$\therefore\ x^2+y^2=r^2$에 $x=\dfrac{r^2}{2}$을 대입하면 $\left(\dfrac{r^2}{2}\right)^2+y^2=r^2$이고 $y=\pm r\sqrt{1-\dfrac{r^2}{4}}$

$\therefore\ Q\left(\dfrac{r^2}{2},\ r\sqrt{1-\dfrac{r^2}{4}}\right)$

P와 Q를 지나는 직선의 방정식이 $y=\dfrac{2}{r}\left(\sqrt{1-\dfrac{r^2}{4}}-1\right)x+r$ 이고, 이 직선의 방정식의

x절편이 $\dfrac{-r^2}{2\left(\sqrt{1-\dfrac{r^2}{4}}-1\right)}$이므로 $R\left(\dfrac{-r^2}{2\left(\sqrt{1-\dfrac{r^2}{4}}-1\right)},\ 0\right)$d이다.

$$\lim_{r\to 0^+}\frac{-r^2}{2\left(\sqrt{1-\dfrac{r^2}{4}}-1\right)}=\lim_{r\to 0^+}\frac{-r^2\left(\sqrt{1-\dfrac{r^2}{4}}+1\right)}{2\left(1-\dfrac{r^2}{4}-1\right)}=\lim_{r\to 0^+}2\left(\sqrt{1-\dfrac{r^2}{4}}+1\right)=4$$이므로

$\lim_{r\to 0^+} R=(4,\ 0)$이다.

1.3 무한대와 극한

정의 1.3.1

$x \to \infty$일 때 $f(x) \to L$이면 기호

$$\lim_{x \to \infty} f(x) = L$$

로 나타내고, L을 $x \to \infty$일 때의 함수 f의 **극한**(limit)이라고 한다.

정의 1.3.2

$x \to -\infty$일 때 $f(x) \to L$이면 기호

$$\lim_{x \to -\infty} f(x) = L$$

로 나타내고, L을 $x \to -\infty$일 때의 함수 f의 **극한**(limit)이라고 한다.

정리 1.3.3($x \to \infty$일 때 극한의 성질)

$\lim_{x \to \infty} f(x)$와 $\lim_{x \to \infty} g(x)$가 존재할 때, 다음이 성립한다. (단, c는 상수)

(1) $\lim_{x \to \infty} [f(x) + g(x)] = \lim_{x \to \infty} f(x) + \lim_{x \to \infty} g(x)$

(2) $\lim_{x \to \infty} [cf(x)] = c \lim_{x \to \infty} f(x)$

(3) $\lim_{x \to \infty} [f(x) - g(x)] = \lim_{x \to \infty} f(x) - \lim_{x \to \infty} g(x)$

(4) $\lim_{x \to \infty} [f(x)g(x)] = \lim_{x \to \infty} f(x) \cdot \lim_{x \to \infty} g(x)$

(5) $\lim_{x \to \infty} \dfrac{f(x)}{g(x)} = \dfrac{\lim_{x \to \infty} f(x)}{\lim_{x \to \infty} g(x)}$ (단, $\lim_{x \to \infty} g(x) \neq 0$)

정의 1.3.4

n이 자연수일 때, n차 다항식

$$p_n = a_n x^n + a_{n-1} x^{n-1} + \ldots + a_1 x + a_0$$

에 대하여 다음이 성립한다.

$$\lim_{x \to \infty} p_n(x) = \begin{cases} \infty & (a_n > 0\text{일 때}) \\ -\infty & (a_n < 0\text{일 때}) \end{cases}$$

정의 1.3.5

$x \to a^+$일 때 $f(x) \to \infty$이면 기호

$$\lim_{x \to a^+} f(x) = \infty$$

로 나타내고, $x \to a^-$일 때 $f(x) \to \infty$이면 기호

$$\lim_{x \to a^-} f(x) = \infty$$

로 나타낸다.

정의 1.3.6

함수 $y = f(x)$에서

(1) $\lim_{x \to a^+} f(x) = \pm\infty$ 또는 $\lim_{x \to a^-} f(x) = \pm\infty$일 때, 직선 $x = a$를 함수 f의 **수직점근선**(vertical asymptote)라 한다.

(2) $\lim_{x \to \infty} f(x) = b$ 또는 $\lim_{x \to -\infty} f(x) = b$일 때, 직선 $y = b$를 함수이므로 f의 **수평점근선**(horizontal asymptote)이라 한다.

1. (1) $\lim_{x \to \infty} \frac{x}{x-3} = 1$　　(3) $\lim_{x \to -\infty} \frac{3x+2}{x^2-1} = 0$

(5) $\lim\limits_{x\to\infty}\dfrac{\sqrt{x^3}+2x}{\sqrt{2x^3}}=\dfrac{1}{\sqrt{2}}$ (7) $\lim\limits_{x\to\infty}\dfrac{2x-1}{\sqrt{x^2+3}}=2$

(9) $\lim\limits_{x\to\infty}\left(\sqrt{2x^2+3}-\sqrt{2x^2-3}\right)=0$

3. (1) $\lim\limits_{x\to\infty}\dfrac{3x}{x-2}=3$이고, $\lim\limits_{x\to-\infty}\dfrac{3x}{x-2}=3$이므로 수평 점근선은 $y=3$이다.

$\lim\limits_{x\to2^-}\dfrac{3x}{x-2}=\infty$이고, $\lim\limits_{x\to2^+}\dfrac{3x}{x-2}=\infty$이므로 수직 점근선은 $x=2$이다.

(3) $\lim\limits_{x\to\infty}\dfrac{5}{4-x^2}=0$이고, $\lim\limits_{x\to-\infty}\dfrac{5}{4-x^2}=0$이므로 수평 점근선은 $y=0$이다.

$\lim\limits_{x\to2^-}\dfrac{5}{4-x^2}-\infty$이고, $\lim\limits_{x\to2^+}\dfrac{5}{4-x^2}=-\infty$이다. 또한,

$\lim\limits_{x\to-2^-}\dfrac{5}{4-x^2}=\infty$이고, $\lim\limits_{x\to-2^+}\dfrac{5}{4-x^2}=-\infty$이므로 수직 점근선은 $x=\pm2$이다.

(5) $\lim\limits_{x\to\infty}\dfrac{x}{9-x^2}=0$이고, $\lim\limits_{x\to-\infty}\dfrac{x}{9-x^2}=0$이므로 수평 점근선은 $y=0$이다.

$\lim\limits_{x\to3^-}\dfrac{x}{9-x^2}=\infty$이고, $\lim\limits_{x\to3^+}\dfrac{x}{9-x^2}=-\infty$이다. 또한,

$\lim\limits_{x\to-3^-}\dfrac{x}{9-x^2}=\infty$이고, $\lim\limits_{x\to-3^+}\dfrac{x}{9-x^2}=-\infty$이므로 수직 점근선은 $x=\pm3$이다.

5. $\lim\limits_{x\to\infty}\dfrac{\sqrt{x^2+1}}{3x-5}=\dfrac{1}{3}$이고, $\lim\limits_{x\to-\infty}\dfrac{\sqrt{x^2+1}}{3x-5}=-\dfrac{1}{3}$이므로 수평 점근선은 $y=\pm\dfrac{1}{3}$이다.

$\lim\limits_{x\to\frac{5}{3}-}\dfrac{\sqrt{x^2+1}}{3x-5}=\infty$이고, $\lim\limits_{x\to\frac{5}{3}+}\dfrac{\sqrt{x^2+1}}{3x-5}=-\infty$이므로 수직 점근선은 $x=\dfrac{5}{3}$이다.

7. $\lim\limits_{v\to c^-}m(v)=\lim\limits_{v\to c^-}\dfrac{m_0}{\sqrt{1-\dfrac{v^2}{c^2}}}=\lim\limits_{v\to c^-}\dfrac{cm_0}{\sqrt{c^2-v^2}}=\infty$

9. $\lim\limits_{t\to\infty}v(t)=\lim\limits_{t\to\infty}-\sqrt{\dfrac{32}{k}}\,\dfrac{1-e^{-2t\sqrt{32}\,k}}{1+e^{-2t\sqrt{32}\,k}}=-\sqrt{\dfrac{32}{k}}$

1.4 함수의 연속성

정의 1.4.1

함수 f가 a를 포함하는 한 개구간에서 정의되고

$$\lim_{x \to a} f(x) = f(a)$$

일 때, f는 $x = a$에서 **연속**(continuous)이라고 한다.

정의 1.4.2(좌연속과 우연속)

함수 f가 a를 포함하는 한 왼쪽 구간에서 정의되고

$$\lim_{x \to a^-} f(x) = f(a)$$

일 때, f는 $x = a$에서 **좌연속**(continuous from the left)이라고 한다. 또, 함수 f가 a를 포함하는 한 오른 쪽 구간에서 정의되고

$$\lim_{x \to a^+} f(x) = f(a)$$

일 때, f는 $x = a$에서 **우연속**(continuous from the right)이라고 한다.

정의 1.4.3

함수 f가 구간 (a, b) 내의 모든 점에서 연속이면 f는 **개구간**(a, b)**에서 연속**이라고 한다. 또, 개구간 (a, b)의 모든 점에서 연속이고 a에서 우연속, b에서 좌연속이면 f는 **폐구간** $[a, b]$ **에서 연속**이라고 한다.

정리 1.4.4

f와 g가 $x=a$에서 연속이고 c가 상수일 때, 함수

$$f+g, \quad f-g, \quad cf, \quad fg, \quad \frac{f}{g}(\text{단, } g(a)\neq 0)$$

는 모두 $x=a$에서 연속이다.

정리 1.4.5

다항함수는 모든 점에서 연속이다. 또, 유리함수는 그 함수가 정의되는 모든 점에서 연속이다.

정리 1.4.6

n이 짝수이면, $f(x)=\sqrt[n]{x}$는 $[0,\infty)$에서 연속이다.
n이 홀수이면, $f(x)=\sqrt[n]{x}$는 $(-\infty,\infty)$에서 연속이다.

정리 1.4.7

$\lim\limits_{x\to a} g(x)=L$이고 f가 L에서 연속이면

$$\lim_{x\to a} f(g(x))=f(L)=f(\lim_{x\to a} g(x))$$

정리 1.4.8

g가 $x=a$에서 연속이고 f가 $g(a)$에서 연속이면 $f\circ g$는 $x=a$에서 연속이다.

정리 1.4.9(중간값정리)

함수 f가 폐구간 $[a, b]$에서 연속이면 $f(a)<N<f(b)$인 N에 대하여

$$f(c)=N$$

이 되는 점 c가 (a, b)내에 적어도 하나 존재한다.

따름정리 1.4.10

함수 f가 폐구간 $[a, b]$에서 연속이고, $f(a) \cdot f(b) < 0$이면 $f(c) = 0$인 점 c가 (a, b) 내에 적어도 하나 존재한다.

1. $x = -1$, 좌극한 값과 우극한 값이 다르다.

$x = 1$, 좌극한 값과 우극한 값은 같으나, 그 때의 함숫값이 다르다.

$x = 2$, 그 때의 함숫값이 존재하지 않는다.

3. (1) $\lim_{x \to 2^-} f(x) = \lim_{x \to 2^-} x^2 = 4 \neq 3 = f(2)$, $\lim_{x \to 2^+} f(x) = \lim_{x \to 2^+} 3x - 3 = 3 = f(2)$.

$\therefore$ $f(x)$는 $x = 2$에서 우연속이다.

5. (1) $f_1(x) = x^2$, $f_2(x) = \sqrt{5-x}$라 하면 f_1은 다항함수이기 때문에 모든 점에서 연속이고, f_2는 $x \leq 5$에서 연속이다.

따라서, f_1과 f_2는 $a = 4$에서 연속이다.

그러므로 $f = f_1 + f_2$ 는 $a = 4$에서 연속이다.

7. $f(x) = x^3 + 3x^2 - 2$라 하자.

그러면 $f(0) = 0^3 + 3 \cdot 0^2 - 2 = -2 < 0$, $f(1) = 1^3 + 3 \cdot 1^2 - 2 = 2 > 0$.

함수 f가 $[0, 1]$에서 연속이고, $f(0) < 0 < f(1)$이므로, 중간값 정리에 의해 $f(c) = 0$이 되는 점 c가 $(0, 1)$ 내에 적어도 하나 존재한다.

9. $f(x)$가 연속이기 위해서는 $\lim_{x \to 1^-} f(x) = f(1)$, $\lim_{x \to 2^-} f(x) = f(2)$가 되어야 한다.

$\therefore \lim_{x \to 1^-} f(x) = \lim_{x \to 1^-} x + 1 = 2 = f(1) = a + b$

$\lim_{x \to 2^-} f(x) = \lim_{x \to 2^-} ax + b = 2a + b = f(2) = 6$

$$\therefore \begin{cases} a + b = 2 \\ 2a + b = 6 \end{cases}$$

$\therefore a = 4, b = -2$

11. 함수 $f(x) = \dfrac{1}{x-1}$가 $[-2, 2]$에서 연속이고 $f(-2) \cdot f(2) = \dfrac{-1}{3} \cdot 1 = -\dfrac{1}{3} < 0$이므로 따름정리 1.4.10에 의해 $f(c) = 0$인 c가 $(-2, 2)$ 내에 적어도 하나 존재한다.

1.5 $\varepsilon-\delta$ 방법에 의한 극한의 정의

정의 1.5.1(극한의 정의)

임의의 양수 ε에 대하여 적당한 양수 δ가 존재하여

$$0 < |x-a| < \delta \text{인 모든 } x\text{에 대하여 } |f(x)-L| < \varepsilon$$

일 때, L을 $x=a$에서 f의 **극한**(limit)라고 하고 $\lim_{x \to a} f(x) = L$로 나타낸다.

정의 1.5.2(우극한)

임의의 양수 ε에 대하여 적당한 $\delta > 0$가 존재하여

$$0 < x-a < \delta \text{인 모든 } x\text{에 대하여 } |f(x)-L| < \varepsilon$$

일 때, L을 $x=a$에서 f의 **우극한**(limit)이라고 하고 $\lim_{x \to a^+} f(x) = L$로 나타낸다.

정의 1.5.3(좌극한)

임의의 양수 ε에 대하여 적당한 $\delta > 0$가 존재하여

$$0 < a-x < \delta \text{인 모든 } x\text{에 대하여 } |f(x)-L| < \varepsilon$$

일 때, L을 $x=a$에서 f의 **우극한**(limit)이라고 하고 $\lim_{x \to a^-} f(x) = L$로 나타낸다.

정리 1.5.4(극한의 성질)

$\lim_{x \to a} f(x)$와 $\lim_{x \to a} g(x)$가 존재한다고 하자. 그러면 다음이 성립한다.

(1) $\lim_{x \to a} k = k$ (단, k는 상수)

(2) $\lim_{x \to a} x = a$

(3) $\lim_{x\to a}[f(x)+g(x)]=\lim_{x\to a}f(x)+\lim_{x\to a}g(x)$

(4) $\lim_{x\to a}cf(x)=c\lim_{x\to a}f(x)$ (단, c는 상수)

(5) $\lim_{x\to a}[f(x)-g(x)]=\lim_{x\to a}f(x)-\lim_{x\to a}g(x)$

정리 1.5.5(Sandwich 정리)

a 근방의 모든 x에 대하여 $(x\neq a)$

$$f(x)\leq g(x)\leq h(x)$$

가 성립한다고 하자. 이 때

$$\lim_{x\to a}f(x)=\lim_{x\to a}h(x)=L$$

이면, $\lim_{x\to a}g(x)=L$이다.

정의 1.5.6($x\to\infty$ 인 극한)

임의의 $\epsilon>0$에 대하여 그것에 대응하는 적당히 큰 수 $M>0$이 존재하여

$$x>M\Rightarrow|f(x)-L|<\varepsilon$$

이면, L을 $x\to\infty$ 일 때 f의 극한이라 하고 $\lim_{x\to\infty}f(x)=L$로 나타낸다.

정의 1.5.7($x\to-\infty$ 인 극한)

임의의 $\epsilon>0$에 대하여 그것에 대응하는 적당히 큰 수 $M>0$이 존재하여

$$x<-M\Rightarrow|f(x)-L|<\varepsilon$$

이면, L을 $x\to-\infty$ 일 때 f의 극한이라 하고 $\lim_{x\to-\infty}f(x)=L$로 나타낸다.

정의 1.5.8($f(x) \to \infty$인 극한)

임의의 $M > 0$에 대하여 그것에 대응하는 $\delta > 0$이 존재하여

$$0 < x - a < \delta \Rightarrow f(x) > M$$

일 때, $\lim_{x \to a^+} f(x) = \infty$로 나타낸다.

정의 1.5.9(함수의 연속)

임의의 $\varepsilon > 0$에 대하여 적당한 $\delta > 0$가 존재하여

$$|x - a| < \delta \Rightarrow |f(x) - f(a)| < \varepsilon$$

일 때, f는 a에서 **연속(continuous)**이라고 하고 $\lim_{x \to a} f(x) = f(a)$로 나타낸다.

정리 1.5.10(함수의 연속)

$\lim_{x \to a} g(x) = L$이고 f가 L에서 연속이면

$$\lim_{x \to a} f(g(x)) = f(L) = f(\lim_{x \to a} g(x))$$

정리 1.5.11

g가 a에서 연속이고 f가 $g(a)$에서 연속이면 $f \circ g$는 a에서 연속이다.

1. (1) $x \in (1.9975, 2.0025)$ (3) $x \in (1.999975, 2.000025)$

3. (1) $\forall M > 0, \exists \delta > 0$ s.t. $0 < x - c < \delta \Rightarrow f(x) > M$

5. (1) $\forall \epsilon > 0 \ \exists \delta > 0$ s.t. $0 < |u - a| < \delta \Rightarrow |g(u) - M| < \epsilon$

7. $\forall \varepsilon > 0 \ \exists \delta = \sqrt{c}\varepsilon$ s.t. $0 < |x - c| < \delta \Rightarrow$

$$|\sqrt{x} - \sqrt{c}| = \left|\frac{x - c}{\sqrt{x} + \sqrt{c}}\right| < \frac{|x - c|}{\sqrt{c}} < \frac{\delta}{\sqrt{c}} = \frac{\sqrt{c}\varepsilon}{\sqrt{c}} = \varepsilon$$

9. (1) (증명) $L \neq M$이라 하자. $L-M=b>0$이라 하면

$\lim_{x \to a} f(x)=L \Leftrightarrow \forall \frac{1}{2}b>\varepsilon>0,\ \exists \delta_1>0$ s.t. $0<|x-a|<\delta_1 \Rightarrow |f(x)-L|<\varepsilon.$

$\lim_{x \to a} f(x)=M \Leftrightarrow \forall \frac{1}{2}b>\varepsilon>0,\ \exists \delta_2>0$ s.t. $0<|x-a|<\delta_2 \Rightarrow |f(x)-M|<\varepsilon.$

$\delta=\min\{\delta_1, \delta_2\}$라 하면

$\forall x \in (a-\delta, a) \cup (a, a+\delta),$

$b=|L-M|=|f(x)-M+L-f(x)|<|f(x)-M|+|L-f(x)|<2\varepsilon.$

$\therefore b<2\varepsilon.$

$\therefore \frac{1}{2}b<\varepsilon.$

이것은 $\frac{1}{2}b>\varepsilon$이라는 가정에 모순이다.

따라서, $\lim_{x \to a} f(x)=L$이고, $\lim_{x \to a} f(x)=M$이면 $L=M.$

(3) (증명) $\lim_{x \to c} f(x)=0$이므로

$$\begin{aligned}\forall \epsilon>0\ \exists \delta>0 \text{ s.t. } 0<|x-c|<\delta \Rightarrow & |f(x)-0|<\varepsilon \\ \Leftrightarrow & |f(x)|<\varepsilon \\ \Leftrightarrow & ||f(x)|-0|<\varepsilon.\end{aligned}$$

$\therefore \lim_{x \to c} f(x)=0$이면, $\lim_{x \to c}|f(x)|=0$이다.

11. (증명) $\lim_{x \to a} g(x)=0$ 이므로

$\forall \varepsilon>0\ \exists \delta_1>0$ s.t. $0<|x-a|<\delta_1 \Rightarrow |g(x)-0|<\frac{\varepsilon}{B}.$

$$\begin{aligned}\therefore \forall \varepsilon>0\ \exists \delta=\min\{\delta_1, 1\}>0 \text{ s.t. } 0<|x-a|<\delta \Rightarrow & |f(x)g(x)-0|=|f(x)g(x)| \\ & =|f(x)||g(x)|<B \cdot \frac{\varepsilon}{B}=\varepsilon.\end{aligned}$$

$$\therefore \lim_{x \to a} f(x)g(x)=0$$

13. (1) $\triangle NOP$의 둘레 길이는 $\overline{NO}+\overline{OP}+\overline{PN}=1+\sqrt{x^2+x}+\sqrt{x^2+x-2\sqrt{x}+1}$ 이고 $\triangle MOP$의 둘레 길이는 $\overline{MO}+\overline{OP}+\overline{PM}=1+\sqrt{x^2+x}+\sqrt{x^2-x+1}$ 이므로

$$\lim_{x \to 0^+} \frac{\triangle NOP\text{의 둘레 길이}}{\triangle MOP\text{의 둘레 길이}}=\lim_{x \to 0^+} \frac{1+\sqrt{x^2+x}+\sqrt{x^2+x-2\sqrt{x}+1}}{1+\sqrt{x^2+x}+\sqrt{x^2-x+1}}=1\text{이다.}$$

(2) $\triangle NOP$의 넓이는 $\frac{1}{2} \cdot 1 \cdot x = \frac{x}{2}$이고,

$\triangle MOP$의 넓이는 $\frac{1}{2} \cdot 1 \cdot \sqrt{x} = \frac{\sqrt{x}}{2}$이므로

$\lim_{x \to 0^+} \frac{\triangle NOP\text{의 넓이}}{\triangle MOP\text{의 넓이}} = \lim_{x \to 0^+} \frac{\frac{x}{2}}{\frac{\sqrt{x}}{2}} = \lim_{x \to 0^+} \sqrt{x} = 0$이다.

제2장 미 분

2.1 접선과 속도

정의 2.1.1(접선)

곡선 $y=f(x)$ 위의 점 $P(a, f(a))$에서의 접선은 점 P를 지나고 기울기가

$$m_{\tan} = \lim_{h\to 0} m_{\sec} = \lim_{h\to 0} \frac{f(a+h)-f(a)}{h}$$

인 직선이다. (단, 극한이 존재하고 $\pm\infty$가 아니다.)

정의 2.1.2

직선 위를 움직이는 물체의 시간 t일 때의 위치가 $f(t)$로 주어질 때 시간 $t=a$에서의 **순간속도**(instantaneous velocity)는

$$v = \lim_{h\to 0} v_a = \lim_{h\to 0} \frac{f(a+h)-f(a)}{h}$$

정의 2.1.3

함수 $y=f(x)$에서 $x=a$에서 $x=a+h$까지의 평균변화율은

$$\frac{f(a+h)-f(a)}{h}$$

이고, 한 점 $x=a$에서의 순간변화율은

$$\lim_{h\to 0} \frac{f(a+h)-f(a)}{h}$$

이다.

1. (1) $x=3$에서의 접선의 기울기: 6 , 접선의 방정식: $y=6x-9$

(3) $x=3$에서의 접선의 기울기: $-\frac{1}{9}$, 접선의 방정식: $y=-\frac{1}{9}x+\frac{2}{3}$

(5) $x=3$에서의 접선의 기울기: $\frac{\sqrt{3}}{4}$, 접선의 방정식: $y=\frac{\sqrt{3}}{4}x+\frac{5\sqrt{3}}{4}$

3. $(1,1)$에서의 접선의 기울기는 -1이고, $(-1,-1)$에서의 접선의 기울기는 -1이다.

5. $$f'(t)=\lim_{\Delta t\to 0}\frac{f(t+\Delta t)-f(t)}{\Delta t}$$
$$=\lim_{\Delta t\to 0}\frac{a\left[(t+\Delta t)^2-t^2\right]+b\left[(t+\Delta t)-t\right]}{\Delta t}$$
$$=\lim_{\Delta t\to 0}\frac{a(\Delta t)(2t+\Delta t)+b\Delta t}{\Delta t}$$
$$=\lim_{\Delta t\to 0}a(2t+\Delta t)+b$$
$$=2at+b$$

7. (1) $$\frac{3^2+3-(2^2+2)}{3-2}=6$$

9. $$\frac{dV}{dh}=\lim_{\Delta h\to 0}\frac{\frac{1}{3}\pi r^2(h+\Delta h)-\frac{1}{3}\pi r^2\Delta h}{\Delta h}$$
$$=\lim_{\Delta h\to 0}\frac{\frac{1}{3}\pi r^2\Delta h}{\Delta h}$$
$$=\frac{1}{3}\pi r^2$$

11. (1) (a) $\dfrac{C(105)-C(100)}{105-100}=\dfrac{81}{4}$ (b) $\dfrac{C(101)-C(100)}{101-100}=\dfrac{401}{20}$

2.2 도함수

정의 2.2.1

함수 $y=f(x)$에 대하여 극한

$$\lim_{h\to 0}\frac{f(a+h)-f(a)}{h}$$

이 존재할 때. 함수 f는 $x=a$에서 **미분가능**(differentiable)하다고 한다. 또, 그 극한을 $x=a$에서의 함수 f의 **미분계수**(differential coefficient)라 하고 $f'(a)$로 나타낸다.

정의 2.2.2(도함수)

함수 $y=f(x)$의 **도함수**(derivative) f'은 f가 미분가능한 점들 전체의 집합을 정의역으로 하는 다음 함수로 정의된다.

$$f'(x)=\lim_{h\to 0}\frac{f(x+h)-f(x)}{h}$$

정의 2.2.3

함수 f가 구간 (a,b) (또는 (a,∞), $(-\infty,a)$, $(-\infty,\infty)$) 내의 모든 점에서 미분가능할 때, f는 그 **구간에서 미분가능**하다고 한다.

정의 2.2.4

함수 f가 $x=a$에서 미분가능하면 f는 $x=a$에서 연속이다.

1. (1) $f'(x)=2x-2$이므로 $f'(1)=0$이다.

(3) $f'(x)=\dfrac{-5}{(x-5)^2}$이므로 $f'(1)=-\dfrac{5}{10}$이다.

(5) $f'(x)=2x-1$이므로 $f'(1)=1$이다.

$$(7)\ f'(x)=\begin{cases} 2 & x>\frac{1}{2} \\ \text{존재안함} & x=\frac{1}{2} \\ -2 & x<\frac{1}{2} \end{cases}$$

3. (1) $f'(t)=2t-6$이므로 $f'(2)=-2$이다.

5. (1) 좌미분: $\lim_{h\to0^-}\frac{f(1+h)-f(1)}{h}=\lim_{h\to0^-}\frac{(1+h)^2-1}{h}=\lim_{h\to0^-}\frac{h^2+2h}{h}$

$=\lim_{h\to0^-}(h+2)=2$

우미분: $\lim_{h\to0^+}\frac{f(1+h)-f(1)}{h}=\lim_{h\to0^+}\frac{(1+h)^3-1}{h}=\lim_{h\to0^+}\frac{h^3+3h^2+3h}{h}$

$=\lim_{h\to0^+}(h^2+3h+3)=3$

따라서, $\lim_{h\to0^-}\frac{f(1+h)-f(1)}{h}=\lim_{h\to0^+}\frac{f(1+h)-f(1)}{h}$이므로

$f'(1)$은 존재하지 않는다.

7. 함수 f는 $x<2$ 또는 $x>2$ 일 때는 미분가능하다. f가 $x=2$에서 미분가능하려면 $\lim_{x\to2^-}f(x)=f(2)=4$이어야 하므로 $2m+b=4$이며

$\lim_{x\to2^-}\frac{f(2+h)-f(2)}{h}=\lim_{x\to2^-}\frac{f(2+h)-f(2)}{h}$이어여 하므로 $m=4$이다. 따라서, $m=4$ 이고 $b=-4$이다.

9. 우미분은 $\lim_{h\to0^+}\frac{f(6+h)-f(6)}{h}=\lim_{n\to0^+}\frac{h}{h}=1$이고

좌미분은 $\lim_{h\to0^-}\frac{f(6+h)-f(6)}{h}=\lim_{n\to0^-}\frac{-h}{h}=-1$이다.

따라서 $\lim_{n\to0^+}\frac{f(6+h)-f(6)}{h}\neq\lim_{n\to0^-}\frac{f(6+h)-f(6)}{h}$이므로 $f'(6)$은 존재하지 않는다.

$$f'(x)=\begin{cases} 1 & x>6 \\ \text{존재 안함} & x=6 \\ -1 & x<6 \end{cases}$$

11. (1) $\displaystyle\lim_{h\to 0^-}\frac{g(h)-g(0)}{h}=\lim_{h\to 0^-}\frac{h^{\frac{2}{3}}}{h}=\lim_{h\to 0^-}\frac{1}{h^{\frac{1}{3}}}=-\infty$ 이고

$\displaystyle\lim_{h\to 0^+}\frac{g(h)-g(0)}{h}=\lim_{h\to 0^+}\frac{h^{\frac{2}{3}}}{h}=\lim_{h\to 0^+}\frac{1}{h^{\frac{1}{3}}}=\infty$ 이므로 $g'(0)$은 존재하지 않는다.

(3) $x=0$에서의 접선의 기울기가 $\pm\infty$ 이므로 수직접선은 가진다.

2.3 미분공식

정리 2.3.1(상수함수의 도함수)

$f(x) = c$(c는 상수)이면,

$$f'(x) = 0$$

정리 2.3.2(거듭제곱의 도함수)

$f(x) = x^n$(n은 양의 정수)이면, $f'(x) = nx^{n-1}$

정리 2.3.3(상수 곱의 도함수)

f가 미분가능한 함수이고, c가 상수이면

$$(cf)'(x) = cf'(x).$$

정리 2.3.4(합의 도함수)

f와 g가 미분가능한 함수이면

$$(f+g)'(x) = f'(x) + g'(x)$$

정리 2.3.5(차의 도함수)

f와 g가 미분가능한 함수이면

$$(f-g)'(x) = f'(x) - g'(x)$$

정리 2.3.6(곱의 도함수)

f와 g가 미분가능한 함수이면

$$(fg)'(x) = f(x)g'(x) + f'(x)g(x)$$

정리 2.3.7(몫의 도함수)

f와 g가 미분가능한 함수이고, $g(x) \neq 0$이면

$$\left(\frac{f}{g}\right)'(x) = \frac{f'(x)g(x) - f(x)g'(x)}{g(x)^2}$$

1. (1) $\dfrac{dy}{dx} = -1(4-3x^2) + (5-x)(-6x) = 9x^2 - 30x - 4$

(3) $\dfrac{dy}{dx} = 3(x-1)^2(x+2)^4 + (x-1)^3 4(x+2)^3$

$= (x-1)^2(x+2)^3\{3(x+2) + 4(x-1)\}$

$= (7x+2)(x-1)^2(x+2)^3$

(5) $\dfrac{dy}{dx} = 2(x+1)(x^2+1)^{-2} + (x+1)^2(-2)(x^2+1)^{-3}2x$

$= \dfrac{2(x+1)}{(x^2+1)^2}\left\{1 - \dfrac{2x(x+1)}{x^2+1}\right\} = \dfrac{-2(x^2+2x-1)(x+1)}{(x^2+1)^3}$

(7) $\dfrac{dy}{dx} = \dfrac{2x(x+1)^3 - x^2 3(x+1)^2}{(x+1)^6} = \dfrac{2x^2+2x-3x^2}{(x+1)^4} = \dfrac{x(2-x)}{(x+1)^4}$

(9) $\dfrac{dy}{dx} = \dfrac{2(x+1)^2(x-1)^2 - 2x\left[2(x+1)(x-1)^2 + 2(x+1)^2(x-1)\right]}{\left[(x+1)^2(x-1)^2\right]^2}$

$= \dfrac{-2(1+3x^2)}{(x+1)^3(x-1)^3}$

(11) $\dfrac{dy}{dx} = 2(x^2-1)^2 + 2x \cdot 2(x^2-1)2x = 2(x^4-2x+1) + 8x^4 - 8x^2$

$= 10x^4 - 12x^2 + 2$

(13) $\dfrac{dy}{dx} = 5(x^2+1)^4 2x = 10x(x^2+1)^4$

(15) $\dfrac{dy}{dx} = -(2x^3+x^2-1)^{-2}(6x^2+2x) = -\dfrac{2x(3x+1)}{(2x^3+x^2-1)^2}$

3. (1) $(f \cdot g)'(0) = f(0)g'(0) + f'(0)g(0) = 3 + 20 = 23$

(3) $(f/g)'(0) = \dfrac{f'g - g'f}{g^2}(0) = \dfrac{3-20}{9} = -\dfrac{17}{9}$

5. $(f^2)'(x) = f(x)f'(x) + f'(x)f(x) = 2f(x)f'(x)$이므로 $D_x[f(x)]^2 = 2f(x)D_x f(x)$이다.

7. $\frac{dy}{dx} = x^2 + 2x - 1$

$x^2 + 2x - 1 = 1$이려면 $x^2 + 2x - 2 = 0$이어야 하고 이 때, $x = -1 \pm \sqrt{3}$이다.

따라서 $\left(-1+\sqrt{3}, \frac{5-3\sqrt{3}}{3}\right)$ 또는 $\left(-1-\sqrt{3}, \frac{5+3\sqrt{3}}{3}\right)$이다.

9. 곡선 $y = 4x - x^2$ 위의 점 $(a, 4a - a^2)$에서의 접선의 방정식은

$$y = (4-2a)(x-a) + 4a - a^2$$

이 접선의 방정식이 점 $(2, 5)$를 지나므로

$\therefore a^2 - 4a + 3 = 0$

$\therefore a = 1$ 또는 $a = 3$이다. 따라서 $y = 2x + 1$ 또는 $y = -2x + 9$이다.

2.4 연쇄법칙

정리 2.4.1(연쇄법칙)

함수 $y=f(u)$, $u=g(x)$에서 $u=g(x)$가 x에서 미분가능하고, $y=f(u)$가 $g(x)$에서 미분가능하면 합성함수 $f \circ g$도 x에서 미분가능하고

$$(f \circ g)'(x)=f'(g(x))g'(x)$$

또는

$$\frac{dy}{dx}=\frac{dy}{du}\frac{du}{dx}$$

정리 2.4.2

$u=g(x)$가 미분가능한 함수이고 n이 정수일 때

$$\frac{d}{dx}[g(x)]^n=n[g(x)]^{n-1}g'(x)$$

정리 2.4.3(역함수의 도함수)

미분가능한 함수 f의 역함수 $g=f^{-1}$도 미분가능하고 $f'(g(x))\neq 0$일 때 다음이 성립한다.

$$g'(x)=\frac{1}{f'(g(x))}$$

1. (1) $\dfrac{dy}{dt}=\dfrac{dy}{du}\cdot\dfrac{du}{dt}=\dfrac{1}{2\sqrt{u}}\left(2t-2t^{-3}\right)=\dfrac{1}{\sqrt{t^2+t^{-2}}}\dfrac{t^4-1}{t^3}$

$$=\frac{t}{\sqrt{t^4+1}}\frac{t^4-1}{t^3}=\frac{t^4-1}{t^2\sqrt{t^4+1}}$$

(3) $\dfrac{dy}{dt}=\dfrac{dy}{dx}\cdot\dfrac{dx}{dt}=\dfrac{2x\left(x^2+1\right)-x^2\cdot 2x}{\left(x^2+1\right)^2}\cdot\dfrac{2}{2\sqrt{2t+1}}$

$$=\frac{2x}{(x^2+1)^2}\cdot\frac{1}{\sqrt{2t+1}}=\frac{2\sqrt{2t+1}}{4(t+1)^2}\cdot\frac{1}{\sqrt{2t+1}}=\frac{1}{2(t+1)^2}$$

(5) $\frac{dy}{dt}=\frac{dy}{dw}\cdot\frac{dw}{dt}=\left(2w+\frac{1}{w^2}\right)\cdot 2t=\left(\frac{2\omega^3+1}{\omega^2}\right)\cdot 2t=2t\left(\frac{2(t^2+1)^3+1}{(t^2+1)^2}\right)$

(7) $\frac{dy}{dt}=\frac{dy}{du}\cdot\frac{du}{dt}=-\frac{1-u^{-2}}{(u+u^{-1})^2}\frac{1}{2\sqrt{t+1}}=-\frac{u^2-1}{(u^2+1)^2}\frac{1}{2\sqrt{t+1}}$

$$=-\frac{t}{(t+2)^2}\frac{1}{2\sqrt{t+1}}=-\frac{t}{2(t+2)^2\sqrt{t+1}}$$

(9) $\frac{dy}{dt}=\frac{dy}{dx}\cdot\frac{dx}{dt}=\frac{2}{(x+1)^2}\frac{2t}{2\sqrt{t^2+1}}=\frac{2t}{\left(\sqrt{t^2+1}+1\right)^2\sqrt{t^2+1}}$

3. $F'(3)=f'(g(3))g'(3)=f'(6)g'(3)=7\cdot 4=28$

5. $\frac{dz}{dx}=\frac{dz}{dw}\cdot\frac{dw}{dx}=\left(2w+\frac{1}{w^2}\right)\cdot 3=3\left(6x+\frac{1}{9x^2}\right)$

$$=18x+\frac{1}{3x^2}=\frac{54x^3+1}{3x^2}$$

7. $\frac{dr}{dt}=\frac{dr}{ds}\cdot\frac{ds}{dt}=\frac{1}{2\sqrt{s+1}}(32t-20)=\frac{16t-10}{\sqrt{16t^2-20t+1}}$

9. $\frac{dy}{dx}=f'(f(f(f(x))))f'(f(f(x)))f'(f(x))f'(x)$

$$\left.\frac{dy}{dx}\right|_{x=0}=2^4=16$$

11. $V=\frac{4}{3}\pi r^3$이므로 $V=60$일 때, $r=\sqrt[3]{\frac{45}{\pi}}$이다. $\frac{dv}{dt}=\frac{dv}{dr}\frac{dr}{dt}$이므로 $3=4\pi r^2\frac{dr}{dt}$이다.

따라서 $\frac{dr}{dt}=\frac{3}{4\pi r^2}=\frac{3\sqrt[3]{\pi^2}}{4\pi\sqrt[3]{45^2}}$이다.

13. (1) $f(x)=x^3+4x-1$에서 역함수 $g(-1)=0$이므로 $g'(-1)=\frac{1}{f'(g(-1))}=\frac{1}{f'(0)}=\frac{1}{4}$ 이다.

(3) $f(x)=\sqrt{x^3+2x+4}$에서 역함수 $g(2)=0$이므로 $g'(2)=\frac{1}{f'(g(2))}=\frac{1}{f'(0)}=2$이다.

2.5 삼각함수의 도함수

정리 2.5.1

(1) $\lim_{\theta \to 0} \sin\theta = 0$ (2) $\lim_{\theta \to 0} \cos\theta = 0$ (3) $\lim_{\theta \to 0} \frac{\cos\theta - 1}{\theta} = 0$

정리 2.5.2(삼각함수의 도함수)

(1) $\frac{d}{dx}\sin x = \cos x$ (2) $\frac{d}{dx}\cos x = -\sin x$

(3) $\frac{d}{dx}\tan x = \sec^2 x$ (4) $\frac{d}{dx}\csc x = -\csc x \cot x$

(5) $\frac{d}{dx}\sec x = \sec x \tan x$ (6) $\frac{d}{dx}\cot x = -\csc^2 x$

1. (1) $\frac{dy}{dx} = 3\sin^2 x^2 \cdot \cos x^2 \cdot 2x = 6x\sin^2 x^2 \cos x^2$

(3) $\frac{dy}{dx} = \sin x + x\cos x - \frac{1}{x^2}\tan x + \frac{1}{x}\sec^2 x$

(5) $\frac{dy}{dx} = \frac{2\cos 3x + 6x\sin 3x}{(\cos 3x)^2}$

(7) $\frac{dy}{dx} = \frac{-2\sin 2x}{2\sqrt{2+\cos 2x}} = \frac{-\sin 2x}{\sqrt{2+\cos 2x}}$

(9) $\frac{dy}{dx} = \frac{-\cot x^2 \csc x^2 \cdot 2x \cdot (x^2+1) - \csc x^2 \cdot 2x}{(x^2+1)^2}$

$$= -\frac{2x\csc x^2((x^2+1)\cot x^2 + 1)}{(x^2+1)^2}$$

(11) $\frac{dy}{dx} = 2\sec^2 x \tan x$

3. (1) 접선방정식은 $y = \frac{\sqrt{2}}{2}\left(x - \frac{\pi}{4}\right) + \frac{\sqrt{2}}{2}$ 이고, 법선방정식은

$y = -\sqrt{2}\left(x - \frac{\pi}{4}\right) + \frac{\sqrt{2}}{2}$ 이다.

(3) 접선방정식은 $y = 2\left(x - \frac{\pi}{4}\right) + 2 = 2x + 2 - \frac{\pi}{2}$ 이고, $y = -\frac{1}{2}\left(x - \frac{\pi}{4}\right) + 2$ 이다.

5. $f'(x) = 1 - \cos x = 0$이므로 접선이 수평이려면 $\cos x = 1$이다. 따라서 $x = 2n\pi$(n은 정수)이므로 점은 $(2n\pi, 0)$이다.

7. 두 곡선의 교차하는 점은 $\sin 2x - \sin x = 0$으로 구한다. 식은 $2\sin x \cos x - \sin x = 0$이고 $\sin x(2\cos x - 1) = 0$ 이므로 $\sin x = 0$ 또는 $\cos x = \frac{1}{2}$이다. 따라서 $x = n\pi$ 또는 $x = 2n\pi \pm \frac{\pi}{3}$($n$은 정수)이며 교차하는 가장 작은 수 $x_0 = \frac{\pi}{3}$이다. $y = \sin x$에서 $x = \frac{\pi}{3}$에서의 $y = \sin x$의 접선의 기울기는 $\frac{1}{2}$이고, $y = \sin 2x$의 접선의 기울기는 -1이다. $\tan\alpha = \frac{1}{2}$, $\tan\beta = -1$ 이라 하면 $\tan(\alpha - \beta) = \frac{\tan\alpha - \tan\beta}{1 + \tan\alpha\tan\beta} = 3$이므로 사이각 $\alpha - \beta = \tan^{-1}(3)$

9. 원의 반지름이 r이라 하면 $s = r\theta$, $d = 2r\sin\frac{\theta}{2}$이다.

$$\therefore \lim_{\theta \to 0}\frac{s}{d} = \lim_{\theta \to 0}\frac{r\theta}{2r\sin\frac{\theta}{2}} = \lim_{\theta \to 0}\frac{\frac{\theta}{2}}{\sin\frac{\theta}{2}} = 1 = \lim_{\theta \to 0}\frac{r\theta\sqrt{1+\cos\theta}}{\sqrt{2}|r\sin\theta|} = \frac{\sqrt{2}}{\sqrt{2}} = 1.$$

11. (1) 속도는 $v = \frac{ds}{dt} = -2\sin t + 3\cos t$이고, 가속도는 $a = \frac{d^2s}{dt^2} = -2\cos t - 3\sin t$이다.

(3) $$\frac{30(\sin\theta - 0.6\cos\theta)}{(0.6\sin\theta + \cos\theta)^2} = 0 \Leftrightarrow \sin\theta = \frac{3}{5}\cos\theta$$

$$\Rightarrow \tan\theta = \frac{3}{5}$$

$$\Rightarrow \theta = \tan^{-1}\left(\frac{3}{5}\right).$$

2.6 음함수의 미분법

1. (1) $y^2 = \dfrac{x-1}{x+1} = 1 - \dfrac{2}{x+1}$ 을 양변 미분하면 $2y\dfrac{dy}{dx} = \dfrac{2}{(x+1)^2}$ 이므로 $\dfrac{dy}{dx} = \dfrac{1}{y(x+1)^2}$ 이다.

(3) $\sqrt{x} + \sqrt{y} = 1$ 을 양변 미분하면 $\dfrac{1}{2\sqrt{x}} + \dfrac{1}{2\sqrt{y}}\dfrac{dy}{dx} = 0$ 이므로 $\dfrac{dy}{dx} = -\dfrac{\sqrt{y}}{\sqrt{x}}$ 이다.

(5) $y = \sqrt{x} + \sqrt[3]{x} + \sqrt[4]{x}$ 을 양변 미분하면 $\dfrac{dy}{dx} = \dfrac{1}{2\sqrt{x}} + \dfrac{1}{3\sqrt[3]{x^2}} + \dfrac{1}{4\sqrt[4]{x^3}}$ 이다.

3. (1) $x^2 + xy + y^2 = 7$ 의 양변을 미분하면 $2x + y + x\dfrac{dy}{dx} + 2y\dfrac{dy}{dx} = 0$ 이므로

$\dfrac{dy}{dx} = \dfrac{-2x-y}{x+2y} = -\dfrac{4}{5}$ 이다. 따라서, $\left.\dfrac{dy}{dx}\right|_{(1,2)} = \dfrac{-4}{5}$ 이므로

접선의 방정식: $y = -\dfrac{4}{5}(x-1) + 2 = -\dfrac{4}{5}x + \dfrac{14}{5}$ 이고,

법선의 방정식: $y = \dfrac{5}{4}(x-1) + 2 = \dfrac{5}{4}x + \dfrac{3}{4}$ 이다.

(3) $x^2y^2 = 9$ 의 양변을 미분하면 $2xy^2 + x^2 2y\dfrac{dy}{dx} = 0$ 이므로 $\dfrac{dy}{dx} = -\dfrac{y}{x} = 3$ 이다. 따라서

$\left.\dfrac{dy}{dx}\right|_{(-1,3)} = 3$ 이므로

접선의 방정식: $y = 3(x+1) + 3 = 3x + 6$ 이고,

법선의 방정식: $y = -\dfrac{1}{3}(x+1) + 3 = -\dfrac{1}{3}x + \dfrac{8}{3}$ 이다.

(5) $\dfrac{x-y}{x-2y} = 2$ 을 양변 미분하면 $\dfrac{\left(1-\dfrac{dy}{dx}\right)(x-2y) - (x-y)\left(1-2\dfrac{dy}{dx}\right)}{(x-2y)^2} = 0$ 이므로

$\dfrac{dy}{dx} = \dfrac{y}{x}$ 이다. 따라서 $\left.\dfrac{dy}{dx}\right|_{(3,1)} = \dfrac{1}{3}$ 이므로

접선의 방정식: $y = \dfrac{1}{3}(x-3) + 1 = \dfrac{1}{3}x$ 이고,

법선의 방정식: $y = -3(x-3) + 1 = -3x + 10$ 이다.

5. $x^3 + y^3 = 3xy$ 의 양변을 미분하면 $3x^2 + 3y^2\dfrac{dy}{dx} = 3y + 3x\dfrac{dy}{dx}$ 이므로 $\dfrac{dy}{dx} = \dfrac{3y-3x^2}{3y^2-3x}$ 이

다. 따라서 $\left.\frac{dy}{dx}\right|_{\left(\frac{3}{2},\,\frac{3}{2}\right)} = -1$이므로 법선의 방정식: $y = \left(x - \frac{3}{2}\right) + \frac{3}{2} = x$이다.

$\therefore$ 법선의 방정식이 원점을 지난다.

7. $\frac{x^2}{a^2} + \frac{y^2}{b^2} = 1$의 양변을 미분하면 $\frac{2x}{a^2} + \frac{2y}{b^2}\frac{dy}{dx} = 0$

$\therefore \frac{dy}{dx} = \frac{-b^2x}{a^2y}$이다.

$\therefore (x_0, y_0)$에서의 접선의 방정식은 $y = \frac{-b^2x_0}{a^2y_0}(x - x_0) + y_0$이다. 식을 정리하면

$(x - x_0)\frac{x_0}{a^2} + (y - y_0)\frac{y_0}{b^2} = 0$이므로 $\frac{x_0x}{a^2} + \frac{y_0y}{b^2} = \frac{x_0^2}{a^2} + \frac{y_0^2}{b^2} = 1$이다.

$\therefore \frac{x_0x}{a^2} + \frac{y_0y}{b^2} = 1$은 타원 $\frac{x^2}{a^2} + \frac{y^2}{b^2} = 1$위의 점$(x_0, y_0)$에서의 접선의 방정식이다.

9. $m(v^2 - v_0^2) = k(x_0 - x^2)$의 양변을 미분하면 $m2v\frac{dv}{dt} = -k2x\frac{dx}{dt} = -2xkv$ 이므로 $m\frac{dv}{dt} = -kx$이다.

11. $x^2 + (y-c)^2 = r^2,\ \ y = x^2$

주어진 2개의 식의 양변을 미분하면 $2x + 2(y-c)\frac{dy}{dx} = 0$이므로 $\frac{dy}{dx} = \frac{x}{c-y}$이고 $\frac{dy}{dx} = 2x$이다. 따라서 $y = c - \frac{1}{2}$이다. 그리고 $x^2 + (y-c)^2 = r^2,\ y = x^2$의 교점의 y좌표는 $y + (y-c)^2 = r^2$로부터 구할 수 있다.

$y^2 + (1-2c)y + c^2 - r^2 = 0$이므로 $y = \frac{2c - 1 \pm \sqrt{4r^2 - 4c + 1}}{2}$이다. $y = \frac{2c-1}{2}$이므로 $4r^2 - 4c + 1 = 0$이며 $c = r^2 + \frac{1}{4}$이다.

2.7 매개변수 곡선의 접선

정리 2.7.1

두 함수 f, g가 구간 I에서 미분가능하고 $f'(t) \neq 0$, $t \in I$이면 매개 방정식

$$x = f(t),\ y = g(t)$$

에 의하여 표시되는 곡선 위의 점 (x, y)에서 곡선의 기울기는 다음과 같다.

$$\frac{dy}{dx} = \frac{dy}{dt} \Big/ \frac{dx}{dt}$$

1. (1) $x^2 + y^2 = 1$　　(3) $\frac{x^2}{4} - \frac{y^2}{9} = 1$　　(5) $y = \frac{(x-1)^2}{4}$

3. (1) $\frac{dy}{dx} = \frac{dy}{dt} / \frac{dx}{dt} = \frac{1}{2t} 3t^2 = \frac{3}{2} t,\ \frac{d^2y}{dx^2} = \frac{dy'}{dx} = \frac{dy'}{dt} / \frac{dx}{dt} = \frac{3}{2} \frac{1}{2t} = \frac{3}{4t}$

(3) $\frac{dy}{dx} = \frac{dy}{dt} / \frac{dx}{dt} = \left(-\frac{2}{(t-1)^2}\right) / \frac{2}{(t+1)^2} = -\frac{(t+1)^2}{(t-1)^2}$

$\frac{d^2y}{dx^2} = \frac{dy'}{dx} = \frac{dy'}{dt} / \frac{dx}{dt} = \left(\frac{4(t+1)}{(t-1)^3}\right) / \frac{2}{(t+1)^2} = \frac{2(t+1)^3}{(t-1)^3}$

5. 2.4의 7번 문제와 동일

7. (1) $x = \sqrt{2-t^2},\ y = t\ \ (-\sqrt{2} \le t \le \sqrt{2})$

(3) $x = t,\ y = \pm\sqrt{t^3 - t}\ \ (-1 \le t \le 0,\ 1 \le t)$

9. (1) $\frac{dy}{dx} = \frac{dy}{dt} / \frac{dx}{dt} = 8t^3/6t = \frac{4}{3} t^2$이므로 $\left.\frac{dy}{dx}\right|_{t=1} = \frac{4}{3}$이다.

11. $\frac{dy}{dx} = \frac{dy}{dt} / \frac{dx}{dt} = (64 - 32t)/80 = 0$이므로 $\frac{dy}{dx} = 0$인 $t = 2$이다.

13. $x^2 y^3 = 27$의 양변을 미분하면 $2xy^3 \frac{dx}{dt} + 3x^2 y^2 \frac{dy}{dt} = 0$이므로 $\frac{dy}{dx} = -\frac{2xy^3}{3x^2y^2}$이다.

$2 \cdot 1 \cdot 3^3 \frac{dx}{dt} + 3 \cdot 1 \cdot 3^2 \cdot 10 = 0$으로부터 $\frac{dx}{dt} = -5$을 얻는다.

제3장 미분의 응용

3.1 최댓값과 최솟값

정의 3.1.1(최댓값과 최솟값)

함수 f의 정의역이 D이고, c가 D의 한 원소라고 하자. 이 때,

(1) D에 속하는 모든 점 x에 대하여

$$f(c) \geq f(x)$$

이면, f는 $x=c$에서 **최댓값**(maximum value) $f(c)$를 갖는다고 한다.

(2) D에 속하는 모든 점 x에 대하여

$$f(c) \leq f(x)$$

이면, f는 $x=c$에서 **최솟값**(minimum value) $f(c)$를 갖는다고 한다.

정리 3.1.2((최댓값과 최솟값의 정리)

함수 f가 폐구간 $[a, b]$에서 연속이면 최댓값과 최솟값을 갖는다.

정의 3.1.3(극댓값과 극솟값)

함수 f의 정의역이 D이고, c가 D의 한 원소라고 하자. 이 때

(1) c를 포함하는 어떤 개구간 내의 모든 점 x에 대하여

$$f(c) \geq f(x)$$

일 때, f는 $x=c$에서 **극댓값**(local maximum value) $f(c)$를 갖는다고 한다.

(2) c를 포함하는 어떤 개구간 내의 모든 점 x에 대하여

$$f(c) \leq f(x)$$

일 때, f는 $x=c$에서 **극솟값**(local minimum value) $f(c)$를 갖는다고 한다.

(3) $x=c$에서 극댓값 또는 극솟값을 가질 때, f는 **극값**(extreme value) $f(c)$를 갖는다고 한다.

정리 3.1.4(Fermat정리)

구간 (a, b)에서 정의된 함수 f가 한 점 $c \in (a, b)$에서 극값을 갖고 $f'(c)$가 존재하면 $f'(c) = 0$이다.

정리 3.1.5(임계점 정리)

함수 f가 폐구간 I에서 정의되고 c가 I 내의 점일 때 $f(c)$가 최댓값이나 최솟값이면 c는 임계점이다. 즉, c는 다음 세 점 중 하나이다.

(1) I의 끝점 (2) 정점 (3) 특이점

정리 3.1.6(폐구간에서 연속인 함수의 최댓값과 최솟값)

함수 f가 폐구간 $[a, b]$에서 연속일 때

1. 폐구간 I에서 f의 임계점을 찾는다.
2. 각각의 임계점에서 f의 값을 계산한다.
3. 이 값들 중에서 가장 큰 값이 최댓값이고, 가장 작은 값이 최솟값이다.

1. (1) 임계점 $x = -2, 0, 2, 3$이고, $f(-2) = 2$, $f(0) = 6$, $f(2) = 4$, $f(3) = 8$이므로 최댓값은 8이고, 최솟값은 6이다.

(3) 임계점 $x = -2, -1, 0, 1, 2, 3$이고, $f(-2) = f(0) = f(2) = 3$, $f(-1) = f(1) = f(3) = 1$이므로 최댓값은 3이고, 최솟값은 1이다.

3. $f(x) = \begin{cases} x^2 + mx + b & x < 0 \\ x + 4 & x \geq 0 \end{cases}$

$f(x)$가 연속아고, 미분가능 하므로 $\lim\limits_{x \to 0-} f(x) = f(0)$, $\lim\limits_{x \to 0-} f'(x) = f(0)$이다.

$\therefore \lim\limits_{x \to 0-} f(x) = b = 4$이고 $\lim\limits_{x \to 0-} f'(x) = m = 1$이다.

5. $f(x) = -x^3 + 3x^2 + 2$, $\left[-\dfrac{1}{3}, 3\right]$

$f'(x) = -3x^2 + 6x = -3x(x-2)$이므로 $x = 0$ 또는 $x = 2$ 에서, $f'(x) = 0$이다.

$\therefore f(x)$의 임계점 $x = -\dfrac{1}{3}, 0, 2, 3$이며 $f\left(-\dfrac{1}{3}\right) = \dfrac{64}{27}$, $f(0) = 2$, $f(2) = 6$, $f(3) = 2$이므로

$\therefore$ $f(x)$의 최댓값은 6이고, $f(x)$의 최솟값은 2이다.

7. $f(x)=|x-5|+|x+2|+|x+5|+|x+10|$

따라서, $f(x)$의 임계점은 $-10, -5, -2, 5$ 이므로 $f(-10)=28, f(-5)=18,$
$f(-2)=18, f(5)=32$이다.

$\therefore$ $f(x)$의 최댓값은 32이고, $f(x)$의 최솟값은 18이다.

9. 가로의 길이를 $x\,(0<x<k)$. 세로의 길이를 $\dfrac{k}{2}-x$라 하자. 직사각형의 넓이는 $x(k-x)$이므로 $f(x)=x\left(\dfrac{k}{2}-x\right)$이다. $f'(x)=-2x+k$이므로 $f(x)$의 임계점은 $x=0,\ \dfrac{k}{4}, k$이다.

$\therefore$ 직사강형 넓이가 최대일 때의 가로의 길이는 $\dfrac{k}{4}$이고, 세로의 길이도 $\dfrac{k}{4}$이므로 정사각형이다.

11.

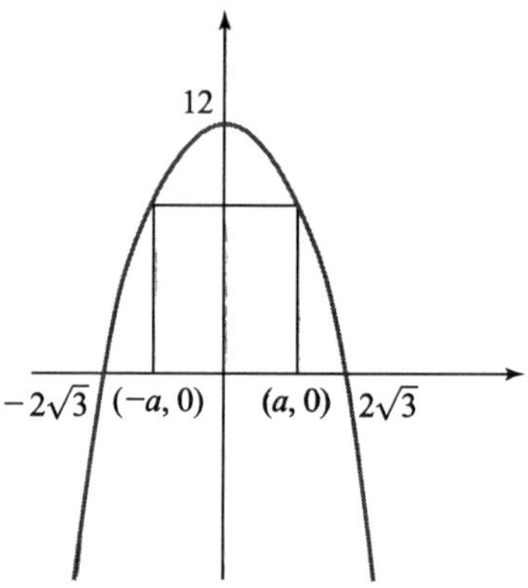

x축에 있는 직사각형의 한 꼭짓점을 $(a, 0)$라 하면 $\left(0<a<2\sqrt{3}\right)$ 직사각형의 넓이는 $f(a)=2a\left(12-a^2\right)$다. $f(a)=24a-2a^3$라 하면 $f'(a)=24-6a^2$이므로 $f(a)$의 임계점은 $a=2$이다.

$\therefore$ 넓이의 최댓값은 $f(2)=32$이고, 그 때의 가로의 길이는 4, 세로의 길이는 8이다.

13.

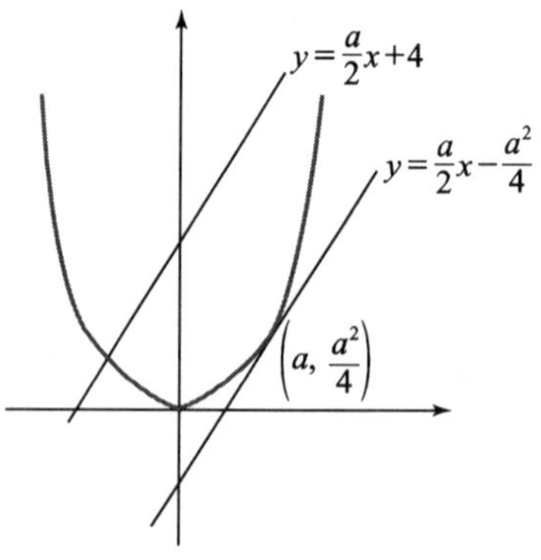

$0 \le a \le 2\sqrt{3}$ 이라 하자. 두 점 $\left(a,\ \frac{a^2}{4}\right)$와 $(0,4)$ 사이의 거리를 구하는 것은 점 $\left(a,\ \frac{a^2}{4}\right)$와 직선 $y=\frac{a}{2}x+4$ 사이의 거리이므로 $f(a)=\frac{\left|a^2-\frac{a^2}{2}+8\right|}{\sqrt{a^2+4}}=\frac{\frac{a^2}{2}+8}{\sqrt{a^2+4}}$ 이다.

$$f'(x)=\frac{x\sqrt{x^2+4}-\left(\frac{x^2}{2}+8\right)\left(\frac{2x}{2\sqrt{x^2+4}}\right)}{x^2+4}=\frac{\frac{x^3}{2}-4x}{(x^2+4)\sqrt{x^2+4}}$$ 이므로

f의 임계점은 $0,\ 2\sqrt{2},\ 2\sqrt{3}$ 이고, $f(0)=4,\ f(2\sqrt{2})=2\sqrt{3},\ f(2\sqrt{3})=\frac{7}{2}$이다.

$\therefore$ 가장 가까운 점은 $P(2\sqrt{2},\ 2)$이고, 가장 멀리 떨어진 점은 $Q(0,\ 0)$이다.

3.2 평균값 정리

정리 3.2.1(Rolle의 정리)

f가 폐구간 $[a, b]$에서 연속이고, 개구간 (a, b)에서 미분가능한 함수라고 하자. 이 때,

$$f(a) = f(b)$$

이면, $f'(c) = 0$이 되는 c가 a와 b사이에 적어도 하나 존재한다.

정리 3.2.2(평균값정리)

함수 f가 폐구간 $[a, b]$에서 연속이고 개구간 (a, b)에서 미분가능하면

$$\frac{f(b) - f(a)}{b - a} = f'(c)$$

을 만족하는 점 c가 a와 b 사이에 적어도 하나 존재한다.

정리 3.2.3

$f(x)$가 $[a, b]$에서 연속이고 (a, b) 내의 모든 x에 대하여 $f'(x) = 0$이면 $f(x)$는 상수함수이다.

따름정리 3.2.4

$f(x)$, $g(x)$가 $[a, b]$에서 연속이고 (a, b) 내의 모든 x에 대하여 $f'(x) = g'(x)$이면 적당한 상수 c가 있어, $[a, b]$ 내의 모든 x에 대하여

$$f(x) = g(x) + c$$

이다.

1. (1) $f(x) = 1 - 2x^2$, $[0, 2]$

함수 f는 $[0, 2]$에서 연속이고, $(0, 2)$에서 미분가능하다. 따라서, 평균값 정리의 가정을 모두 만족하므로 $\frac{f(2) - f(0)}{2 - 0} = \frac{-7 - 1}{2} = -4 = f'(c)$인 $c \in (0, 2)$가 존재한다. 그런

데, $f'(x) = -4x$이므로 $-4c = -4$에서 $c = 1$이다.

(3) $f(x) = 2\cos x$, $[0, 2\pi]$

함수 f는 $[0, 2\pi]$에서 연속이고, $(0, 2\pi)$에서 미분가능하다. 따라서, 평균값 정리의 가정을 모두 만족하므로 $\dfrac{f(2\pi) - f(0)}{2\pi - 0} = \dfrac{2-2}{2\pi} = 0 = f'(c)$인 $c \in (0, 2\pi)$가 존재한다.

그런데, $f'(x) = -2\sin x$이므로 $-2\sin c = 0$ 에서 $c = \pi$이다.

3. $f(x) = |x-1|$

$f'(x) = \begin{cases} 1 & (x > 1) \\ -1 & (x < 1) \end{cases}$이므로

$\dfrac{f(3) - f(0)}{3-0} = \dfrac{2-1}{3} = \dfrac{1}{3} = f'(c)$인 c가 존재하지 않는다. 평균값 정리가 만족하지 않는 이유는 f가 $x = 1$에서 미분불가능이기 때문이다.

5. f가 평균값 정리의 가정을 만족하므로 $\dfrac{f(x_2) - f(x_1)}{x_2 - x_1} = f'(c)$인 $c \in (a, b)$가 존재한다. 그런데, $|f'(c)| \le M$이므로 $|f(x_2) - f(x_1)| \le M|x_2 - x_1|$이다.

7. $f(t) = \sin t$이고 $b < a$이라 하자. f는 $[a, b]$에서 연속이고, (a, b)에서 미분 가능하므로 평균값 정리에 의해 $\sin b - \sin a = f'(c)(b-a) = \cos c(b-a)$를 만족하는 $c \in (a, b)$가 존재한다.

$\therefore |\sin b - \sin a| \le |\cos c||a-b| \le |a-b|$.

9. 7번과 거의 동일.

11. (1) $f'(x) = -\dfrac{1}{x^2}$ $(x \ne 0)$이고, $g'(x) = -\dfrac{1}{x^2}$ $(x > 0)$, $g'(x) = -\dfrac{1}{x^2}$ $(x < 0)$이다.

$\therefore g'(x) = -\dfrac{1}{x^2}$ $(x \ne 0)$이므로 $f'(x) = g'(x)$ $(x \ne 0)$이다.

13. $f(x) = \sqrt{x}$라 하면 f는 $[1, 1.1]$에서 미분가능하고, $(1, 1.1)$에서 연속이므로

$\dfrac{\sqrt{1.1} - 1}{1.1 - 1} = \dfrac{1}{2\sqrt{c}}$인 $c \in (1, 1.1)$가 존재한다.

$\therefore \sqrt{1.1} = 1 + \dfrac{1}{20\sqrt{c}}$로부터 $1 + \dfrac{1}{20\sqrt{1.1}} < \sqrt{1.1} < 1.05$ 이므로 $1 < \sqrt{1.1} < 1.05$ 이다.

$\therefore \sqrt{1.1} \in (1, 1.05)$.

15. (1) $f(a) \cdot f(b) < 0$이고, f가 연속이기 때문에 $f(c) = 0$이 되는 $c \in (a, b)$가 존재한다. 만일 (a, b)에서 f가 서로 다른 두 근 c_1, c_2를 갖는다고 가정하자. 평균값 정리에 의해서 $\dfrac{f(c_2) - f(c_1)}{c_2 - c_1} = 0 = f'(d)$가 되는 $d \in (c_1, c_2)$가 존재한다. 그러나 모든 $x \in (a, b)$에 대하여 $f'(x) \neq 0$이므로 모순이다. 따라서 방정식 $f(x) = 0$은 a와 b사이에 꼭 한 개의 근을 가진다.

3.3 단조성과 1계도함수

정의 3.3.1(함수의 증가, 감소)

구간 I 내의 모든 x_1, x_2에 대하여

(1) $x_1 < x_2$이면 $f(x_1) < f(x_2)$일 때 구간 I에서 함수 f는 **증가한다**고 한다.

(2) $x_1 < x_2$이면 $f(x_1) > f(x_2)$일 때 구간 I에서 함수 f는 **감소한다**고 한다.

정리 3.3.2(단조성의 정리)

함수 f가 구간 $[a, b]$에서 연속이고 구간 (a, b)에서 미분가능할 때

(1) (a, b) 내의 모든 x에 대하여 $f'(x) > 0$ 이면 f는 구간 $[a, b]$에서 증가하고,

(2) (a, b) 내의 모든 x에 대하여 $f'(x) < 0$이면 f는 구간 $[a, b]$에서 감소한다.

정리 3.3.3(1계도함수 판정법)

점 c를 연속함수 f의 한 임계점이라고 하자.

(1) c근방에서 c를 경계로 하여 f'의 부호가 양에서 음으로 바뀌면 f는 c에서 극댓값을 갖는다.

(2) c근방에서 c를 경계로 하어 f'의 부호가 음에서 양으로 바뀌면 f는 c에서 극솟값을 갖는다.

(3) c근방에서 c를 경계로 하여 부호가 바뀌지 않으면 f는 c에서 극값을 갖지 않는다.

1. (1) f의 증가하는 구간: $x < -2, 0 < x < 1, x > 2$.

3. $f(x) = (1+2x)^n - (1+2nx)$라 하면 $f(0) = 0$이다.

$$f'(x) = 2n(1+2x)^{n-1} - 2n$$
$$= 2n\left((1+2x)^{n-1} - 1\right) > 0 \quad \left(\because x > 0, (1+2x)^{n-1} > 1\right)$$ 이므로 f는 증가함수이다.

$\therefore (1+2x)^n \geq 1 + 2nx \ (n \geq 1)$.

5. $f(x), g(x) > 0$ 이고 $f'(x), g'(x) \geq 0$이므로 $(f(x)g(x))' = f'(x)g(x) + f(x)g'(x) \geq 0$이다.

$\therefore f(x)g(x)$는 증가함수이다.

7. $f(x)=x+\cos x$에서 $f'(x)=1-\sin x$이므로 f의 임계점은 $2n\pi+\frac{\pi}{2}$ (n은 정수)이다.

그러나, $\forall x, f'(x)\geq 0$이므로 $f(x)$는 극댓값, 극솟값이 없다.

9. $f'(-2)=f'(1)=0,\ f(-2)=3,\ f(1)=0$로부터 $f'(x)=3ax^2+2bx+c$이므로

$f'(-2)=12a-4b+c-0$

$f'(1)=3a+2b+c=0$

$f(-2)=-8a+4b-2c+d=3$을 얻는다.

$f(1)=a+b+c+d=0$

이 연립방정식을 풀면 $a=\frac{2}{9},\ b=\frac{1}{3},\ c=-\frac{4}{3},\ d=\frac{7}{9}$이므로

$f(x)=\frac{2}{9}x^3+\frac{1}{3}x^2-\frac{4}{3}x+\frac{7}{9}$이다.

11. f가 항상 증가하려면 $f'(x)=3ax^2+2bx+c\geq 0$이어야 한다.

$\therefore\ a>0,\ b^2-3ac\leq 0$ 또는 $a=b=0, c\geq 0$이다.

13. $f(x)=(1+x)^n-(1+nx)$라 하면 $f(0)=0$이다.

$f'(x)=n(1+x)^{n-1}-n$

$=n\left((1+x)^{n-1}-1\right)>0 \quad (\because x>0, n\in(\mathrm{N}-\{1\}))$이므로 f는 증가함수이다.

$\therefore\ (1+x)^n>1+nx.$

3.4 오목성과 2계도함수

정의 3.4.1(함수의 오목성)

함수 f가 개구간 I에서 미분가능하다고 하자.
(1) f'가 I에서 증가하면 f는 I에서 **위로 오목**하다고 한다.
(2) f'가 I에서 감소하면 f는 I에서 **아래로 오목**하다고 한다.

정리 3.4.2(오목성의 정리)

함수 f가 개구간 I에서 두 번 미분가능하다고 하자.
(1) I에 속하는 모든 x에 대하여 $f''(x) > 0$이면 f는 I에서 위로오목하다.
(2) I에 속하는 모든 x에 대하여 $f''(x) < 0$이면 f는 I에서 아래로 오목하다.

정리 3.4.3(2계도함수 판정법)

함수 f가 c의 근방에서 두 번 미분가능하고, $f'(c) = 0$이라고 하자. 이 때,
(1) $f''(c) < 0$이면 f는 c에서 극댓값 $f(c)$를 갖는다.
(2) $f''(c) > 0$이면 f는 c에서 극솟값 $f(c)$를 갖는다.

1. (1) $f(x) = x^3 + x$에서 $f'(x) = 3x^2 + 1$ 이므로 임계점이 없으므로 극값이 존재하지 않는다. $f''(x) = 6x$이며, $f'' = 0$이 되는 $x = 0$이다.
$x < 0$일 때, $f''(x) < 0$이므로 f는 아래로 오목이고, $x > 0$ 일 때, $f''(x) > 0$이므로 f는 위로 오목이다. 따라서, 점$(0, 0)$은 변곡점이다.
$\therefore$ $(-\infty, 0)$에서 f는 아래로 오목이고, $(0, \infty)$에서 f는 위로 오목이다.

(3) $f(x) = \sin^2 x$에서 $f'(x) = 2\sin x \cos x = \sin 2x$이고 $f''(x) = 2\cos 2x$이다.

$f'(x) = 0$라 하면 임계점 $x = \frac{n}{2}\pi$ (n은 정수)를 얻는다.

따라서, $f''\left(\frac{n}{2}\pi\right) = \begin{cases} -2 & n = 2k+1,\ k\text{는 정수} \\ 2 & n = 2k,\ k\text{는 정수} \end{cases}$ 이므로 극댓값은 $f\left(\frac{2k+1}{2}\pi\right) = 1$,

극솟값은 $f\left(\frac{2k}{2}\pi\right) = f(k\pi) = 0$이다.

$x\in\left(\frac{n\pi}{2}-\frac{\pi}{4}, \frac{n\pi}{2}+\frac{\pi}{4}\right)$ 일 때, $f''(x)>0$이므로 f는 위로 오목 (n은 정수)

$x\in\left(\left(\frac{2n+1}{2}\right)\pi-\frac{\pi}{4}, \left(\frac{2n+1}{2}\right)\pi+\frac{\pi}{4}\right)$일 때, $f''(x)<0$이므로 f는 아래로 오목(n은 정수) 따라서, $\left(\frac{n\pi}{2}\pm\frac{\pi}{4}, \frac{1}{2}\right)$은 변곡점이다. ($n$은 정수)

(5) $f(x)=x^2-x^{-2}$

$f'(x)=2x+2x^{-3}$

$f''(x)=2-6x^{-4}=\frac{2x^4-6}{x^4}$

$x<0$일 때, $f'(x)<0$이고, $x>0$일 때, $f'(x)>0$이며 $f'(x)=0$을 만족하는 x가 존재하지 않으므로 극값이 존재하지 않는다. $f''(x)=0$을 만족하는 $x=\pm\sqrt[4]{3}$이다.

$x>\sqrt[4]{3}$, $x<-\sqrt[4]{3}$일 때, $f''(x)>0$이므로 f는 위로 오목

$-\sqrt[4]{3}<x<0$, $0<x<\sqrt[4]{3}$일 때, $f''(x)<0$이므로 f는 아래로 오목이다.

따라서, $\left(-\sqrt[4]{3}, \frac{2}{\sqrt{3}}\right), \left(\sqrt[4]{3}, \frac{2}{\sqrt{3}}\right)$가 변곡점이다.

∴ 극값: 존재하지 않는다.

변곡점: $\left(-\sqrt[4]{3}, \frac{2}{\sqrt{3}}\right), \left(\sqrt[3]{4}, \frac{2}{\sqrt{3}}\right)$

위로 오목인 구간: $(-\infty, -\sqrt[4]{3})\cup(\sqrt[4]{3}, \infty)$

아래로 오목인 구간: $(-\sqrt[4]{3}, 0)$, $(0, \sqrt[4]{3})$.

(7) $f(x)=x\sqrt{x-2}$은 $x\geq 2$에서 정의된 함수이다.

$f'(x)=\sqrt{x-2}+\frac{x}{2\sqrt{x-2}}=\frac{3x-4}{2\sqrt{x-2}}$이므로 $x>2$ 일 때, $f'(x)>0$이므로 극값이 존재하지 않는다.

$f''(x)=\frac{3x-8}{4(x-2)\sqrt{x-2}}$, $f''(x)=0$을 만족하는 $x=\frac{8}{3}$.

$2<x<\frac{8}{3}$ 일 때, $f''(x)<0$ 이므로 f는 아래로 오목

$x>\frac{8}{3}$일 때, $f''(x)>0$ 이므로 f는 위로 오목이므로 $\left(\frac{8}{3}, \frac{8\sqrt{6}}{9}\right)$이 변곡점이다.

∴ 극값은 존재하지 않는다.

변곡점: $\left(\frac{8}{3}, \frac{8\sqrt{6}}{9}\right)$, 위로 오목인 구간: $\left(\frac{8}{3}, \infty\right)$, 아래로 오목인 구간: $\left(2, \frac{8}{3}\right)$

3. f의 변곡점의 x좌표는 $x=1$, $x=7$이다.

「∵ $x<1$일 때, $f''(x)<0$ 이므로 아래로 오목하고, $1<x<2$일 때, $f''(x)>0$이므로 위

로 오목하다. 따라서, $x=1$ 일 때, f는 아래로 오목에서 위로 오목으로 변하므로 $(1, f(1))$은 변곡점이다. 이와 비슷하게 $(7, f(7))$도 변곡점이다.」

5. $f(x)=x|x|$

$f'(x)=\begin{cases} 2x & x \ge 0 \\ -2x & x<0 \end{cases}$, $f''(x)=\begin{cases} 2 & x>0 \\ -2 & x<0 \end{cases}$

$x>0$일 때, $f''(x)>0$이므로 f는 위로 오목, $x<0$일 때, $f''(x)<0$ 이므로 f는 아래로 오목. 따라서, $(0,0)$은 변곡점이다. 그러나 $f'(0)$은 존재하지 않는다.

7. $\forall x \in (a,b),\ f(x)>0,\ f''(x)>0.$

$(f \circ f)'(x)=f'(f(x))f'(x)$

$(f \circ f)''(x)=(f'(f(x))f'(x))'$

$\qquad\qquad\quad =f''(f(x))(f'(x))^2+f'(f(x))f''(x)>0$

따라서, $f^2(x)$도 위로 오목이다.

9. 점 $(x, \sqrt{x})$에서의 접선과 점 $(a, 0)$과 점$(x, \sqrt{x})$를 이은 선분이 서로 수직인 x를 구하게 되면 다음의 식과 같다.

$\frac{1}{2\sqrt{x}} \cdot \frac{\sqrt{x}}{x-a}=-1$. 그러므로 $x=a-\frac{1}{2}$이다.

$\therefore$ 점 $(a, 0)$에서 가장 가까운 곡선 $y=\sqrt{x}$ 위의 점은 $\left(a-\frac{1}{2}, \sqrt{a-\frac{1}{2}}\right)$이다.

11. $f(x)=a\sqrt{x}+\frac{b}{\sqrt{x}}=ax^{\frac{1}{2}}+bx^{-\frac{1}{2}}$

$f'(x)=\frac{1}{2}ax^{-\frac{1}{2}}-\frac{1}{2}b^{-\frac{3}{2}}=\frac{ax-b}{2x\sqrt{x}}$

$f''(x)=-\frac{1}{4}ax^{-\frac{3}{2}}+\frac{3}{4}bx^{-\frac{5}{2}}=\frac{3b-ax}{4x^2\sqrt{x}}$

$\therefore\ f(4)=2a+\frac{b}{2}=13,\ f''(4)=\frac{3b-4a}{128}=0$

$\therefore\ 4a+b=26,\ 4a-3b=0$

$\therefore\ a=\frac{39}{8},\ b=\frac{13}{2}.$

3.5 극대, 극소의 응용

1. $x+y=30$ 이므로 $xy=x(30-x)=-(x-15)^2+225$니자.

$\therefore x=15, y=15$ 일 때, 최댓값 225이다.

3. 포물선 $y=x^2$ 위의 점 $(a,\ a^2)$에서의 접선의 방정식은 $y=2ax-a^2$이다. 포물선 위의 점들 중에, 점 $(0,\ 5)$에 가장 가까운 점은 $2ax-y-a^2=0$과 점 $(0,\ 5)$ 사이의 거리가 최소가 되는 a를 x좌표로 가지는 점이다. $2ax-y-a^2=0$과 점$(0,5)$ 사이의 거리 $f(a)$는

$$f(a)=\frac{|a^2+5|}{\sqrt{4a^2+1}}=\frac{a^2+5}{\sqrt{4a^2+1}}\text{이고}$$

$$f'(a)=\frac{2a\sqrt{4a^2+1}-(a^2+5)\dfrac{8a}{2\sqrt{4a^2+1}}}{4a^2+1}=\frac{8a^3+2a-4a^3-20a}{(4a^2+1)\sqrt{4a^2+1}}$$
$$=\frac{4a^3-18a}{(4a^2+1)\sqrt{4a^2+1}}\text{이다.}$$

$\therefore$ $f'(a)=0$이 되는 $a=0$ 또는 $a=\pm\frac{3\sqrt{2}}{2}$이다. f는 $\left(-\infty,\ -\frac{3\sqrt{2}}{2}\right)$와 $\left(0,\ \frac{3\sqrt{2}}{2}\right)$에서 감소이고, $\left(-\frac{3\sqrt{2}}{2},\ 0\right)$와 $\left(\frac{3\sqrt{2}}{2},\ \infty\right)$에서 증가이다.

$\therefore$ 가장 가까운 점은 $\left(\pm\frac{3\sqrt{2}}{2}, \frac{9}{2}\right)$이다.

5. 직원기둥의 밑면의 반지름을 a, 높이를 $2h$라 하면 $a^2+h^2=r^2$이다.

$V=a^2\pi\cdot 2h=2\pi a^2\sqrt{r^2-a^2}$ 이므로

$$V'=\frac{dV}{da}=4\pi a\sqrt{r^2-a^2}+2\pi a^2\frac{-2a}{\sqrt{r^2-a^2}}=\frac{4\pi a(r^2-2a^2)}{\sqrt{r^2-a^2}}\text{이다.}$$

$\therefore$ $V'=0$이 되는 $a=0$ 또는 $a=\frac{\sqrt{2}}{2}r$이다.

$\therefore$ 직원기둥의 최대의 부피는 $\frac{\sqrt{2}}{2}r^3\pi$이다.

7. 다음 그림처럼 반지름이 r인 원에 대하여 내접한 직사각형의 한 점의 좌표를 $A\left(x,\ \sqrt{r^2-x^2}\right)$라 하면 내접하는 직사각형 둘레 $f(x)=4\left(x+\sqrt{r^2-x^2}\right)$이다.

$f'(x) = \dfrac{4\left(\sqrt{r^2 - x^2} - x\right)}{\sqrt{r^2 - x^2}} = 0$ 이며 인 $x = \dfrac{r}{\sqrt{2}}$ 에서 $f'(x) = 0$ 이다.

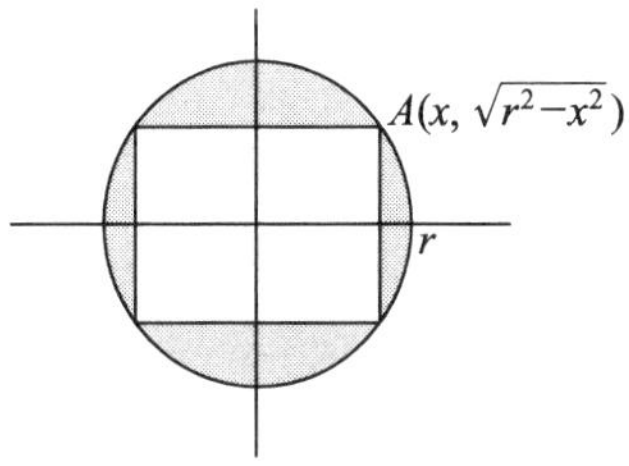

따라서, $f\left(\dfrac{r}{\sqrt{2}}\right) = 4\dfrac{r}{\sqrt{2}} + 4\sqrt{r^2 - \left(\dfrac{r}{\sqrt{2}}\right)^2} = 4\sqrt{2}\,r$ 이 내접한 직사각형의 둘레의 길이의 최댓값이다. 이 때의 가로와 세로의 길이는 $\sqrt{2}\,r$ 이므로 내접한 직사각형의 둘레의 길이가 최대인 것은 정사각형이다.

9. $x = 4$ 일 때, $y = \pm 4$ 이다.

$6x\dfrac{dx}{dt} - 4y\dfrac{dy}{dt} = 0$

$6 \cdot \dfrac{dx}{dt} - 4(\pm 4) \cdot 5 = 0$

$\dfrac{dx}{dt} = \pm \dfrac{10}{3}$

11. $x^2 + 50^2 = y^2$ 에서 $y = 600$ 일 때, $x = 5\sqrt{143}$ 이며 $\dfrac{dx}{dt} = 30$ 이다.

$2x\dfrac{dx}{dt} = 2y\dfrac{dy}{dt}$ 로부터 $5\sqrt{143} \cdot 30 = 600\dfrac{dy}{dt}$ 이므로 $\dfrac{dy}{dt} = \dfrac{\sqrt{143}}{4}$ 이다.

13. $\dfrac{x^2}{a^2} + \dfrac{y^2}{b^2} = 1$ 의 양변을 미분하면 $\dfrac{2x}{a^2} + \dfrac{2y}{b^2}\dfrac{dy}{dx} = 0$ 이므로 $\dfrac{dy}{dx} = -\dfrac{b^2x}{a^2y}$ 이다.

15. $A = \dfrac{1}{2}r^2\theta$ 이므로 $\theta = \dfrac{2A}{r^2}$ 이고, 둘레의 길이 $S = 2r + r\theta = 2r + \dfrac{2A}{r}$ 이다.

$\therefore \dfrac{dS}{dr} = 2 - \dfrac{2A}{r^2}$ 이므로 $\dfrac{dS}{dr} = 0$ 인 $r = \sqrt{A}\ (\because r > 0)$ 이다.

$\therefore r = \sqrt{A},\ \theta = 2$, 최소둘레 $4\sqrt{A}$

3.6 L'Hospital의 법칙

정리 3.6.1(로피탈의 법칙: $\frac{0}{0}$ 꼴)

함수 f와 g가 a를 포함하는 개구간 I에서 미분가능하고 a를 제외한 I내의 모든 x에 대하여 $g'(x) \neq 0$라고 하자.

$\lim_{x \to a} \frac{f(x)}{g(x)}$가 $\frac{0}{0}$ 꼴의 부정형이고 $\lim_{x \to a} \frac{f'(x)}{g'(x)} = A$ (A는 실수 또는 $\pm\infty$)로 존재하면

$$\lim_{x \to a} \frac{f(x)}{g(x)} = \lim_{x \to a} \frac{f'(x)}{g'(x)}$$

가 된다.

정리 3.6.2(로피탈의 법칙: $\frac{\infty}{\infty}$ 꼴)

함수 f와 g가 a를 포함하는 개구간 I에서 미분가능하고 a를 제외한 I내의 모든 x에 대하여 $g'(x) \neq 0$라고 하자.

$\lim_{x \to a} \frac{f(x)}{g(x)}$가 $\frac{\infty}{\infty}$ 꼴의 부정형이고 $\lim_{x \to a} \frac{f'(x)}{g'(x)} = A$($A$는 실수 또는 $\pm\infty$)로 존재하면

$$\lim_{x \to a} \frac{f(x)}{g(x)} = \lim_{x \to a} \frac{f'(x)}{g'(x)}$$

가 된다.

1. (1) $\frac{0}{0}$ 꼴의 부정형

(3) $\lim_{x \to a} \frac{h(x)}{p(x)} = 0$

(5) $\frac{\infty}{\infty}$ 꼴의 부정형

3. (1) $\lim_{x \to \infty} \frac{\sqrt{2x+1}}{\sqrt{x+2}} = \lim_{x \to \infty} \sqrt{2 + \frac{-3}{x+2}} = \sqrt{2}$

(3) $\frac{\infty}{\infty}$ 꼴의 부정형이므로 로피탈 법칙을 적용하면

$$\lim_{x\to\infty} -\frac{2x+1}{x+\sqrt{x}+2} = \lim_{x\to\infty}\frac{2}{1+\frac{1}{2\sqrt{x}}} = 2$$

5. $\frac{0}{0}$ 꼴의 부정형이므로 로피탈의 법칙을 적용하면 $\lim_{x\to 0}\frac{\int_0^x \sin t^2\,dt}{x^3+\sin x} = \lim_{x\to 0}\frac{\sin x^2}{3x^2+\cos x} = 0$

이다.

7. $\overline{OR} = r$이라 하자. $A(\theta)$는 부채꼴 OPR에서 $\triangle OPR$의 넓이를 뺀 것이므로

$\therefore\ A(\theta) = \frac{1}{2}r^2\theta - \frac{1}{2}r^2\sin\theta = \frac{1}{2}r^2(\theta - \sin\theta)$이다.

$\triangle PQR$의 가로의 길이는 $r - r\cos\theta$이고, 세로의 길이는 $r\sin\theta$이므로

$B(\theta) = \frac{1}{2}(r - r\cos\theta)r\sin\theta = \frac{1}{2}r^2(1-\cos\theta)\sin\theta$이다.

$$\therefore \lim_{\theta\to 0}\frac{A(\theta)}{B(\theta)} = \lim_{\theta\to 0}\frac{\frac{1}{2}r^2(\theta-\sin\theta)}{\frac{1}{2}r^2(1-\cos\theta)\sin\theta} = \lim_{\theta\to 0}\frac{\theta-\sin\theta}{(1-\cos\theta)\sin\theta}$$

$$= \lim_{\theta\to 0}\frac{1-\cos\theta}{\sin^2\theta + (1-\cos\theta)\cos\theta} = \lim_{\theta\to 0}\frac{1-\cos\theta}{\cos\theta - \cos 2\theta}$$

$$= \lim_{\theta\to 0}\frac{\sin\theta}{-\sin\theta + 2\sin 2\theta}$$

$$= \lim_{\theta\to 0}\frac{\cos\theta}{-\cos\theta + 4\cos 2\theta} = \frac{1}{3}.$$

9. $\frac{0}{0}$ 꼴의 부정형이므로 로피탈의 법칙을 적용하면

$\lim_{x\to 0}\frac{f(2+3x)+f(2+5x)}{x} = 0\lim_{x\to 0}(3f'(2+3x)+5f'(2+5x)) = 56$이다.

제4장 적 분

4.1 합과 $\sum$ 기호

정의 4.1.1($\sum$의 성질)

a_i, $b_i(i=1,2,\ldots\ldots,n)$가 실수이고, c가 상수일 때 다음이 성립한다.

(1) $\sum_{i=1}^{n} ca_i = c\sum_{i=1}^{n} a_i.$

(2) $\sum_{i=1}^{n}(a_i+b_i) = \sum_{i=1}^{n} a_i + \sum_{i=1}^{n} b_i$

(3) $\sum_{i=1}^{n}(a_i-b_i) = \sum_{i=1}^{n} a_i - \sum_{i=1}^{n} b_i$

정의 4.1.2(합의 공식)

모든 자연수 n에 대해 다음 식이 성립한다.

(1) $\sum_{i=1}^{n} i = \frac{n(n+1)}{2}$ (2) $\sum_{i=1}^{n} i^2 = \frac{n(n+1)(2n+1)}{6}$

(3) $\sum_{i=1}^{n} i^3 = \left\{\frac{n(n+1)}{2}\right\}^2$

1. (1) $\sum_{k=1}^{9}\sqrt{k+1}$ (3) $\sum_{k=1}^{n} x^k$

(5) $\sum_{k=1}^{n} f(c_k)$

3. (1) 90 (3) -10

5. $n=1$일 때, $\sum_{i=1}^{1} i^3 = 1^3 = 1 = \left\{\frac{1\cdot 2}{2}\right\}^2$이므로 성립한다.

$n=k$일 때, $\sum_{i=1}^{k} i^3 = \left\{\frac{k\cdot(k+1)}{2}\right\}^2$이 성립한다고 가정하자.

$n=k+1$일 때, $\sum_{i=1}^{k+1} i^3 = \left\{\frac{k\cdot(k+1)}{2}\right\}^2 + (k+1)^3$

$$= \left(\frac{k^2}{4}+k+1\right)(k+1)^2 = \frac{1}{4}(k+2)^2(k+1)^2 = \left\{\frac{(k+1)(k+2)}{2}\right\}^2$$

이므로 $n=k+1$일 때도 성립한다. 그러므로 수학적 귀납법에 의하여

$\sum_{i=1}^{n} i^3 = \left\{\frac{n\cdot(n+1)}{2}\right\}^2$은 모든 자연수 n에 대하여 성립한다.

7. (1) $\sum_{k=1}^{40}\left(\frac{1}{k}-\frac{1}{k+1}\right) = \left(\frac{1}{1}-\frac{1}{2}\right)+\left(\frac{1}{2}-\frac{1}{3}\right)+\cdots+\left(\frac{1}{40}-\frac{1}{41}\right)$

$$= \frac{1}{1}-\frac{1}{2}+\frac{1}{2}-\frac{1}{3}+\cdots+\frac{1}{40}-\frac{1}{41} = 1-\frac{1}{41} = \frac{40}{41}$$

(3) $\sum_{k=3}^{20}\left(\frac{1}{(k+1)^2}-\frac{1}{k^2}\right) = \left(\frac{1}{4^2}-\frac{1}{3^2}\right)+\left(\frac{1}{5^2}-\frac{1}{4^2}\right)+\cdots+\left(\frac{1}{21^2}-\frac{1}{20^2}\right)$

$$= \frac{1}{4^2}-\frac{1}{3^2}+\frac{1}{5^2}-\frac{1}{4^2}+\cdots+\frac{1}{21^2}-\frac{1}{20^2} = -\frac{1}{3^2}+\frac{1}{21^2}$$

$$= \frac{-48}{441}$$

9. $(i+1)^4-i^4 = 4i^3+6i^2+4i+1$에서,

$i=1$일 때, $2^4-1^4 = 4\cdot1^3+6\cdot1^2+4\cdot1+1$

$i=2$일 때, $3^4-2^4 = 4\cdot2^3+6\cdot2^2+4\cdot2+1$

$\vdots$

$i=n$일 때, $(n+1)^4-n^4 = 4\cdot n^3+6\cdot n^2+4\cdot n+1$

따라서, 위의 n개의 식을 모두 합하면

$$(n+1)^4-1^4 = 4\sum_{k=1}^{n}k^3+6\sum_{k=1}^{n}k^2+4\sum_{k=1}^{n}k+\sum_{k=1}^{n}1$$

$$= 4\sum_{k=1}^{n}k^3+6\frac{n(n+1)(2n+1)}{6}+4\frac{n(n+1)}{2}+n$$

$$\therefore \sum_{k=1}^{n}k^3 = \frac{1}{4}\{(n+1)^4-n(n+1)(2n+1)-2n(n+1)-n-1\}$$

$$= \frac{1}{4}(n+1)\left(n^3+3n^2+3n+1-2n^2-n-2n-1\right)$$

$$\frac{1}{4}(n+1)\left(n^3+n^2\right) = \frac{1}{4}n^2(n+1)^2 = \left(\frac{n(n+1)}{2}\right)^2$$

4.2 면 적

1. (1) $S_8=\frac{1}{4}\left(1+\frac{5}{4}+\cdots+\frac{11}{4}\right)=\sum_{k=1}^{8}\frac{1}{4}\left(1+\frac{k-1}{4}\right)$

$$=\sum_{k=1}^{8}\frac{1}{4}+\sum_{k=1}^{8}\frac{k-1}{16}=2+\frac{1}{16}\cdot\frac{7\cdot 8}{2}=\frac{15}{4}$$

(3) $T_8=\frac{1}{4}\left(\frac{5}{4}+\frac{6}{4}+\cdots+\frac{12}{4}\right)=\sum_{k=1}^{8}\frac{1}{4}\left(1+\frac{k}{4}\right)$

$$=\sum_{k=1}^{8}\frac{1}{4}+\sum_{k=1}^{8}\frac{k}{16}=2+\frac{1}{16}\cdot\frac{8\cdot 9}{2}=\frac{17}{4}$$

3. (1) $y=x+2$, x축, $x=0$, $x=1$

$f(x)=x+2$라 하면

$$S_n=f(0)\frac{1}{n}+f\left(\frac{1}{n}\right)\frac{1}{n}+\cdots+f\left(\frac{n-1}{n}\right)\frac{1}{n}$$

$$=2\frac{1}{n}+\left(\frac{1}{n}+2\right)\frac{1}{n}+\cdots+\left(\frac{n-1}{n}+2\right)\frac{1}{n}$$

$$=\sum_{k=1}^{n}\left(\frac{k}{n}+2\right)\frac{1}{n}=\frac{1}{n^2}\sum_{k=1}^{n}k+\frac{2}{n}n$$

$$=\frac{1}{n^2}\frac{n(n+1)}{2}+2$$

$$\therefore A(R)=\lim_{n\to\infty}S_n=\frac{5}{2}$$

(3) $y=x^2+1$, x축, $x=0$, $x=1$

$f(x)=x^2+1$라 하면

$$S_n=f(0)\frac{1}{n}+f\left(\frac{1}{n}\right)\frac{1}{n}+\cdots+f\left(\frac{n-1}{n}\right)\frac{1}{n}$$

$$=1\frac{1}{n}+\left(\left(\frac{1}{n}\right)^2+1\right)\frac{1}{n}+\cdots+\left(\left(\frac{n-1}{n}\right)^2+1\right)\frac{1}{n}$$

$$=\sum_{k=1}^{n}\left(\left(\frac{k-1}{n}\right)^2+1\right)\frac{1}{n}$$

$$=\frac{1}{n^3}\sum_{k=1}^{n}(k^2-2k+1)+\frac{1}{n}n$$

$$= \frac{1}{n^3}\left(\frac{n(n+1)(2n+1)}{6} - n(n+1)+n\right)+1$$

$$= \frac{1}{n^3}\left(\frac{n(n-1)(2n-1)}{6}\right)+1$$

$$\therefore A(R) = \lim_{n\to\infty} S_n = \frac{4}{3}$$

(5) $y = x^3$, x축, $x = 1$

$$T_n = f\left(\frac{1}{n}\right)\frac{1}{n} + f\left(\frac{2}{n}\right)\frac{1}{n} + \cdots + f\left(\frac{n}{n}\right)\frac{1}{n}$$

$$= \left(\frac{1}{n}\right)^3\frac{1}{n} + \left(\frac{2}{n}\right)^3\frac{1}{n} + \cdots + \left(\frac{n}{n}\right)^3\frac{1}{n}$$

$$= \sum_{k=1}^{n}\left(\frac{k}{n}\right)^3\frac{1}{n} = \frac{1}{n^4}\sum_{k=1}^{n}k^3 = \frac{1}{n^4}\left(\frac{n(n+1)}{2}\right)^2$$

$$\therefore A(R) = \lim_{n\to\infty} T_n = \frac{1}{4}$$

5. $f(t) = t^2$, $t = 3$, $t = 5$로 둘러싸인 영역의 넓이

$$T_n = f\left(3+\frac{2}{n}\right)\frac{2}{n} + f\left(3+\frac{2}{n}\right)\frac{2}{n} + \cdots + f\left(3+\frac{2n}{2}\right)\frac{2}{n}$$

$$= \left(3+\frac{2}{n}\right)^2\frac{2}{n} + \left(3+\frac{4}{n}\right)^2\frac{2}{n} + \cdots + \left(3+\frac{2n}{2}\right)^2\frac{2}{n}$$

$$= \sum_{k=1}^{n}\left(3+\frac{2k}{n}\right)^2\frac{2}{n} = \sum_{k=1}^{n}\left(\frac{8k^2}{n^3} + \frac{24k}{n^2} + \frac{18}{n}\right)$$

$$= \frac{8}{n^3}\frac{n(n+1)(2n+1)}{6} + \frac{24}{n^2}\frac{n(n+1)}{2} + \frac{18}{n}n$$

$$= \frac{4}{n^3}\left(\frac{n(n+1)(2n+1)}{3} + \frac{9n^2(n+1)}{3}\right)+18$$

$$= \frac{4}{n^3}\frac{n(n+1)(11n+1)}{3}+18$$

$$\therefore A(R) = \lim_{n\to\infty} T_n = \frac{98}{3}$$

7. $x = 0$, $x = \frac{\pi}{4}$, $y = \tan x$로 둘러싸인 영역

4.3 정적분

정리 4.3.1(연속함수와 적분가능성)

함수 f가 구간 $[a, b]$에서 유계이고 많아야 유한개의 점을 제외한 모든 점에서 연속이면 함수 f는 $[a, b]$에서 적분가능하다. 특히, f가 구간 $[a, b]$ 내의 모든 점에서 연속이면 f는 $[a, b]$에서 적분가능하다.

정리 4.3.2(정적분과 면적)

함수 f가 구간 $[a, b]$에서 적분가능하고 모든 점에서 $f(x) \geq 0$이면 구간 $[a, b]$에서 함수 f의 그래프 아래 부분의 면적은 정적분 $\int_a^b f(x)dx$와 같다.

정리 4.3.3(구분구적법)

함수 f가 구간 $[a, b]$에서 적분가능하면 정적분의 값은 다음과 같다.

$$\int_a^b f(x)dx = \lim_{n\to\infty} \frac{b-a}{n} \sum_{i=1}^{n} f\left(a + i\frac{b-a}{n}\right)$$

$$= \lim_{n\to\infty} \frac{b-a}{n} \sum_{i=1}^{n} f\left(a + (i-1)\frac{b-a}{n}\right)$$

1. (1) $\sum_{k=1}^{n} f(\overline{x_i})\Delta x_i$

$= 2(3.75-2) + 3(4.25-3.75) + 3.75(5.5-4.25) + 5(6-5.5) + 5.5(7-6) = 17.6875$

3. (1) $\int_0^1 (ax+b)dx = \lim_{n\to\infty} \sum_{k=1}^{n} \left(\frac{ak}{n} + b\right)\frac{1}{n}$

$= \lim_{n\to\infty} \frac{a}{n^2} \sum_{k=1}^{n} k + \frac{b}{n} n$

$$= \lim_{n\to\infty} \frac{a}{n^2}\frac{n(n+1)}{2} + b = \frac{a}{2} + b$$

(3) $\displaystyle\int_1^2 (x^2+2)dx = \lim_{n\to\infty}\sum_{k=1}^{n}\left(\left(1+\frac{k}{n}\right)^2+2\right)\frac{1}{n}$

$$= \lim_{n\to\infty}\sum_{k=1}^{n}\left(\frac{k^2}{n^2}+\frac{2k}{n}+3\right)\frac{1}{n}$$

$$= \lim_{n\to\infty}\frac{1}{n^3}\sum_{k=1}^{n}(k^2+2kn+3n^2)$$

$$= \lim_{n\to\infty}\frac{1}{n^3}\left(\frac{n(n+1)(2n+1)}{6}+n^2(n+1)+3n^3\right) = \frac{13}{3}$$

(5) $\displaystyle\int_1^2 (Px^3+Qx^2)dx = \lim_{n\to\infty}\sum_{k=1}^{n}\left(P\left(1+\frac{k}{n}\right)^3+Q\left(1+\frac{k}{n}\right)^2\right)\frac{1}{n}$

$$- \lim_{n\to\infty}\frac{1}{n^4}\sum_{k=1}^{n}\left(P(k^3+3nk^2+3n^2k+n^3)+Q(nk^2+2n^2k+n^3)\right)$$

$$= \lim_{n\to\infty}\frac{1}{n^4}P\left(\left(\frac{n(n+1)}{2}\right)^2+\frac{n^2(n+1)(2n+1)}{2}+\frac{3n^3(n+1)}{2}+n^4\right)$$

$$+ \lim_{n\to\infty}\frac{1}{n^4}Q\left(\frac{n^2(n+1)(2n+1)}{6}+n^3(n+1)+n^4\right) = \frac{15}{4}P+\frac{7}{3}Q$$

5. $\displaystyle\int_1^1 x^2\cos x\,dx = 0$

7. (1) $\displaystyle\int_{-1}^1 f(x)dx = 0$ (3) $\displaystyle\int_{-1}^1 |f(x)|dx = 6$

(5) $\displaystyle\int_{-1}^1 xg(x)dx = 0$

9. (1) $\displaystyle\int_0^2 f(x)dx = 3$.

이것은 $y=f(x), y=0, x=0, x=2$로 둘러싸인 영역의 넓이가 3이라는 의미이다.

(3) $\displaystyle\int_5^7 f(x)dx = -3$.

이것은 $y=f(x), y=0, x=5, x=7$로 둘러싸인 영역의 넓이가 3이라는 의미이다.

4.4 정적분의 성질

정리 4.4.1(정적분의 성질(1))

두 함수 f와 g가 구간 $[a, b]$에서 적분가능하고 c가 상수일 때, 상수 함수 c와 함수 cf, $f+g$, $f-g$도 적분가능하고 다음 식이 성립한다.

(1) $\int_a^b c\,dx = c(b-a)$

(2) $\int_a^b cf(x)dx = c\int_a^b f(x)dx$

(3) $\int_a^b [f(x)+g(x)]dx = \int_a^b f(x)dx + \int_a^b g(x)dx$

(4) $\int_a^b [f(x)-g(x)]dx = \int_a^b f(x)dx - \int_a^b g(x)dx$

정리 4.4.2(정적분의 성질(2))

함수 f가 a, b, c를 포함하는 구간에서 적분가능하면, 다음이 성립한다.

$$\int_a^b f(x)dx = \int_a^c f(x)dx + \int_c^b f(x)dx$$

정리 4.4.3(정적분의 성질(3))

두 함수 f와 g가 구간 $[a, b]$에서 적분가능할 때

(1) $f(x) \ge 0$이면 $\int_a^b f(x)dx \ge 0$이다.

(2) $f(x) \ge g(x)$이면 $\int_a^b f(x)dx \ge \int_a^b g(x)dx$이다.

정리 4.4.4(정적분의 성질(4))

두 함수 f가 적분가능하고 구간$[a, b]$에서 $m \le f(x) \le M$이면, 다음이 성립한다.

$$m(b-a) \le \int_a^b f(x)dx \le M(b-a)$$

정리 4.4.5(적분의 정리)

함수 f가 구간 $[a,b]$에서 연속이면

$$\frac{1}{b-a}\int_a^b f(x)dx = f(c)$$

인 $c \in (a, b)$가 존재한다.

1. (1) $\forall x \in [0,1],\ x \ge x^2$

$\therefore \int_0^1 x dx \ge \int_0^1 x^2 dx$

(3) $\forall x \in \left[0, \frac{\pi}{2}\right],\ 0 \le \sin x \le 1$

$\therefore \sin x \ge \sin^2 x$

$\therefore \int_0^{\frac{\pi}{2}} \sin x\, dx \ge \int_0^{\frac{\pi}{2}} \sin^2 dx$

(5) $f(x) = 3x^3 - 2 - (2x^3 - 1) = x^3 - 1$

$f'(x) = 3x^2$

$f(1) = 0$ 이고 $f'(x) > 0\ \ \forall x \in [1, 2]$

$\therefore\ f(x) \ge 0\ \ \forall x \in [1,2]$

$\therefore\ 3x^3 - 2 \ge 2x^3 - 1\ \ \forall x \in [1,2]$

$\therefore \int_1^2 (3x^2 - 2)dx \ge \int_1^2 (2x^3 - 1)dx$

(7) $\forall x \in [0,1],\ 1 \le \sqrt{1+x} \le \sqrt{2}$

$\therefore \int_0^1 1dx \le \int_0^1 \sqrt{1+x}\, dx \le \int_0^1 \sqrt{2}\, dx$

$\therefore 1 \le \int_0^1 \sqrt{1+x}\, dx \le \sqrt{2}$

3. (1) $\int_0^4 f(x)dx = \int_0^2 x^2 dx + \int_2^4 x dx$

$$= \lim_{n\to\infty}\sum_{k=1}^{n}\left(\frac{2k}{n}\right)^2\frac{2}{n} + \lim_{n\to\infty}\sum_{k=1}^{n}\left(2+\frac{2k}{n}\right)\frac{2}{n}$$

$$= \lim_{n\to\infty}\frac{4}{n^3}\frac{n(n+1)(2n+1)}{6} + \lim_{n\to\infty}\left(4+\frac{4}{n^2}\frac{n(n+1)}{2}\right) = \frac{26}{3}$$

(3) $\int_0^4 f(x)dx = \int_0^2 (2-x)dx + \int_2^4 (x-2)dx$

$$= \lim_{n\to\infty}\sum_{k=1}^{n}\left(2-\frac{2k}{n}\right)\frac{2}{n} + \lim_{n\to\infty}\sum_{k=1}^{n}\left(\frac{2k}{n}\right)\frac{2}{n}$$

$$= \lim_{n\to\infty}\left(4-\frac{4}{n^2}\frac{n(n+1)}{2}\right) + \lim_{n\to\infty}\frac{4}{n^2}\frac{n(n+1)}{2} = 4$$

5. $\int_2^5 f(x)dx = \int_2^8 f(x)dx - \int_5^8 f(x)dx = 1.7 - 2.5 = -0.8$

7. $\int_0^{\frac{\pi}{2}} \sin^2 x dx + \int_0^{\frac{\pi}{2}} \cos^2 x dx = \int_0^{\frac{\pi}{2}} (\sin^2 x + \cos^2 x)dx = \frac{\pi}{2}$

$$\int_0^{\frac{\pi}{2}} \sin^2 x dx - \int_0^{\frac{\pi}{2}} \cos^2 x dx = \int_0^{\frac{\pi}{2}} (\sin^2 x - \cos^2 x)dx$$

$$= \int_0^{\frac{\pi}{2}} \cos 2x\, dx = 0$$

$\left(\because y = \cos 2x \text{는 } x = \frac{\pi}{4}\text{축에 대하여 기함수}\right)$

9. $\forall \varepsilon > 0\ \exists \delta = \frac{\varepsilon}{M}$ s.t.

$$|x-p| < \delta \Rightarrow |g(x) - g(p)| = \left|\int_a^x f(t)dt - \int_a^p f(t)dt\right|$$

$$= \left|\int_p^x f(t)dt\right| \le M|x-p| < M\delta = \varepsilon$$

4.5 미적분학의 기본정리

정리 4.5.1

함수 f가 구간 $[a, b]$에서 연속일 때 함수 F를

$$F(x) = \int_a^x f(t)\,dt\,, \qquad x \in [a, b]$$

로 정의하면, F는 (a, b)에서 미분가능하고 임의의 점 $x \in (a, b)$에 대하여 $F'(x) = f(x)$이다.

따름정리 4.5.2

함수 f가 구간 $[a, b]$에서 연속일 때

$$\frac{d}{dx}\int_a^x f(t)\,dt = f(x)$$

정리 4.5.3(미분적분학의 기본정리)

함수 f가 $[a, b]$에서 연속이고 F가 f의 한 역도함수이면 다음이 성립한다.

$$\int_a^b f(t)dt = F(b) - F(a)$$

정의 4.5.4

함수 F가 f의 한 역노함수일 때, f의 역도함수 전체의 집합을 f의 **부정적분**(indefinite integral)이라고 하고 기호 $\int f(x)dx$로 나타낸다. 즉,

$$\int f(x)dx = F(x) + c$$

여기서 c를 **적분상수**(integration constant)라고 한다.

정리 4.5.5

$r \neq -1$인 임의의 유리수 r에 대하여 다음이 성립한다.

$$\int x^r dx = \frac{x^{r+1}}{r+1} + c$$

1. (1) $\int_0^1 x^2 dx = \left[\frac{1}{3}x^3\right]_0^1 = \frac{1}{3} - 0 = \frac{1}{3}$

(3) $\int_0^2 \sqrt{x}\, dx = \int_0^2 x^{\frac{1}{2}} dx = \left[\frac{2}{3}x^{\frac{3}{2}}\right]_0^2 = \frac{2}{3}2^{\frac{3}{2}} = \frac{4\sqrt{2}}{3}$

(5) $\int_0^{\pi} \cos x dx = [\sin x]_0^{\pi} = 0 - 0 = 0$

(7) $\int_1^0 \sqrt{2x+1}\, dx = -\int_0^1 \sqrt{2x+1}\, dx$

$$= -\left[\frac{1}{3}(2x+1)^{\frac{3}{2}}\right]_0^1 = -\left(\frac{1}{3}3^{\frac{3}{2}} - \frac{1}{3}\right) = \frac{1}{3} - \sqrt{3}$$

3. (1) $\int_0^3 \sqrt{x+1}\, dx = \left[\frac{2}{3}(x+1)^{\frac{3}{2}}\right]_0^2 = \frac{16}{3}$

$\therefore f(c) = \frac{16}{9} \quad \therefore c = \frac{175}{81}$

(3) $\int_0^2 |x| dx = \left[\frac{1}{2}x^2\right]_0^2 = 2$

$\therefore f(c) = 1 \quad \therefore c = 1 \ (\because c > 0)$

5. (1) $g(0) = 0,\ g(1) = 2,\ g(2) = 5,\ g(3) = 7,\ g(6) = 3$

(3) $t = 3$

7. (1) $g(x) = \begin{cases} 0 & x < 0 \\ \frac{1}{2}x^2 & 0 \le x \le 1 \\ -\frac{1}{2}x^2 + 2x - 1 & 1 < x \le 2 \\ -1 & x > 2 \end{cases}$

(3) f는 $x = 0, 1, 2$에서 미분 불가능

g는 모든 점에서 미분가능.

4.6 정적분 계산법

정의 4.6.1(부정적분과 치환적분)

함수 $y=f(u)$가 구간 I에서 연속일 때 미분가능한 함수 $u=g(x)$의 치역이 I에 포함되고 $g'(x)$가 연속이면 다음이 성립한다.

$$\int f(g(x))g'(x)dx = \int f(u)\,du$$

정의 4.6.2(정적분과 치환적분)

함수 f가 구간 $[a, b]$에서 연속일 때 미분가능한 함수 g의 치역이 $[a, b]$에 포함되고 g'이 연속이면 다음이 성립한다.

$$\int_a^b f(g(x))g'(x)\,dx = \int_{g(a)}^{g(b)} f(u)\,du$$

정의 4.6.3(대칭함수의 적분)

함수 f가 구간 $[-a, a]$에서 연속이면 다음이 성립한다.

(1) f가 우함수이면, $\int_{-a}^{a} f(x)dx = 2\int_0^a f(x)dx$

(2) f가 기함수이면, $\int_{-a}^{a} f(x)dx = 0$

정의 4.6.4(주기함수의 적분)

함수 f가 $[a, b]$에서 연속이고 주기가 p인 주기함수이면, 다음이 성립한다.

$$\int_{a+p}^{b+p} f(x)dx = \int_a^b f(x)dx$$

1. (1) $t=\sqrt{2x+4}$

$dt = \dfrac{2}{\sqrt{2x+4}}dx$

$$\int_0^1 \sqrt{2x+4}\,dx = \int_2^{\sqrt{6}} \frac{t^2}{2}dt = \left[\frac{t^3}{6}\right]_2^{\sqrt{6}} = \sqrt{6} - \frac{4}{3}$$

(3) $3x = t$

$3dx = dt$

$$\int_0^{\pi} \sin 3x\,dx = \int_0^{3\pi} \frac{\sin t}{3}dt = \frac{1}{3}[-\cos t]_0^{3\pi} = \frac{2}{3}$$

(5) $2x+1 = t$

$2dx = dt$

$$\int_0^1 \frac{1}{(2x+1)^2}dx = \int_1^3 \frac{1}{2t^2}dt = \left[-\frac{1}{2t}\right]_1^3 = -\frac{1}{6} + \frac{1}{2} = \frac{1}{3}$$

(7) $t = x^2 + 4x + 2$

$dt = (2x+4)dx$

$$\int_0^2 \frac{x+2}{(x^2+4x+2)^2}dx = \int_2^{14} \frac{1}{2t^2}dt = \left[\frac{-1}{2t^2}\right]_2^{14} = \frac{3}{14}$$

(9) $t = x^3 + 1$

$dt = 3x^2dx$

$$\int_0^1 \frac{x^2}{\sqrt{x^3+1}}dx = \int_1^2 \frac{1}{3\sqrt{t}}dt = \left[\frac{2\sqrt{t}}{3}\right]_1^2 = \frac{2(\sqrt{2}-1)}{3}$$

3. $x = u + a$

$$\int_a^{a+p} f(x)dx = \int_0^p f(u+a)du = \int_0^p f(u)du = \int_0^p f(x)dx$$

$$\int_1^{1+\pi} |\sin x|dx = \int_0^{\pi} \sin x\,dx = [-\cos x]_0^{\pi} = 2$$

5. $$\frac{1}{12}\int_6^{18} 70 + 8\sin\left[\frac{\pi}{12}(t-9)\right]dt = \frac{1}{12}\left(840 + 8\int_6^{18} \sin\frac{\pi}{12}(t-9)\right)dt$$

$$= 70 + \frac{2}{3}\frac{12}{\pi}\left[-\cos\frac{\pi}{12}(t-9)\right]_6^{18} = 70 + \frac{8\sqrt{2}}{\pi}$$

7. $x^2 = t$

$2xdx = dt$

$$\int_0^3 xf(x^2)dx = \int_0^9 \frac{f(t)}{2}dt = 2$$

9. $t = 1 - x$

$dt = - dx$

$$\int_0^1 x^a(1-x)^b dx = \int_1^0 (1-t)^a t^b (-)dt$$

$$= \int_0^1 t^b(1-t)^a dt = \int_0^1 x^b(1-x)^a dx$$

제5장 적분의 응용

5.1 곡선 사이의 면적

정리 5.1.1(두 곡선 사이의 면적)

두 함수 f와 g가 구간 $[a, b]$에서 적분가능하고 $f(x) \geq g(x)$일 때 $[a, b]$ 위에서 두 곡선 사이의 면적 A는 다음과 같다.

$$A = \int_a^b \{f(x) - g(x)\}\, dx$$

1. (1) 두 그래프의 교점의 x좌표를 구하면 $x = 0,\ 2$이고, 구간 $[0, 1]$에서 $2x - x^2 \geq 0$이므로 면적은 다음과 같다.

$$\int_0^2 (2x - x^2)dx = \left[x^2 - \frac{1}{3}x^3\right]_0^2 = 4 - \frac{8}{3} = \frac{4}{3}\ .$$

(3) 두 그래프의 교점을 구하면 $(4,\ 2)$, $(4,\ -2)$이고, $-2 \leq y \leq 2$에서 $y^2 \leq 4$이므로, 구하는 면적은 다음과 같다.

$$\int_{-2}^2 (4 - y^2)dy = \left[4y - \frac{1}{3}y^3\right]_{-2}^2 = \left(-\frac{8}{3} + 4\right) - \left(\frac{8}{3} - 8\right) = 16 - \frac{16}{3} = \frac{32}{3}.$$

(5) 두 그래프의 교점을 구하면 $(1,\ -1)$, $(4,\ 2)$이고 $-1 \leq y \leq 2$에서 $y^2 \leq y + 2$이므로, 구하는 면적은 다음과 같다.

$$\int_{-1}^2 (y + 2 - y^2)dy = \left[-\frac{1}{3}y^3 + \frac{1}{2}y^2 + 2y\right]_{-1}^2 = \left(-\frac{8}{3} + 2 + 4\right) - \left(\frac{1}{3} + \frac{1}{2} - 2\right)$$
$$= \frac{10}{3} - \left(-\frac{7}{6}\right) = \frac{27}{6}$$

(7) 두 그래프의 교점을 구하면 $(1,\ 1)$, $(1,\ -1)$이고, $-1 \leq y \leq 1$에서 $y^2 \leq -2y^2 + 3$이므로, 구하는 면적은 다음과 같다.

$$\int_{-1}^1 (-2y^2 + 3 - y^2)dy = \int_{-1}^1 (-3y^2 + 3)\, dy = 2\int_0^1 (-3y^2 + 3)dy$$
$$= 2\left[-y^3 + 3y\right]_0^1 = 2(-1 + 3) = 4.$$

3.

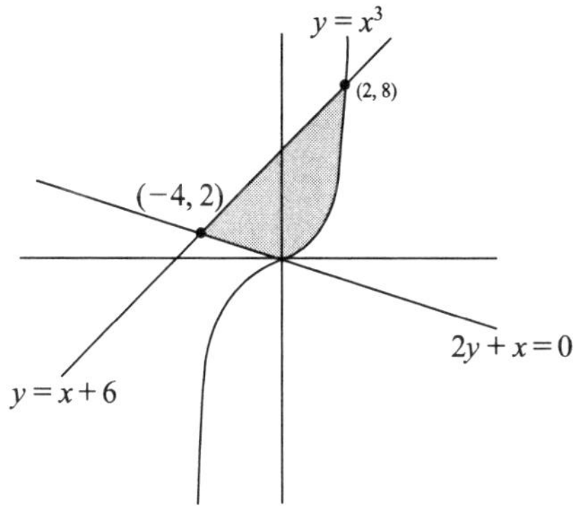

구하고자 하는 면적은 위의 그림과 같다.

$$\therefore \int_{-4}^{0}\left\{x+6-\left(-\frac{1}{2}x\right)\right\}dx+\int_{0}^{2}(x+6-x^3)dx$$

$$=\left[\frac{3}{4}x^2+6x\right]_{-4}^{0}+\left[-\frac{1}{4}x^4+\frac{1}{2}x^2+6x\right]_{0}^{2}=-(12-24)+(-4+2+12)=22.$$

5.

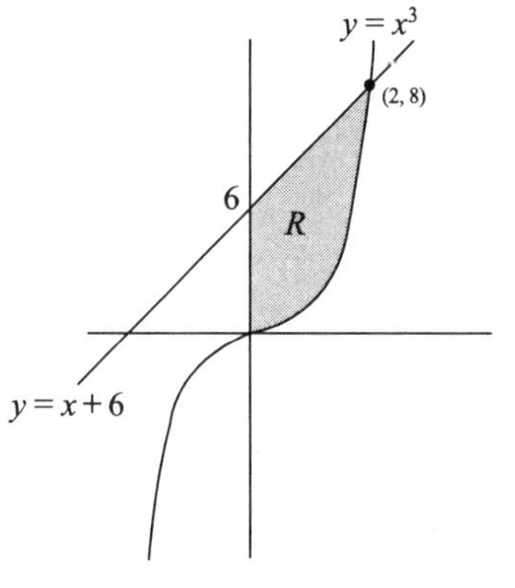

구하고자 하는 면적 R은 다음과 같다.

$$\int_{0}^{2}(x+6-x^3)dx=\left[-\frac{1}{4}x^4+\frac{1}{2}x^2+6x\right]_{0}^{2}=-4+2+12=10.$$

7. (1) $\int_{1}^{6}\frac{1}{x^2}dx=\left[-x^{-1}\right]_{1}^{6}=-\frac{1}{6}+1=\frac{5}{6}$.

(3) $\int_{1}^{d}\frac{1}{x^2}dx=\left[-x^{-1}\right]_{1}^{d}=-\frac{1}{d}+1=\frac{5}{12}$

$\therefore -\frac{1}{d}=-\frac{7}{12}\Rightarrow d=\frac{12}{7}$.

9. 반지름이 R인 C_1의 원의 방정식을 $x^2+y^2=R^2$이라 하면 반지름이 r인 C_2의 원의 방정식은 $x^2+\left(y-\sqrt{R^2-r^2}\right)^2=r^2$이다. $y \geq 0$이면 C_1의 방정식은 $y=\sqrt{R^2-x^2}$ 이고, $y \leq \sqrt{R^2-r^2}$ 이면 C_2의 방정식은 $y=\sqrt{R^2-r^2}-\sqrt{r^2-x^2}$ 이므로, 구하는 면적은 다음과 같다.

$$r^2\pi-\int_{-r}^{r}\left\{\sqrt{R^2-x^2}-\left(\sqrt{R^2-r^2}-\sqrt{r^2-x^2}\right)\right\}dx$$

$$=r^2\pi-R^2\sin^{-1}\frac{r}{R}-\frac{r\sqrt{R^2-r^2}}{R^2}+2r\sqrt{R^2-r^2}-\frac{1}{2}r^2\pi$$

$$=\frac{1}{2}r^2\pi-R^2\sin^{-1}\frac{r}{R}+\left(2-\frac{1}{R^2}\right)r\sqrt{R^2-r^2}$$

11. $\displaystyle\int_{-c}^{c}\{c^2-x^2-(x^2-c^2)\}dx=\int_{-c}^{c}(-2x^2+2c^2)dx$

$$=4\int_0^c(-x^2+c^2)\,dx=4\left[-\frac{1}{3}x^3+c^2x\right]_0^c$$

$$-\frac{4}{3}c^3+4c^3=576$$

$\therefore\ \dfrac{8}{3}c^3=576$

$\therefore\ c=6$

13. $[0,3]$에서 함수 $f(x)=x^2$의 평균값 A는

$A=\dfrac{1}{3-0}\displaystyle\int_0^3 x^2dx=\frac{1}{3}\left[\frac{x^3}{3}\right]_0^3=\frac{1}{3}(9-0)=3$이다.

$[0,3]$에서 곡선 $y=x^2$ 아랫부분의 면적은 $\displaystyle\int_0^3 x^2dx=\left[\frac{x^3}{3}\right]_0^3=9$이고,

$[0,3]$에서 직선 $y=A$ 아랫부분의 면적은 $\displaystyle\int_0^3 Adx=[Ax]_0^3=3A=3\times3=9$이다.

따라서, 두 면적은 같다.

15. $f(x)=x^2$라 하자. $(1,1)$에서의 접선의 기울기$=f'(1)=2$.

따라서, $(1,1)$에서의 접선의 방정식은 $y=2x-1$.

$\therefore\ \displaystyle\int_0^{\frac{1}{2}}x^2dx+\int_{\frac{1}{2}}^{1}\{x^2-(2x-1)\}dx=\int_0^{\frac{1}{2}}x^2dx+\int_{\frac{1}{2}}^{1}(x^2-2x+1)dx$

$$= \left[\frac{1}{3}x^3\right]_0^{\frac{1}{2}} + \left[\frac{1}{3}x^3 - x^2 + x\right]_{\frac{1}{2}}^1$$

$$= \frac{1}{24} + \left(\frac{1}{3} - 1 + 1\right) - \left(\frac{1}{24} - \frac{1}{4} + \frac{1}{2}\right) = \frac{1}{12}.$$

17. $x = 2y^2$와 $x = 1 - y$의 교점의 y좌표는 $y = \frac{1}{2}$이고, $x = 2y^2$와 $x = 1 + y$의 교점의 y좌표는 $y = -\frac{1}{2}$이므로 구하고자 하는 면적은 다음과 같다.

$$\int_{-\frac{1}{2}}^{0} (1 + y - 2y^2)\, dy + \int_0^{\frac{1}{2}} (1 - y - 2y^2)\, dy$$

$$= \left[-\frac{2}{3}y^3 + \frac{1}{2}y^2 + y\right]_{-\frac{1}{2}}^0 + \left[-\frac{2}{3}y^3 - \frac{1}{2}y^2 + y\right]_0^{\frac{1}{2}}$$

$$= -\left(\frac{1}{12} + \frac{1}{8} - \frac{1}{2}\right) + \left(-\frac{1}{12} - \frac{1}{8} + \frac{1}{2}\right) = \frac{7}{12}.$$

5.2 거 리

정리 5.2.1(변위와 운행거리)

직선 위를 운동하는 물체의 속도함수 $f(t)$가 $a \le t \le b$에서 적분가능하면 물체의 변위와 운행거리는 다음과 같다.

$$\text{변위} = \int_a^b f(t)\,dt$$

$$\text{운행거리} = \int_a^b |f(t)|\,dt$$

1. (1) 변위: $\int_0^1 (2t+3)\,dt = \left[t^2+3t\right]_0^1 = 1^2+3 = 4$

운행거리: $\int_0^1 |2t+3|dt = \int_0^1 (2t+3)dt = 4$

(3) 변위 : $\int_0^2 |t-1|dt = \int_0^1 (1-t)\,dt + \int_1^2 (t-1)\,dt$

$$= \left[-\frac{1}{2}t^2+t\right]_0^1 + \left[\frac{1}{2}t^2-t\right]_1^2 = \left(-\frac{1}{2}+1\right)+(2-2)-\left(\frac{1}{2}-1\right)$$

$= 1$

운행거리: $\int_0^2 |t-1|dt \quad = 1$

(5) 변위: $\int_0^\pi 4\cos 2t\,dt = [4\sin 2t]_0^\pi = 0$

운행거리: $\int_0^\pi |4\cos 2t|\,dt = \int_0^{\frac{\pi}{4}} 4\cos 2\pi\,dt - \int_{\frac{\pi}{4}}^{\frac{3\pi}{4}} 4\cos 2\pi\,dt + \int_{\frac{3\pi}{4}}^{\pi} 4\cos 2\pi\,dt$

$$= [2\sin 2t]_0^{\frac{\pi}{4}} - [2\sin 2t]_{\frac{\pi}{4}}^{\frac{3\pi}{4}} + [2\sin 2t]_{\frac{3\pi}{4}}^{\pi}$$

$$= (2-0)+(2+2)+(0+2) = 8$$

3. (1) $s(t) = 1+\int_0^t \cos t\,dt = 1+[\sin t]_0^t = 1+\sin t$

위치함수: $s(t) = 1 + \sin t$

변위: $\displaystyle\int_0^{2\pi} \cos t\, dt = [\sin t]_0^{2\pi} = 0$

운행거리: $\displaystyle\int_0^{t} |\cos t|\, dt = 2\int_0^{\frac{\pi}{2}} \cos t\, dt = 2[\sin t]_0^{\frac{\pi}{2}} = 2$

5. 변위: $\displaystyle\int_0^{\frac{3\pi}{2}} \left(\frac{1}{2} + \sin 2t\right) dt = \left[\frac{1}{2}t - \frac{1}{2}\cos 2t\right]_0^{\frac{3\pi}{2}} = \left(\frac{3\pi}{4} - \left(-\frac{1}{2}\right)\right) - \left(0 - \frac{1}{2}\right) = \frac{3\pi}{4} + 1$

운행거리: $\displaystyle\int_0^{\frac{3\pi}{2}} \left|\frac{1}{2} + \sin 2t\right| dt = \int_0^{\frac{7\pi}{12}} \left(\frac{1}{2} + \sin 2t\right) dt$

$$+ \int_{\frac{7\pi}{12}}^{\frac{11\pi}{12}} \left(-\frac{1}{2} - \sin 2t\right) dt + \int_{\frac{11\pi}{12}}^{\frac{3\pi}{2}} \left(\frac{1}{2} + \sin 2t\right) dt$$

$$= \left[\frac{1}{2}t - \frac{1}{2}\cos 2t\right]_0^{\frac{7\pi}{12}} - \left[\frac{1}{2}t - \frac{1}{2}\cos 2t\right]_{\frac{7\pi}{12}}^{\frac{11\pi}{12}} + \left[\frac{1}{2}t - \frac{1}{2}\cos 2t\right]_{\frac{11\pi}{12}}^{\frac{3\pi}{2}}$$

$$= \frac{7\pi}{24} - 0 + \left(\frac{\sqrt{3}}{4} + \frac{1}{2}\right) - \left(\frac{\pi}{6} - \frac{\sqrt{3}}{2}\right) + \frac{7\pi}{24} + \frac{1}{2} + \frac{\sqrt{3}}{4}$$

$$= \frac{11\pi}{24} + \sqrt{3} + 1$$

7. (1) A자동차가 앞선다.

「∵ 속도함수 아래의 면적이 거리이므로, A자동차의 속도함수의 1분까지의 면적이 B 자동차의 속도함수의 1분까지의 면적보다 더 크기 때문에 A자동차가 앞선다.」

(3) 면적으로 대략 유추하면 약 2분 근처.

5.3 단면적에 의한 입체의 체적

정리 5.3.1(입체의 체적)

x축 위의 점 x를 지나고 x축에 수직인 평면으로 자른 단면적이 $A(x)(a \le x \le b)$인 입체의 체적 V는 다음과 같다.

$$V = \int_a^b A(x)\,dx$$

1. x축 위의 점 x을 지나는 간면은 반지름이 $4-x^2$인 원이므로

단면적 $A(x) = \pi(4-x^2)^2,\ 0 \le x \le 4.$

따라서. 체적 V는 다음과 같다.

$$V = \int_0^2 \pi(4-x^2)^2\,dx = \pi\int_0^2 (x^4 - 8x^2 + 16)dx$$

$$= \pi\left[\frac{1}{5}x^5 - \frac{8}{3}x^3 + 16x\right]_0^2 = \pi\left(\frac{32}{5} - \frac{64}{3} + 32\right) = \frac{256}{15}\pi$$

3. (1) x축 위의 점 x을 지나는 단면은 반지름이 $\dfrac{x^2}{4}$인 원 이므로 단면적 $A(x) = \dfrac{x^4}{16}\pi.$

$$\therefore\ V = \int_0^4 \frac{x^4}{16}\pi\,dx = \left[\frac{\pi}{80}x^5\right]_0^4 = \frac{64}{5}\pi$$

(3) x축의 점 x을 지나는 단면의 반지름이 $\sqrt{4-x^2}$ 인 원이므로 단면적 $A(x) = (4-x^2)\pi.$

$$\therefore\ V = \int_{-1}^2 (4-x^2)\pi\,dx = \left[4x - \frac{1}{3}x^3\right]_{-1}^2 = 9\pi$$

5. 타원의 x축의 윗부분이므로 $y = \sqrt{b^2 - \dfrac{b^2}{a^2}x^2}$ 과 x축으로 둘러쌓인 영역은 x축에 관하여 회전시킬 때, 체적을 구하면 된다. x축 위의 점 x을 지나는 단면의 반지름이 $\sqrt{b^2 - \dfrac{b^2}{a^2}x^2}$ 인 원이므로 단면적 $A(x) = \left(b^2 - \dfrac{b^2}{a^2}x^2\right)\pi.$

$$\therefore\ V = \int_{-a}^a \left(b^2 - \frac{b^2}{a^2}x^2\right)\pi\,dx = \pi\left[b^2x - \frac{b^2}{3a^2}x^3\right]_{-a}^a$$

$$= \pi\left(2ab^2 - \frac{2b^2}{3a^2}a^3\right) = \left(2ab^2 - \frac{2}{3}ab^2\right)\pi = \frac{4}{3}ab^2\pi.$$

7. $y = 4x^2, y = 1, x = 0$으로 둘러쌓인 영역을 y축에 관하여 회전할 때 생기는 입체의 체적 V_1에서 $y = 4x, y = 1, x = 0$으로 둘러쌓인 영역을 y축에 관하여 회전할 때 생기는 입체의 체적 V_2을 빼면 된다.

V_1에 관한 단면적 $A_1(y) = \dfrac{y}{4^2}\pi$이고, V_2에 관한 단면적 $A_2(y) = \dfrac{y^2}{16}\pi$ 이므로

$$\therefore V_1 - V_2 = \pi\int_0^1 \left[\frac{y}{4} - \frac{y^2}{16}\right]dy = \pi\left[\frac{1}{8}y^2 - \frac{1}{48}y^3\right]_0^1 = \pi\left[\frac{1}{8} - \frac{1}{48}\right] = \frac{5}{48}\pi.$$

9. x축 위의 점 x을 지나고 x축에 수직으로 자른 단면적은 한 변의 길이가 $\sqrt{\cos x}$ 인 정사각형이므로 단면적 $A(x) = \cos x$.

$$\therefore V = \int_{-\frac{\pi}{2}}^{\frac{\pi}{2}} \cos x dx = [\sin x]_{-\frac{\pi}{2}}^{\frac{\pi}{2}} = 2.$$

11. $S_1 = \{(x,y) : x^2 + y^2 = r^2\}$, $S_2 = \{(x,y) : (x-r)^2 + y^2 = r^2\}$라 하자.

두 원 S_1, S_2의 교점의 x좌표가 $\dfrac{r}{2}$이고, 각각을 x축에 관하여 회전시키면 11번의 주어진 문제의 가정을 만족한다. 두 구가 공유하고 있는 입체의 부피는 $S_1, x = \dfrac{r}{2}, y = 0$을 x축으로 회전시킨 입체의 체적과 $S_2, x = \dfrac{r}{2}, y = 0$을 x축으로 회전시킨 입체의 체적의 합이다. S_1의 x축 위의 점 x을 지나고 x축에 수직인 평면으로 자른 단면적이 반지름이 $\sqrt{r^2 - x^2}$ 인 원 이므로 단면적 $A_1(x) = (r^2 - x^2)\pi$이다. 두 입체의 체적이 같으므로

$$V = 2\pi\int_{\frac{r}{2}}^{r} (r^2 - x^2)\pi\, dx = 2\pi\left[r^2x - \frac{1}{3}x^3\right]_{\frac{r}{2}}^{r} = \pi\left[r^3 - \frac{7}{12}r^3\right] = \frac{5}{12}r^3\pi.$$

13. (1)

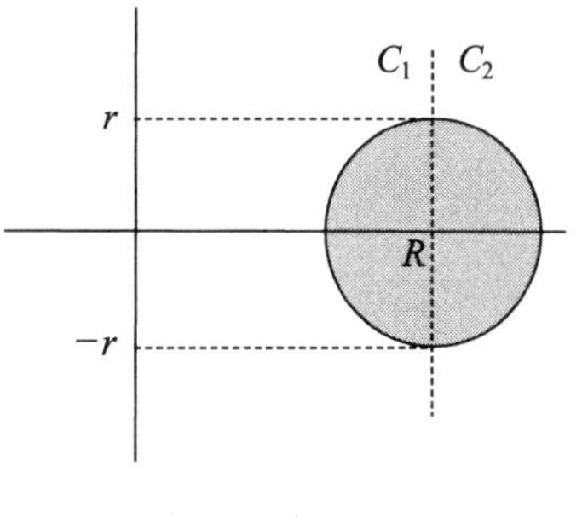

위의 그림에서 원 C가 y축으로 회전할 때 생기는 입체의 체적이 토러스(도넛 형태의 입체)의 체적이 된다.

$C_1 = \left\{(x,y): x = R - \sqrt{r^2 - y^2}\right\}$

$C_2 = \left\{(x,y): x = R + \sqrt{r^2 - y^2}\right\}$라 하면 토러스의 체적 V는 다음과 같다.

$$V = \int_{-r}^{r} \left(R + \sqrt{r^2 - y^2}\right)^2 \pi\, dy - \int_{-r}^{r} \left(R - \sqrt{r^2 - y^2}\right)^2 \pi\, dy$$

$$= 4R\pi \int_{-r}^{r} \sqrt{r^2 - y^2}\, dy = 4R\pi \cdot \frac{r^2}{2}\pi = 2r^2 R\pi^2.$$

5.4 원주각에 의한 회전체의 체적

정리 5.4.1(회전체의 체적)

구간 $[a, b]$에서 적분가능한 함수 $y=f(x)$와 x축 및 두 직선 $x=a$, $x=b$로 둘러싸인 영역을 y축에 관하여 회전할 때 생기는 회전체의 체적 V는 다음과 같다.

$$V = 2\pi\int_a^b xf(x)dx \quad (\text{단, } f(x) \geq 0)$$

1. (1) x축 위의 섬 $x(1 \leq x \leq 4)$인 점에서의 원주각의 반지름은 y축까지의 거리 x이고 원주각의 높이는 $\dfrac{4}{x}$이므로, 체적 V는 다음과 같다.

$$V = 2\pi\int_1^4 x \cdot \frac{4}{x}\,dx = 2\pi\,[4x]_1^4 = 24\pi.$$

(3) x축 위의 점 $x(0 \leq x \leq 4)$인 점에서의 원주각의 반지름은 $4-x$이고 원주각의 높이는 $\sqrt{x}$이므로, 체적 V는 다음과 같다.

$$V = 2\pi\int_0^4 (4-x)\sqrt{x}\,dx = 2\pi\left[\frac{8}{3}x^{\frac{3}{2}} - \frac{2}{5}x^{\frac{5}{2}}\right]_0^4 = 2\pi\left(\frac{64}{3} - \frac{64}{5}\right) = \frac{256}{15}\pi$$

(5) y축 위의 점 $y(0 \leq y \leq 2)$인 점에서의 원주각의 반지름은 y이고, 원주각의 높이는 y^2이므로 체적 V는 다음과 같다.

$$V = 2\pi\int_0^2 y \cdot y^2\,dy = 2\pi\left[\frac{1}{4}y^4\right]_0^2 = 8\pi$$

3. (1) $2\pi\left(\int_c^d yf(y)\,dy - \int_c^d yg(y)\,dy\right)$

(3) $2\pi\left(\int_c^d (3-y)f(y)\,dy - \int_c^d (3-y)g(y)\,dy\right)$

5. $x=\sqrt{y}$와 $x=\dfrac{y^3}{32}$의 교점의 y좌표는 $y=0$, $y=4$이다. 또, 점 $y(0 \leq y \leq 4)$에서의 원주각의 반지름은 y이고, 높이는 $\sqrt{y} - \dfrac{y^3}{32}$이므로 구하는 체적 V은 다음과 같다.

$$V = 2\pi\int_0^4 y\left(\sqrt{y} - \frac{y^3}{32}\right)dy = 2\pi\left[\frac{2}{5}y^{\frac{5}{2}} - \frac{1}{160}y^5\right]_0^4 = 2\pi\left(\frac{64}{5} - \frac{32}{5}\right) = \frac{64}{5}\pi.$$

7. $y = \sin(x^2)$과 $y = \cos(x^2)$의 교점의 x좌표는 $\frac{\sqrt{\pi}}{2}$이다. 또, 점 $x\left(0 \le x \le \frac{\sqrt{\pi}}{2}\right)$에서의 원주각의 반지름은 x이고, 높이는 $\cos(x^2) - \sin(x^2)$이므로, 구하는 체적 V는 다음과 같다.

$$V = 2\pi\int_0^{\frac{\sqrt{\pi}}{2}} x(\cos(x^2) - \sin(x^2))\,dx$$

$$= \pi\int_0^{\frac{\pi}{4}}(\cos t - \sin t)\,dt = \pi[\sin t + \cos t]_0^{\frac{\pi}{4}} = (\sqrt{2} - 1)\pi.$$

9.

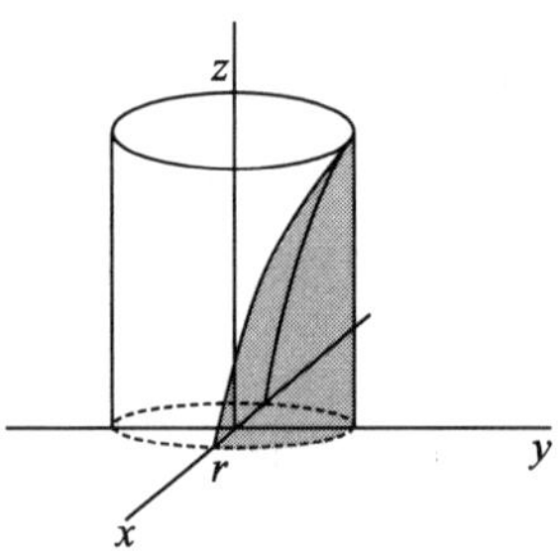

그림 1

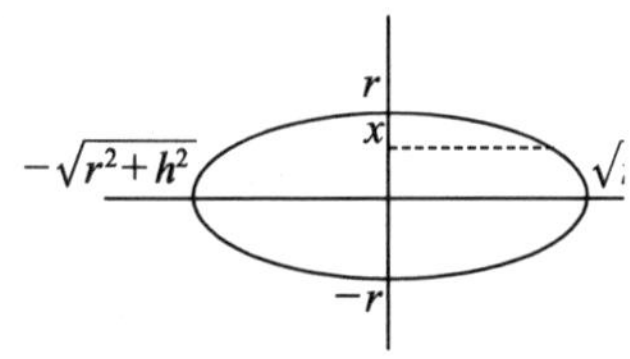

그림 2

주어진 그림을 위의 그림 1처럼 좌표를 정해주고, 구하고자 하는 입체를 yz평면과 평행한 그 때의 x좌표가 x인 평면으로 자른 단면의 모양은 직각삼각형이다. 직각삼각형의 밑변의 길이가 $\sqrt{r^2 - x^2}$이고, 구하고자 하는 입체의 왼쪽 옆면이 그림 2와 같이 단축이 r이고, 장축이 $\sqrt{r^2 + h^2}$d인 타원의 반이므로 그 직각삼각형의 빗변의 길이는 $\sqrt{(r^2 + h^2)\left(1 - \frac{x^2}{r^2}\right)}$이다.

따라서, 이 직각삼각형의 높이는 $\sqrt{(r^2 + h^2)\left(1 - \frac{x^2}{r^2}\right) - (r^2 - x^2)} = \sqrt{h^2\left(1 - \frac{x^2}{r^2}\right)}$이다.

∴ 주어진 입체의 부피는 다음과 같다.

$$\int_{-r}^{r}\frac{1}{2}\sqrt{r^2 - x^2}\sqrt{h^2\left(1 - \frac{x^2}{r^2}\right)}\,dx = \int_{-r}^{r}\frac{1}{2}(r^2 - x^2)\frac{h}{r}\,dx$$

$$= \frac{h}{2r}\int_{-r}^{r}(r^2 - x^2)\,dx = \frac{h}{2r}\left[r^2x - \frac{1}{3}x^3\right]_{-r}^{r}$$

$$= \frac{h}{2r} \cdot \frac{4}{3}r^3 = \frac{2}{3}hr^2$$

11. x축 위의 점 $x(0 \le x \le 1)$인 점에서의 원주각의 반지름은 x이고, 원주각의 높이는 $1-x^2$이므로 체적 V_1는 다음과 같다.

$$V_1 = 2\pi \int_0^1 x(1-x^2)dx = 2\pi \left[\frac{1}{2}x^2 - \frac{1}{4}x^4\right]_0^1 = \frac{\pi}{2}$$

$\therefore$ 개미집의 부피: $\frac{\pi}{2}$.

개미집의 원통형으로 길을 낸 부피가 전체의 10%인 $\frac{\pi}{20}$이므로 원통형으로 길을 낸 곳의 부피를 V_2라면

$$V_2 = 2\pi \int_0^t x(1-x^2)\,dx = 2\pi \left[\frac{1}{2}x^2 - \frac{1}{4}x^4\right]_0^t = \pi t^2 - \frac{\pi}{2}t^4 = \frac{\pi}{20}$$

$\therefore\ t^2 - \frac{t^4}{2} = \frac{1}{20}$

$\therefore\ t^4 - 2t^2 + \frac{1}{10} = 0$

$\therefore\ t = \sqrt{1 - \frac{\sqrt{10}}{3}} \quad (\because\ t < 1)$

5.5 평면곡선의 길이

정리 5.5.1(곡선의 길이)

(1) 곡선 C가 다음 매개방정식으로 주어진다고 하자.

$$C:\ x = f(t),\ y = g(t),\ a \le t \le b.$$

이때, 함수 f와 g가 구간 $[a, b]$에서 연속인 도함수를 가지면 곡선 C의 길이 L은 다음과 같다.

$$L = \int_a^b \sqrt{\left(\frac{dx}{dt}\right)^2 + \left(\frac{dy}{dt}\right)^2}\, dt$$

(2) 곡선 C가 연속인 도함수를 갖는 함수 $y = f(x)$로 주어지면 곡선의 길이 L은 다음과 같다.

$$L = \int_a^b \sqrt{1 + [f'(x)]^2}\, dx$$

1. (1) $\dfrac{dy}{dx} = 2$이므로, 곡선의 길이 $L = \displaystyle\int_0^1 \sqrt{1+2^2}\, dx = [\sqrt{5}\, x]_0^1 = \sqrt{5}$.

(3) $\dfrac{dy}{dx} = \dfrac{1}{2}x^3 - \dfrac{1}{2}x^{-3}$이므로, 곡선의 길이

$$L = \int_{-2}^{-1} \sqrt{1 + \left(\frac{1}{2}x^3 - \frac{1}{2}x^{-3}\right)^2}\, dt = \int_{-2}^{-1} \left|\frac{1}{2}x^3 + \frac{1}{2}x^{-3}\right| dt$$

$$= -\left[\frac{1}{8}x^4 - \frac{1}{4}x^{-2}\right]_{-2}^{-1} = -\frac{1}{8}(1-16) + \frac{1}{4}\left(1 - \frac{1}{4}\right)$$

$$= \frac{15}{8} + \frac{3}{16} = \frac{33}{16}$$

3. $\dfrac{dx}{dt} = -\sin t,\ \dfrac{dy}{dt} = \cos t$이므로 곡선의 길이

$$L = \int_0^{2\pi} \sqrt{(-\sin t)^2 + \cos^2 t}\, dt = \int_0^{2\pi} 1 dt = 2\pi$$

5. $\dfrac{dy}{dx} = \sqrt{x^3 - 1}$ 이므로 곡선의 길이

$$L = \int_1^2 \sqrt{1 + \left(\sqrt{x^3 - 1}\right)^2}\, dx = \int_1^2 x^{\frac{3}{2}}\, dx = \left[\frac{2}{5}x^{\frac{5}{2}}\right]_1^2 = \frac{8\sqrt{2} - 1}{5}.$$

7. 곡선의 길이 L은 다음과 같다.

$$L = 4\int_0^{\frac{\pi}{2}} \sqrt{\left(\frac{dx}{d\theta}\right)^2 + \left(\frac{dy}{d\theta}\right)^2}\, d\theta$$

$$= 4\int_0^{\frac{\pi}{2}} \sqrt{(3\cos^2\theta(-\sin\theta))^2 + (3\sin^2\theta\cos\theta)^2}\, d\theta$$

$$= 4\int_0^{\frac{\pi}{2}} \sqrt{9\cos^4\theta\sin^2\theta + 9\sin^4\theta\cos^2\theta}\, d\theta$$

$$= 4\int_0^{\frac{\pi}{2}} 3\cos\theta\sin\theta\, d\theta = 4\int_0^{\frac{\pi}{2}} \frac{3}{2}\sin 2\theta\, d\theta$$

$$= 6\int_0^{\frac{\pi}{2}} \sin 2\theta\, d\theta = 6\left[-\frac{\cos 2\theta}{2}\right]_0^{\frac{\pi}{2}} = 6.$$

9. $\dfrac{dy}{dx} = \sqrt{\cos 2x}$ 이므로 곡선의 길이

$$L = \int_0^{\frac{\pi}{4}} \sqrt{1 + \cos 2x}\, dx = \int_0^{\frac{\pi}{4}} \sqrt{2}\cos x\, dx = \left[\sqrt{2}\sin x\right]_0^{\frac{\pi}{4}} = 1.$$

11. $\dfrac{dx}{dt} = \sqrt{2t+3}$, $\dfrac{dy}{dt} = t + 1$이므로 곡선의 길이

$$L = \int_0^3 \sqrt{\left(\sqrt{2t+3}\right)^2 + (t+1)^2}\, dt = \int_0^3 \sqrt{t^2 + 4t + 4}\, dt$$

$$= \int_0^3 \sqrt{(t+2)^2}\, dt = \int_0^3 |t+2|\, dt = \frac{21}{2}$$

5.6 회전체의 표면적

정리 5.6.1(회전체의 표면적)

(1) 곡선 C: $x = f(t)$, $y = g(t)$, $a \le t \le b$를 x축에 관하여 회전할 때 생기는 회전체의 표면적 A는 다음과 같다.

$$A = 2\pi \int_a^b g(t) \sqrt{[f'(t)]^2 + [g'(t)]^2}\, dt$$

단, $[a, b]$에서 $g(t) \ge 0$이고 f와 g는 연속인 도함수를 갖는다.

(2) 구간 $[a, b]$에서 연속인 도함수를 갖는 함수 $y = f(x)$로 나타내어지는 곡선 C를 x축에 관하여 회전할 때 생기는 회전체의 표면적 A는 다음과 같다.

$$A = 2\pi \int_a^b f(x) \sqrt{1 + [f'(x)]^2}\, dx$$

단, $[a, b]$에서 $f(x) \ge 0$이다.

정리 5.6.2(회전체의 표면적)

(1) 곡선 C: $x = f(t)$, $y = g(t)$, $a \le t \le b$를 y축에 관하여 회전할 때 생기는 회전체의 표면적 A는 다음과 같다.

$$A = 2\pi \int_a^b f(t) \sqrt{[f'(t)]^2 + [g'(t)]^2}\, dt.$$

단, $[a, b]$에서 $f(t) \ge 0$이고 f와 g는 연속인 도함수를 갖는다.

(2) $[a, b]$에서 연속인 도함수를 갖는 함수 $x = g(y)$로 나타내어지는 곡선을 y축에 관하여 회전할 때 생기는 회전체의 표면적 A는 다음과 같다.

$$A = 2\pi \int_a^b g(y) \sqrt{1 + [g'(y)]^2}\, dy.$$

단, $[a, b]$에서 $g(y) \ge 0$이다.

1. (1) $\dfrac{dy}{dx} = 6$이므로, 표면적

$$A = 2\pi\int_0^1 6x\sqrt{1+6^2}\,dx = 12\sqrt{37}\,\pi\int_0^1 x\,dx = 12\sqrt{37}\,\pi\left[\frac{1}{2}x^2\right]_0^1 = 6\sqrt{37}\,\pi$$

(3) $\dfrac{dx}{dy} = 2y$이므로, 표면적

$$A = 2\pi\int_0^1 y^2\sqrt{1+(2y)^2}\,dy = 2\pi\int_0^1 y^2\sqrt{1+4y^2}\,dy$$

$y = \dfrac{1}{2}\tan\theta$라 하면 $dy = \dfrac{1}{2}\sec^2\theta\,d\theta$라 하면

$$\begin{aligned}
A &= 2\pi\int_0^{\tan^{-1}(2)}\frac{1}{8}\tan^2\theta\sec^3\theta\,d\theta \\
&= \frac{\pi}{4}\int_0^{\tan^{-1}(2)}\sin\theta\cdot\frac{\sin\theta}{\cos^5\theta}\,d\theta \\
&= \frac{\pi}{16}\left(\left[\sin\theta\frac{1}{\cos^4\theta}\right]_0^{\tan^{-1}(2)} - \int_0^{\tan^{-1}(2)}\cos\theta\frac{1}{\cos^4\theta}\,d\theta\right) \\
&= \frac{\pi}{16}\left(\left[\tan\theta\sec^3\theta\right]_0^{\tan^{-1}(2)} - \int_0^{\tan^{-1}(2)}\sec^3\theta\,d\theta\right) \\
&= \frac{\pi}{16}\left(25\sqrt{5} - \left(\sqrt{5} + \frac{1}{2}\ln\left(2+\sqrt{5}\right)\right)\right) = \frac{3\sqrt{5}}{2}\pi - \frac{\pi}{32}\ln\left(2+\sqrt{5}\right)
\end{aligned}$$

(5) $\dfrac{dx}{dt} = 1$, $\dfrac{dy}{dt} = 3t^2$이므로 표면적

$$\begin{aligned}
A &= 2\pi\int_0^1 t^3\sqrt{1^2+(3t^2)^2}\,dt = 2\pi\int_0^1 t^3\sqrt{1+9t^4}\,dt \\
&= 2\pi\left[\frac{1}{54}\left(1+9t^4\right)^{\frac{3}{2}}\right]_0^1 = \frac{\pi}{27}\left(10\sqrt{10}-1\right).
\end{aligned}$$

3. $\dfrac{dy}{dx} = 3x^2$이므로 표면적

$$A = 2\pi\int_0^1 x^3\sqrt{1+(3x^2)^2}\,dx = 2\pi\int_0^1 x^3\sqrt{1+9x^4}\,dx = \frac{\pi}{27}\left(10\sqrt{10}-1\right).$$

5. $x^2+4y^2=4$의 양변을 미분하면

$2x + 8y\dfrac{dy}{dx} = 0 \quad \therefore \dfrac{dy}{dx} = -\dfrac{x}{4y}$

$\therefore$ 표면적 $A = 2\pi\displaystyle\int_{-2}^{2}\frac{\sqrt{4-x^2}}{2}\sqrt{1+\frac{x^2}{16y^2}}\,dx$

$$= 2\pi \int_{-2}^{2} \frac{\sqrt{4-x^2}}{2} \sqrt{1+\frac{x^2}{16-4x^2}}\, dx$$

$$= 2\pi \int_{-2}^{2} \frac{\sqrt{4-x^2}}{2} \sqrt{\frac{16-3x^2}{16-4x^2}}\, dx$$

$$= 2\pi \int_{-2}^{2} \frac{1}{4} \sqrt{16-3x^2}\, dx$$

$$= \frac{\sqrt{3}}{8}\pi \int_{-2}^{2} \sqrt{\frac{16}{3}-x^2}\, dx$$

$$= \frac{\sqrt{3}}{8}\pi \left(\left[\frac{x}{2}\sqrt{\frac{16}{3}-x^2} \right]_{-2}^{2} + \left[\frac{8}{3}\sin^{-1}\frac{\sqrt{3}}{4}x \right]_{-2}^{2} \right)$$

$$= \frac{\sqrt{3}}{8}\pi \frac{4}{\sqrt{3}} + \frac{\sqrt{3}}{8}\pi \left(\frac{8}{3} \cdot \frac{2}{3}\pi \right) = \frac{1}{2}\pi + \frac{2\sqrt{3}}{9}\pi^2$$

7. 회전체의 표면적은 반지름의 길이가 1이고, 높이가 2인 원기둥의 표면적과 같다.
$\therefore\ A = 2 \times$ 밑면 $+$ 옆면 $= 2\pi + 4\pi = 6\pi$.

9. $y = \frac{x^3}{3} + \frac{1}{4x} + 1$을 x축으로 회전할 때 생기는 표면적과 같다. $\frac{dy}{dx} = x^2 - \frac{1}{4x^2}$이므로 표면적

$$A = 2\pi \int_{1}^{3} \left(\frac{x^3}{3} + \frac{1}{4x} + 1 \right) \sqrt{1 + \left(x^2 - \frac{1}{4x^2} \right)^2}\, dx$$

$$= 2\pi \int_{1}^{3} \left(\frac{x^5}{3} + x^2 + \frac{x}{4} + \frac{1}{4x^2} + \frac{1}{16x^3} \right) dx$$

$$= 2\pi \left[\frac{1}{18}x^6 + \frac{1}{3}x^3 + \frac{1}{8}x^2 - \frac{1}{4x} - \frac{1}{32x^2} \right]_{1}^{3}$$

$$= 2\pi \left(\frac{728}{18} + \frac{26}{3} + \frac{8}{8} + \frac{2}{12} + \frac{1}{36} \right) = \frac{1811}{36}\pi = \frac{935}{9}\pi$$

11. $9y^2 = x(3-x)^2$의 양변을 로그를 취하면 $2\log 3 + 2\log y = \log x + 2\log(x-3)$. 이 식의 양변을 미분하면

$$\frac{2y'}{y} = \frac{1}{x} + \frac{-2}{3-x} = \frac{3(1-x)}{x(3-x)}$$

$$\therefore\ y' = \frac{3(1-x)}{2x(3-x)}y$$

$$\therefore \text{ 표면적 } A = 2\pi \int_0^3 y \sqrt{1 + \frac{9}{4} \cdot \frac{(1-x)^2}{x^2(3-x)^2} y^2}\, dx$$

$$= 2\pi \int_0^3 y \sqrt{1 + \frac{(1-x)^2}{x\, 9y^2} y^2}\, dx$$

$$= 2\pi \int_0^3 y \sqrt{1 + \frac{x^2 - 2x + 1}{4x}}\, dx$$

$$= 2\pi \int_0^3 \frac{\sqrt{x}\,(3-x)}{3} \frac{(x+1)}{2\sqrt{x}} dx = \frac{1}{3}\pi \int_0^3 (3 + 2x - x^2) dx$$

$$= \frac{1}{3}\pi \left[-\frac{1}{3}x^3 + x^2 + 3x \right]_0^3 = 3\pi.$$

13. $f(x) = \sqrt{r^2 - x^2}$ 라 하면 $f'(x) = \dfrac{-x}{\sqrt{r^2 - x^2}}$ 이다. 따라서, 폭이 h 인 구간의 위쪽의 호 $\widehat{AB}$ 에 의하여 만들어진 띠의 면적은 다음과 같다.

$$2\pi \int_a^{a+h} f(x) \sqrt{1 + (f'(x))^2}\, dx = 2\pi \int_a^{a+h} \sqrt{r^2 - x^2} \sqrt{1 + \frac{x^2}{r^2 - x^2}}\, dx$$

$$= 2\pi \int_a^{a+h} \sqrt{r^2 - x^2} \sqrt{\frac{r^2}{r^2 - x^2}}\, dx$$

$$= 2\pi \int_a^{a+h} r\, dx = 2\pi r h.$$

$\therefore$ a 의 값에 상관없이 띠의 면적은 일정하다.

5.7 미분방정식

1. (1) $y = \sqrt{1-x^2}$ 이므로 $x^2+y^2=1$

$x^2+y^2=1$의 양변은 미분하면

$$2x+2y\frac{dy}{dx}=0$$

$$\therefore \frac{dy}{dx}=-\frac{x}{y}$$

(3) $\frac{dy}{dx}=c_1\cos x-c_2\sin x$

$$\frac{d^2y}{dx^2}=-c_1\sin x-c_2\cos x=-(c_1\sin x+c_2\cos x)=-y$$

$$\therefore \frac{d^2y}{dx^2}+y=0$$

3. (1) $\frac{dv}{dt}=t$ 이므로 $dv=t\,dt$ 양변을 적분하면 $\int 1\,dv=\int t\,dt$

$$\therefore v=\frac{1}{2}t^2+c_1$$

$v_0=3$ 이므로 $v_0=0+c_1=3$

$$\therefore v=\frac{1}{2}t^2+3$$

$\frac{ds}{dt}=v$ 이므로 $ds=v\,dt=\left(\frac{1}{2}t^2+3\right)dt$ 양변을 적분하면 $\int 1\,ds=\int\left(\frac{1}{2}t^2+3\right)dt$

$$\therefore s=\frac{1}{6}t^3+3t+c_2$$

$s_0=0$ 이므로 $s_0=c_2=0$

$$\therefore s=\frac{1}{3}t^3+3t$$

$$\therefore v(2)=5$$

$$s(2)=\frac{22}{3}$$

(3) $\frac{dv}{dt}=\sqrt[3]{2t+1}$ 이므로 $dv=\sqrt[3]{2t+1}\,dt$ 양변을 적분하면 $\int 1\,dv=\int\sqrt[3]{2t+1}\,dt$

$\therefore\ v = \frac{3}{8}(2t+1)^{\frac{4}{3}} + c_1$

$v_0 = 0$이므로 $v_0 = \frac{3}{8} + c_1 = 0\,,\ c_1 = -\frac{3}{8}$

$\therefore\ v = \frac{3}{8}(2t+1)^{\frac{4}{3}} - \frac{3}{8}$

$\frac{ds}{dt} = \frac{3}{8}(2t+1)^{\frac{4}{3}} - \frac{3}{8}$이므로 $ds = \left(\frac{3}{8}(2t+1)^{\frac{4}{3}} - \frac{3}{8}\right)dt$

양변을 적분하면 $\int 1\,ds = \int \frac{3}{8}(2t+1)^{\frac{4}{3}} - \frac{3}{8}dt$

$\therefore\ s = \frac{9}{112}(2t+1)^{\frac{7}{3}} - \frac{3}{8}t + c_2$

$s_0 = 10$이므로 $s_0 = \frac{9}{112} + c_2 = 10$

$\therefore\ c_2 = \frac{1111}{112}$

$\therefore\ s = \frac{9}{112}(2t+1)^{\frac{7}{3}} - \frac{3}{8}t + \frac{1111}{112}$

$\therefore\ v(2) = \frac{3}{8}5^{\frac{4}{3}} - \frac{3}{8}$

$s(2) = \frac{9}{112}5^{\frac{7}{3}} - \frac{3}{4} + \frac{1111}{112} = \frac{9}{112}5^{\frac{7}{3}} + \frac{64}{7}$

5. $\frac{dv}{dt} = k$이므로 $dv = k\,dt$ 양변을 적분하면 $\int 1\,dv = \int k\,dt$

$\therefore\ v = kt + c_1$

$\therefore\ v(0) = v_0$이므로 $v(0) = c_1 = v_0$

$\therefore\ v = kt + v_0$

높이를 h라 하면 $\frac{dh}{dt} = v = kt + v_0$이고 $dh = (kt + v_0)dt$

양변을 적분하면 $\int 1\,dh = \int kt + v_0\,dt$

$\therefore\ h = \frac{1}{2}kt^2 + v_0 t + c_2$

$h(0) = 0$이므로 $h(0) = c_2 = 0$

$\therefore\ h = \frac{1}{2}kt^2 + v_0 t$

$$\therefore\ h=\frac{1}{2}k\left(t^2+\frac{2v_0}{k}t+\frac{v_0^2}{k^2}\right)-\frac{v_0^2}{2k}=\frac{1}{2}k\left(t+\frac{v_0}{k}\right)^2-\frac{v_0^2}{2k}$$

∴ 최고높이는 $-\dfrac{v_0^2}{2k}$ 이다.

7. v를 속도라 하고 $a=\dfrac{dv}{dt}=-9.8$(중력가속도)라 하면

$dv=-9.8dt \Rightarrow \int 1\,dv=\int -9.8\,dt \Rightarrow v=-9.8t+c_1$

$v(0)=0$이므로 $v(0)=c_1=0$

$\therefore\ v=-9.8t$

h를 높이라 하면 $\dfrac{dh}{dt}=v=-9.8t$

$dh=-9.8t\,dt$ 양변을 적분하면 $\int 1\,dh=\int -9.8t\,dt$

$h=-49t^2+c_2$

$v(t)=-136$이므로 $t=\dfrac{680}{49}$

$h\left(\dfrac{680}{49}\right)=-4.9\left(\dfrac{680}{49}\right)^2+c_2=0$이므로

$\therefore\ c_2=\dfrac{680}{49}\cdot 68=\dfrac{46240}{49}$

∴ 공을 $\dfrac{46240}{49}$에서 떨어뜨려야 한다.

9. a를 가속도, v를 속도, h를 높이라 하자.

$$a=\begin{cases}6t-10 & 0\le t\le 10\\ -10 & t>10\end{cases}$$

$\dfrac{dv}{dt}=a$이므로 $dv=a\,dt$

양변을 적분하면 $\int 1\,dv=\int a\,dt$

$$\therefore\ v=\begin{cases}3t^2-10t+c_1 & 0\le t\le 10\\ -10tc_2 & 10<t\end{cases}$$

$v(0)=0$이므로 $v(0)=c_1=0$

그러면 $v(10)=200$

$v(10)=-100+c_2=200,\ c_2=300$

$$\therefore\ v = \begin{cases} 3t^2 - 10t & 0 \le t \le 10 \\ -10t + 300 & 10 < t \end{cases}$$

$\dfrac{dh}{dt} = v$이므로 $dh = v\,dt$

양변을 적분하면 $\displaystyle\int 1\,dh = \int v\,dt$

$$h = \begin{cases} t^3 - 5t^2 + c_3 & 0 \le t \le 10 \\ -5t^2 + 300t + c_4 & 10 \le t \end{cases}$$

$h(0) = 0$이므로 $h(0) = c_3 = 0$ $\therefore\ c_3 = 0$. 그러면 $h(0) = 1000 - 500 = 500$.

$\therefore\ h(10) = -500 + 3000 + c_4 = 500$.

$\therefore\ c_4 = -2000$

$$\therefore\ h = \begin{cases} t^3 - 5t^2 & 0 \le t \le 10 \\ -5t^2 + 300t - 2000 & 10 < t \end{cases}$$

$\therefore\ \dfrac{dh}{dt} = 0$인 $t = 0$ or $t = \dfrac{10}{3}$ or $t = 30$.

$\therefore$ 이 로켓은 $h(30) = 2500$만큼 올라간다.

제6장 초월함수

6.1 역삼각함수

정의 6.1.1($y=\sin x$의 역함수)

$$y=\sin^{-1}x\ (-1\le x\le 1) \Leftrightarrow x=\sin y\ (-\pi/2\le y\le \pi/2)$$

정의 6.1.2(삼각함수의 역함수)

(1) $y=\cos^{-1}x\ (-1\le x\le 1) \Leftrightarrow x=\cos y\ (0\le y\le \pi)$

(2) $y=\tan^{-1}x\ (-\infty<x<\infty) \Leftrightarrow x=\tan y\ (-\pi/2<y<\pi/2)$

(3) $y=\sec^{-1}x\ (|x|\ge 1) \Leftrightarrow x=\sec y\ (0\le y\le \pi,\ y\ne \pi/2)$

(4) $y=\csc^{-1}x\ (|x|\ge 1) \Leftrightarrow x=\csc y\ (|y|\le \pi/2,\ y\ne 0)$

(5) $y=\cot^{-1}x\ (-\infty<x<\infty) \Leftrightarrow x=\cot y\ (0<y<\pi/2)$

정리 6.1.3

(1) $\sin(\cos^{-1}x)=\sqrt{1-x^2}$

(2) $\cos(\sin^{-1}x)=\sqrt{1-x^2}$

(3) $\sec(\tan^{-1}x)=\sqrt{1+x^2}$

(4) $\tan(\sec^{-1}x)=\begin{cases}\sqrt{x^2+1} & (x\ge 1)\\ -\sqrt{x^2-1} & (x\le -1)\end{cases}$

정의 6.1.4(역삼각함수의 도함수)

(1) $\dfrac{d}{dx}\sin^{-1}x=\dfrac{1}{\sqrt{1-x^2}}(|x|<1)$

(2) $\dfrac{d}{dx}\csc^{-1}x=\dfrac{-1}{|x|\sqrt{x^2-1}}(|x|>1)$

(3) $\dfrac{d}{dx}\cos^{-1}x=\dfrac{-1}{\sqrt{1-x^2}}(|x|<1)$

(4) $\dfrac{d}{dx}\sec^{-1}x=\dfrac{1}{|x|\sqrt{x^2-1}}(|x|>1)$

(5) $\dfrac{d}{dx}\tan^{-1}x=\dfrac{1}{1+x^2}$

(6) $\dfrac{d}{dx}\cot^{-1}x=\dfrac{-1}{1+x^2}$

1. (1) $\cos\dfrac{\pi}{3}=\dfrac{1}{2}$이고, $\dfrac{\pi}{3}\in[0,\pi]$이므로

$\therefore\ \cos^{-1}\dfrac{1}{2}=\dfrac{\pi}{3}$

(3) $\csc^{-1}\sqrt{2}=\sin^{-1}\left(\dfrac{1}{\sqrt{2}}\right)$이므로, $\sin\dfrac{\pi}{4}=\dfrac{\sqrt{2}}{2}$이고, $\dfrac{\pi}{4}\in\left[-\dfrac{\pi}{2},\ \dfrac{\pi}{2}\right]$이므로

$\therefore\ \csc^{-1}\sqrt{2}=\dfrac{\pi}{4}$

(5) $\sin\dfrac{\pi}{3}=\dfrac{\sqrt{3}}{2}$이고, $\dfrac{\pi}{3}\in\left[-\dfrac{\pi}{2},\ \dfrac{\pi}{2}\right]$이므로 $\sin^{-1}\dfrac{\sqrt{3}}{2}=\dfrac{\pi}{3}$이다.

$\therefore\ \cos\left(\sin^{-1}\dfrac{\sqrt{3}}{2}\right)=\cos\left(\dfrac{\pi}{3}\right)=\dfrac{1}{2}$

(7) $\cos\left(\sin^{-1}\dfrac{3}{4}+\cos^{-1}\dfrac{1}{4}\right)=\cos\left(\sin^{-1}\dfrac{3}{4}\right)\cos\left(\cos^{-1}\dfrac{1}{4}\right)$

$$-\sin\left(\sin^{-1}\dfrac{3}{4}\right)\sin\left(\cos^{-1}\dfrac{1}{4}\right)$$

$$=\left(\sqrt{1-\dfrac{9}{16}}\right)\cdot\dfrac{1}{4}-\dfrac{3}{4}\cdot\left(\sqrt{1-\dfrac{1}{16}}\right)=\dfrac{\sqrt{7}-3\sqrt{5}}{16}$$

(9) $\sin\left(\cos^{-1}\left(\dfrac{3}{5}\right)+\cos^{-1}\left(\dfrac{5}{13}\right)\right)$

$$=\sin\left(\cos^{-1}\dfrac{3}{5}\right)\cos\left(\cos^{-1}\dfrac{5}{13}\right)+\cos\left(\cos^{-1}\dfrac{3}{5}\right)\sin\left(\cos\ {}^{1}\dfrac{5}{13}\right)$$

$$=\left(\sqrt{1-\dfrac{9}{25}}\right)\cdot\dfrac{5}{13}+\dfrac{3}{5}\cdot\left(\sqrt{1-\dfrac{25}{169}}\right)=\dfrac{56}{65}$$

3. (1) $f(x)=\sin^{-1}x+\cos^{-1}x$라 하면 $f'(x)=\dfrac{1}{1-x^2}-\dfrac{1}{1-x^2}=0$이다.

$\therefore\ f(x)=\sin^{-1}x+\cos^{-1}x=C$이며 $f(0)=\dfrac{\pi}{2}=C$이므로 $\sin^{-1}x+\cos^{-1}x=\dfrac{\pi}{2}$ 이다.

(3) $f(x)=\tan^{-1}x+\cot^{-1}x$라 하면 $f'(x)=\dfrac{1}{1+x^2}-\dfrac{1}{1+x^2}=0$이다.

$\therefore\ f(x)=\tan^{-1}x+\cot^{-1}x=C$ 이며 $f(1)=\dfrac{\pi}{4}+\dfrac{\pi}{4}=\dfrac{\pi}{2}=C$이므로

$\tan^{-1}x+\cot^{-1}x=\dfrac{\pi}{2}$이다.

(5) $\tan^{-1}x=y\ \left(y\in\left(-\dfrac{\pi}{2},\ \dfrac{\pi}{2}\right)\right)$라 하면 $\tan y=x$이므로 $1+x^2=\sec^2 y$이다.

$\sin^2 y=1-\cos^2 y=\dfrac{x^2}{1+x^2}$ 이므로 $\sin y=\dfrac{x}{\sqrt{1+x^2}}$이다.

$\therefore\ \sin(\tan^{-1}x)=\dfrac{x}{\sqrt{1+x^2}}$

(7) $2\sin^{-1}x = y$라 하면 $\sin^{-1}x = \frac{y}{2}$이므로 $\tan\frac{y}{2} = \frac{x}{\sqrt{1-x^2}}$이다.

$$\tan(2\sin^{-1}x) = \tan\left(2\cdot\frac{y}{2}\right) = \frac{2\tan\frac{y}{2}}{1-\tan^2\frac{y}{2}} = \frac{2\cdot\left(\frac{x}{\sqrt{1-x^2}}\right)}{1-\left(\frac{x}{\sqrt{1-x^2}}\right)^2} = \frac{2x\sqrt{1-x^2}}{1-2x^2}$$

$$\therefore\ \tan(2\sin^{-1}x) = \frac{2x\sqrt{1-x^2}}{1-2x^2}$$

5. (1) $f'(x) = \dfrac{4x}{\sqrt{1-(2x^2-1)^2}} = \dfrac{2x}{\sqrt{x^2-x^4}} = \dfrac{2x}{|x|\sqrt{1-x^2|}}\quad(-1<x<1)$

(3) $g'(x) = \dfrac{e^x}{1+e^{2x}}$

(5) $y' = \dfrac{-2x}{(x^2+1)\sqrt{x^4+2x^2}}$

(7) $y' = \dfrac{\cos x}{1+\sin^2 x}$

(9) $y' = \dfrac{4}{x^2+4}$

(11) $y' = \dfrac{\pi}{2(\cos^{-1}x)^2\sqrt{1-x^2}}\ (|x|<1)$

7. (1) $\displaystyle\int_{2/\sqrt{3}}^{2/\sqrt{2}} \frac{1}{x\sqrt{x^2-1}}dx = \sec^{-1}\frac{2}{\sqrt{2}} - \sec^{-1}\frac{2}{\sqrt{3}} = \frac{\pi}{4} - \frac{\pi}{6} = \frac{\pi}{12}$

(3) $e^x = t$라 치환하면, $e^x dx = dt$

$$\int \frac{e^x}{e^{2x}+1}dx = \int \frac{1}{t^2+1}dt = \tan^{-1}(t) + C = \tan^{-1}(e^x) + C$$

(5) $\sqrt{x} = t$라 치환하면, $\frac{1}{2\sqrt{x}}dx = dt$

$$\int \frac{dx}{\sqrt{x}\sqrt{1-x}} = \int \frac{2}{\sqrt{1-t^2}}dt = 2\sin^{-1}t + C = 2\sin^{-1}(\sqrt{x}) + C$$

(7) $\sin^{-1}x = t$라 치환하면, $\frac{1}{\sqrt{1-x^2}}dx = dt$

$$\int_0^{\frac{1}{2}} \frac{\sin^{-1}x}{\sqrt{1-x^2}}dx = \int_0^{\frac{\pi}{6}} t\,dt = \frac{\pi}{72}$$

9. 곡선 $x^2y + y - 2 = 0$은 $y = \frac{2}{1+x^2}$이다. 따라서 구하는 면적은

$$\int_0^1 \frac{2}{1+x^2}dx = 2(\tan^{-1}1 - \tan^{-1}0) = \frac{\pi}{2}.$$

6.2 자연로그함수

정의 6.2.1(자연로그함수)

$$\ln x = \int_1^x \frac{1}{t}dt,\ x > 0$$

정리 6.2.2

$$\frac{d}{dx}\ln x = \frac{1}{x},\ x > 0$$

정리 6.2.3

$$\int \frac{1}{x}dx = \ln|x| + c,\ x \neq 0$$

정리 6.2.4

a, b가 양의 실수이고, r이 유리수이면 다음이 성립한다.

(1) $\ln(ab) = \ln a + \ln b$

(2) $\ln\left(\frac{a}{b}\right) = \ln a - \ln b$

(3) $\ln a^r = r\ln a$

정의 6.2.5(초월수 e)

$$\ln e = 1$$

1. (1) $y' = \ln x$

(3) $y' = \dfrac{1}{\sqrt{x} - \sqrt{x-1}} \cdot \dfrac{1}{2} \cdot \left(\dfrac{1}{\sqrt{x}} - \dfrac{1}{\sqrt{x-1}}\right) = -\dfrac{1}{2\sqrt{x(x+1)}}$

(5) $y' = \dfrac{1}{x\ln x}$

(7) $y' = \sec x$

3. (1) $2x-1=t$로 치환하면, $2dx=dt$이므로

$$\int \frac{dx}{2x-1} = \int \frac{1}{t}\cdot\frac{1}{2}dt = \frac{1}{2}\ln|2x-1|+C.$$

(3) $4x^2+1=t$로 치환하면, $8x\,dx=dt$이므로

$$\int \frac{x}{4x^2+1}dx = \int \frac{1}{t}\cdot\frac{1}{8}dt = \frac{1}{8}\ln|4x^2+1|+C.$$

(5) $1+\cos x=t$로 치환하면, $-\sin x\,dx=dt$이므로

$$\int \frac{\sin x}{1+\cos x}dx = \int -\frac{1}{t}dt = -\ln|1+\cos x|+C.$$

(7) $1+\sqrt{x}=t$로 치환하면, $\frac{1}{2\sqrt{x}}dx=dt$이므로

$$\int_4^9 \frac{1}{\sqrt{x}(1+\sqrt{x})}dx = \int_3^4 \frac{2}{t}dt = 2\ln\frac{4}{3}.$$

5. (1) 주어진 함수를 자연로그 취하면 $\ln y=\frac{1}{2}(\ln(x+1)-\ln(x^3+1))$이므로 양변을 미분하면

$$\frac{y'}{y}=\frac{1}{2}\left(\frac{1}{x+1}-\frac{3x^2}{x^3+1}\right)$$

이다.

$$\therefore\ y'=\frac{-2x^3-3x^2+1}{2(x+1)(x^3+1)}\cdot y$$

$$=\left(\frac{-2x^3-3x^2+1}{2(x+1)(x^3+1)}\right)\frac{\sqrt{x+1}}{\sqrt{x^3+1}}=\frac{1-2x}{2}\left(\frac{x+1}{x^3+1}\right)^{\frac{3}{2}}$$

(3) $\ln y=3\ln(x^4+1)+2\ln(\sin x)-\frac{1}{5}\ln x$이므로 $\frac{y'}{y}=\frac{12x^3}{x^4+1}+\frac{2\cos x}{\sin x}-\frac{1}{5x}$

$$\therefore\ y'=\left(\frac{12x^3}{x^4+1}+\frac{2\cos x}{\sin x}-\frac{1}{5x}\right)\cdot y$$

$$=\left(\frac{12x^3}{x^4+1}+\frac{2\cos x}{\sin x}-\frac{1}{5x}\right)\times\frac{(x^4+1)^3\sin^2 x}{\sqrt[5]{x}}$$

(5) $5\ln y=\frac{1}{2}\{5\ln(x+1)-10\ln(x+2)\}$이므로 $5\frac{y'}{y}=-\frac{5x}{2(x+1)(x+2)}$

$$\therefore\ y'=-\frac{5x}{2(x+1)(x+2)}\cdot\frac{y}{5}=-\frac{x}{2\sqrt{x+1}(x+2)^2}$$

7. $\lim_{x\to\infty}\int_x^{2x}\frac{1}{t}\,dt = \lim_{x\to\infty}(\ln|2x| - \ln|x|) = \lim_{x\to\infty}\ln 2 = \ln 2$

9. (1) $f(t) = \frac{1}{t} - \frac{1}{\sqrt{t}}\,(t > 1)$이라 하자. $t = 4$일 때, $f(t)$는 극소이며, 극솟값은 $-\frac{1}{4}$.

$t = 1$일 때, $f(t) = 0$.

$\Rightarrow t > 1$에 대해서 $f(t) = \frac{1}{t} - \frac{1}{\sqrt{t}} < 0$

$\therefore\ \frac{1}{t} < \frac{1}{\sqrt{t}}\quad (t > 1)$ (1)

$g(x) = \ln x - 2\sqrt{x} + 2\quad (x > 1)$라 하자.

(1)에 의해서 모든 $x > 1$에 대하여 $g'(x) = \frac{1}{x} - \frac{1}{\sqrt{x}} < 0$이므로 $g(x)$는 감소함수이다. $g(1) = 0$이므로 $g(x) < 0$.

$\therefore\ \ln x < 2\sqrt{x} + 2$

11. 곡선길이 $L = \int_1^2\sqrt{1 + \left(\frac{1}{2}x - \frac{1}{2x}\right)^2}\,dx = \int_1^2\sqrt{\left(\frac{1}{2}x + \frac{1}{2x}\right)^2}\,dx$

$$= \int_1^2 \frac{1}{2}x + \frac{1}{2x}\,dx = \frac{3}{4} + \frac{1}{2}\ln 2.$$

6.3 자연지수함수

정의 6.3.1(자연지수함수)

모든 실수 x와 양의 실수 y에 대하여

$$y = \ln^{-1}x \Leftrightarrow x = \ln y$$

정리 6.3.2

모든 실수 a, b와 모든 유리수 r에 대하여 다음이 성립한다.

(1) $e^a e^b = e^{a+b}$ (2) $\dfrac{e^a}{e^b} = e^{a-b}$ (3) $(e^a)^r = e^{ra}$

정리 6.3.3

(1) $\dfrac{d}{dx}e^x = e^x$ (2) $\displaystyle\int e^x\,dx = e^x + c$

1. (1) $y' = e^{x+2}$

(3) $y' = \dfrac{e^{\sqrt{x+2}}}{2\sqrt{x+2}}$

(5) $y' = x$

(7) $y' = x^2 e^x(x+3)$

(9) $y' = x\sqrt{e^{x^2}} \pm e^{\sqrt{x^2}}$

3. (1) $3x+1 = t$라 치환하면, $3dx = dt$이므로

$$\int e^{3x+1}dx = \int e^t \cdot \frac{1}{3}dt = \frac{1}{3}e^{3x+1} + C.$$

(3) $\displaystyle\int_0^1 \frac{e^x - 1}{e^{2x}}dx = \int_0^1\left(\frac{1}{e^x} - \frac{1}{e^{2x}}\right)dx = \left[-e^{-x} + \frac{1}{2}e^{-2x}\right]_0^1 = \frac{1}{2} - \frac{1}{e} + \frac{1}{2e^2}$

(5) $x^2 + 6x = t$라 치환하면, $2(x+3)dx = dt$이므로

$$\int (x+3)e^{x^2+6x}dx = 2\int e^t\,dt = 2e^{(x^2+6x)} + C.$$

(7) $\frac{1}{x} = t$라 치환하면, $-\frac{1}{x^2}dx = dt$이므로

$$\int \frac{e^{-1/x}}{x^2}dx = \int e^{-t}(-1)dt = e^{-\frac{1}{x}} + C.$$

(9) $2x+3=t$라 치환하면, $2dx = dt$이므로

$$\int_0^1 e^{2x+3}dx = \frac{1}{2}\int_3^5 e^t\,dt = \frac{1}{2}(e^5 - e^3) = \frac{1}{2}e^3(e^2-1).$$

5. $y' = \cos x \cdot e^{\sin x} = 0$이므로 $y'=0$이 되는 접점 x는 $x = -\frac{\pi}{2}, \frac{\pi}{2}, \frac{3}{2}\pi$이다.

이계도함수 $y'' = e^{\sin x}(\cos^2 x - \sin x)$이다.

$y''\left(-\frac{\pi}{2}\right) > 0$이므로 $y\left(-\frac{\pi}{2}\right) = \frac{1}{e}$는 극솟값.

$y''\left(\frac{\pi}{2}\right) < 0$이므로 $y\left(\frac{\pi}{2}\right) = e$는 극댓값.

$y''\left(\frac{3}{2}\pi\right) > 0$이므로 $y\left(\frac{3}{2}\pi\right) = \frac{1}{e}$은 극솟값.

끝점에서의 함수값은 $y(-\pi) = y(2\pi) = 1$이다. 따라서 최댓값은 e이고, 최솟값은 $\frac{1}{e}$이다.

7. (방법 1) $V = \int_0^1 2\pi x e^{-x^2}dx = \pi\left(1 - \frac{1}{e}\right)$

(방법 2) $V = \pi\int_{\frac{1}{e}}^1 (\sqrt{\ln y})^2 dy + \frac{1}{e}\pi = \pi\left(1-\frac{1}{e}\right)$

9. $x > 0$에서 $f'(x) = \frac{-xe^x}{(e^x-1)^2} < 0$이므로 $f(x)$는 감소한다.

11. (1) 원점을 지나고, $y = e^x$의 접선의 방정식은 $y - ex$이며, 접점은 $(1, e)$이다.

∴ 넓이는 $S = \int_0^1 e^x - ex\,dx = \left[e^x - \frac{e}{2}x^2\right]_0^1 = \left[e - 1 - \frac{e}{2}\right] = \frac{e}{2} - 1.$

6.4 일반적인 지수함수와 로그함수

정의 6.4.1

모든 실수 x에 대하여

$$a^x = e^{x\ln a}(a>0)$$

정의 6.4.2

a가 1이 아닌 양수일 때

$$y=\log_a x \Leftrightarrow x=a^y \ (x>0)$$

정의 6.4.3

a가 1이 아닌 양수일 때

$$\log_a x = \frac{\ln x}{\ln a}$$

정의 6.4.4

$$\frac{d}{dx}\log_a x = \frac{1}{x\ln a}$$

1. (1) $y' = 2^{3x}\cdot 3\ln 2 + ex^{e-1}$ (3) $y' = \dfrac{1}{e^x \ln 10}$

(5) $y' = 5^{2x}\cdot 2\ln 5$ (7) $y' = 2x(10^x\cdot \ln 10 + 10x^{18})$

(9) $y' = (\pi+1)x^{\pi} + (\pi+1)^x \ln(\pi+1)$ (11) $\ln y = (\ln x)\ln(x^2+1)$을 미분하면

$$\frac{y'}{y} = \frac{\ln(x^2+1)}{x} + \frac{2x\ln x}{x^2+1}.$$

$$\therefore\ y' = \frac{(x^2+1)\ln(x^2+1)+2x^2\ln x}{x(x^2+1)}\cdot (x^2+1)^{\ln x}$$

3. (1) $x^2 = t$라 치환하면, $2x\,dx = dt$이므로 $\int x\cdot 3^{x^2}dx = \int \frac{1}{2}3^t\,dt = \frac{3^{x^2}}{2\ln 3} + C.$

(3) $\sqrt{x} = t$라 치환하면, $\frac{1}{2\sqrt{x}}dx = dt$이므로

$$\int \frac{10^{\sqrt{x}}}{\sqrt{x}}dx = \int 2\cdot 10^t dt = \frac{2}{\ln 10}\cdot 10^{\sqrt{x}} + C.$$

(5) $5x-1 = t$라 치환하면, $5dx = dt$이므로

$$\int 10^{5x-1}dx = \frac{1}{5}\int 10^t dt = \frac{10^{5x-1}}{5\ln 10} + C.$$

5. $2^x = t$라 치환하면, $t^2 - 8t + 12 = 0$이다. $(t-6)(t-2) = 0$이므로 $t = 2, 6$이다.

$\therefore\ 2^x = 2,\ 2^x = 6$으로부터 $x = \log_2 6,\ 1$이다.

7. (1) $\alpha = \log_a x,\ \beta = \log_a y$라 하면 $a^\alpha = x,\ a^\beta = y.$

$xy = a^\alpha\cdot a^\beta = a^{\alpha+\beta}$이므로 $\alpha+\beta = \log_a xy$

$\therefore\ \log_a(xy) = \log_a x + \log_a y$

(3) $y = r\log_a x$라 하면 $\frac{y}{r} = \log_a x$. $a^{\frac{y}{r}} = x$이므로 $a^y = x^r$이다.

양변에 log를 취하면 $y = \log_a x^r$이므로 $\log_a x^r = r\log_a x$.

9. (1) 상수 a가 $1 < k \le a < k+1$(k는 자연수)를 만족한다고 하자. 로피탈의 정리를 $k+1$번 반복하여 적용하면

$$\begin{aligned}\lim_{x\to\infty} f(x) &= \lim_{x\to\infty}\frac{x^a}{a^x} = \lim_{x\to\infty}\frac{ax^{a-1}}{a^x\ln a} = \cdots \\ &= \lim_{x\to\infty}\frac{a(a-1)\cdots(a-k)x^{a-(k+1)}}{a^x(\ln a)^{k+1}} \\ &= \lim_{x\to\infty}\frac{a(a-1)\cdots(a-k)}{a^x(\ln a)^{k+1}x^{k+1-a}} = 0\end{aligned}$$

(3) $f(r) = 1$을 만족하는 r은 방정식 $x^a = a^x$의 근이다. 그런데 (2)에 의하면 $f(x)$는 오직 한 점 $x_0 = a/\ln a$에서 최댓값

$$f(x_0) = \frac{\left(\frac{a}{\ln a}\right)^a}{a^{\frac{a}{\ln a}}} = \frac{e^{a\ln\left(\frac{a}{\ln a}\right)}}{e^{\frac{a}{\ln a}\ln a}} = \frac{e^{a\ln\left(\frac{a}{\ln a}\right)}}{e^a}$$

을 갖는다. 따라서 $a = e$이면 $f(x_0) = e^e/e^e = 1$이므로 방정식 $x^a = a^x$는 오직 하나

의 양수근 $r = x_0 = e$를 갖는다. 함수 $g(a) = \dfrac{a}{\ln a}$ $(a > 1)$의 도함수는

$$g'(a) = \frac{\ln a - 1}{(\ln a)^2}$$

이므로 $g(a)$는 오직 하나의 점 e에서 최솟값 $g(e) = e > 1$를 갖는다. 따라서 $a \neq e$이면 $\dfrac{a}{\ln a} > e$ 즉 $a\ln\left(\dfrac{a}{\ln a}\right) > a$이므로

$$f(x_0) = \frac{e^{a\ln\left(\frac{a}{\ln a}\right)}}{e^a} > 1, \ x_0 > e$$

이다. 그런데 $f(0) = 0$, $\lim_{x \to \infty} f(x) = 0$이고 $f(x)$는 연속함수이므로 중간값 정리에 의하여 $f(r_1) = f(r_2) = 1$을 만족하는 $0 < r_1 < x_0$, $x_0 < r_2 < \infty$가 존재하여야 한다. 그 런데 $f(x)$는 구간 $[0, x_0]$에서 단조 증가하고, 구간 $[x_0, \infty)$에서 단조 감수하므로 $f(r) = 1$을 만족하는 양수 즉 방정식 $x^a = a^x$의 양수근은 각 구간에 오직 하나씩만 존재하여야 한다.

6.5 지수적 성장과 감소

정리 6.5.1

$$\lim_{x\to 0}(1+x)^{\frac{1}{x}} = \lim_{n\to\infty}\left(1+\frac{1}{n}\right)^n = e$$

1. $v(t) = s'(t) = -e^{-t}\cos t - e^{-t}\sin t = -e^{-t}(\sin t + \cos t)$

3. t년 후의 박테리아 수는 $y(t) = y(0)e^{kt} = 500e^{kt}$이고 3시간 후에 8000이므로 상수 k는

$$500e^{3k} = 8000$$

을 만족해야 한다. 양변에 로그를 취하고 k에 대하여 풀면

$$k = \frac{1}{3}\ln 16$$

이다.

(1) $y(t) = 500e^{\frac{t}{3}\ln 16}$

(3) $500e^{\frac{t}{3}\ln 16} = 30000 \Rightarrow 16^{\frac{t}{3}} = 60 \Rightarrow \frac{t}{3}\ln 16 = \ln 60 \quad \therefore\ t = \frac{3\ln 60}{\ln 16}$

5. (1) t년 후의 양은 $y(t) = y(0)e^{kt} = 50e^{kt}$이고 반감기가 1.4×10^{-4}이므로 상수 k는

$$25 = 50e^{k(1.4\times 10^{-4})}$$

을 만족해야 한다. 양변에 로그를 취하고 k에 대하여 풀면

$$k = -\frac{\ln 2}{1.4\times 10^{-4}}$$

이다. 따라서, $y(t) = 50e^{\left(-\frac{\ln 2}{1.4\times 10^{-4}}\right)t}$ 이다.

(3) $40 = 50e^{\left(-\frac{\ln 2}{1.4\times 10^{-4}}\right)t}$는 $\frac{4}{5} = \left(\frac{1}{2}\right)^{\frac{t}{1.4\times 10^{-4}}}$ 이므로 $t = (1.4\times 10^{-4})\log_2\frac{5}{4}$ 이다.

7. $y(h) = ce^{kh}$, $y(0) = 101.3$으로부터 $y = 101.3e^{kt}$이다. $y(1000) = 87.14$이므로

$101.3e^{1000k}=87.14$ 로부터 $k=\dfrac{1}{1000}\ln\left(\dfrac{87.14}{101.3}\right)$ 이다. 따라서 $y=101.3e^{\frac{1}{1000}\ln\left(\frac{87.14}{101.3}\right)t}$ 이며 $y(6178)=101.3\times\left(\dfrac{87.14}{101.3}\right)^{61.78}$ 이다.

9. $y=ce^{kt}$, $y(0)=1$ 로부터 $y(t)=e^{kt}$ 이다. $y(2)=0.85$ 이므로 $0.85=e^{2t}$ 이며 $k=\dfrac{1}{2}\ln(0.85)$ 이다.

$$0.5=e^{\frac{t}{2}\ln(0.85)} \Rightarrow 0.85^{\frac{t}{2}}=0.5$$

$$\Rightarrow \frac{t}{2}\ln(0.85)=\ln(0.5) \quad \therefore\ t=\frac{2\ln 0.5}{\ln 0.85}=-\frac{2\ln 2}{\ln 0.85}$$

11. $y=ce^{kt}$, $y(0)=1$ 이므로 $y=e^{kt}$ 이다. $e^{kt}=1.04$ 로부터 $k=\ln(1.04)$ 이므로 $y=e^{k\ln(1.04)}$ 이다. $2=e^{t\ln(1.04)}$ 에서 $\ln 2=t\ln(1.04)$ 이며 $t=\dfrac{\ln 2}{\ln 1.04}$ 이다.

6.6 쌍곡선함수

정의 6.6.1(쌍곡선 함수)

(1) $\sinh x = \dfrac{e^x - e^{-x}}{2}$ (2) $\cosh x = \dfrac{e^x + e^{-x}}{2}$

(3) $\tanh x = \dfrac{\sinh x}{\cosh x}$ (4) $\coth x = \dfrac{1}{\tanh x}$

(5) $\operatorname{sech} x = \dfrac{1}{\cosh x}$ (6) $\operatorname{csch} x = \dfrac{1}{\sinh x}$

정리 6.6.2

(1) $\sinh(-x) = -\sinh x$ (2) $\cosh(-x) = \cosh x$

정리 6.6.3(쌍곡선 함수의 성질)

(1) $\cosh^2 x - \sinh^2 x = 1$ (2) $\tanh^2 x + \operatorname{sech}^2 x = 1$

(3) $\coth^2 x - \operatorname{csch}^2 x = 1$

(4) $\sinh(x \pm y) = \sinh x \cosh y \pm \cosh x \sinh y$

(5) $\cosh(x \pm y) = \cosh x \cosh y \mp \sinh x \sinh y$

(6) $\tanh(x \pm y) = \dfrac{\tanh x \pm \tanh y}{1 \pm \tanh x \tanh y}$

정리 6.6.4(쌍곡선 함수의 도함수)

(1) $\dfrac{d}{dx}\sinh x = \cosh x$ (2) $\dfrac{d}{dx}\cosh x = \sinh x$

(3) $\dfrac{d}{dx}\tanh x = \operatorname{sech}^2 x$ (4) $\dfrac{d}{dx}\operatorname{csch} x = -\operatorname{csch} x \coth x$

(5) $\dfrac{d}{dx}\operatorname{sech} x = -\operatorname{sech} x \tanh x$ (6) $\dfrac{d}{dx}\coth x = -\operatorname{csch}^2 x$

정리 6.6.5(역쌍곡선 함수)

(1) $\sinh^{-1}x = \ln\left(x + \sqrt{x^2+1}\right)$ (2) $\cosh^{-1}x = \ln\left(x + \sqrt{x^2-1}\right),\ x \geq 1$

(3) $\tanh^{-1}x = \dfrac{1}{2}\ln\dfrac{1+x}{1-x},\ -1 < x < 1$

정리 6.6.6(역쌍곡선 함수의 도함수)

(1) $\dfrac{d}{dx}\sinh^{-1}x = \dfrac{1}{\sqrt{1+x^2}}$ (2) $\dfrac{d}{dx}\cosh^{-1}x = \dfrac{1}{\sqrt{x^2-1}},\ x > 1$

(3) $\dfrac{d}{dx}\tanh^{-1}x = \dfrac{1}{1-x^2},\ -1 < x < 1$

1. (1) $\sinh(\ln 3) = \dfrac{e^{\ln 3} - e^{-\ln 3}}{2} = \dfrac{3 - \frac{1}{3}}{2} = \dfrac{4}{3}$

(3) $\cosh^{-1}\dfrac{11}{9} = \ln\left(\dfrac{11}{9} + \sqrt{\dfrac{121}{81} - 1}\right) = \ln\left(\dfrac{11 + 2\sqrt{10}}{9}\right)$

3. (1) $2\sinh x\cosh x = 2 \cdot \dfrac{e^x - e^{-x}}{2} \cdot \dfrac{e^x + e^{-x}}{2} = \dfrac{e^{2x} - e^{-2x}}{2} = \sinh 2x$

$\therefore\ \sinh 2x = 2\sinh x\cosh x$

(3) $\dfrac{1}{2}[\sinh(u+v) + \sinh(u-v)] = \dfrac{1}{2}\left(\dfrac{e^{(u+v)} - e^{-(u+v)}}{2} + \dfrac{e^{(u-v)} - e^{(u-v)}}{2}\right)$

$$= \frac{(e^u - e^{-u})(e^v + e^{-v})}{2 \cdot 2} = \sinh u\cosh v$$

$\therefore\ \sinh u\cosh v = \dfrac{1}{2}[\sinh(u+v) + \sinh(u-v)]$

(5) $\sinh u\sinh v = \dfrac{e^u - e^{-u}}{2} \cdot \dfrac{e^v - e^{-v}}{2}$

$$= \frac{(e^{(u+v)} + e^{-(u+v)}) - (e^{(u-v)} + e^{-(u-v)})}{4}$$

$$= \frac{1}{2}[\cosh(u+v) - \cosh(u-v)]$$

$\therefore\ \sinh u\sinh v = \dfrac{1}{2}[\cosh(u+v) - \cosh(u-v)]$

(7) $\cosh^3 x + 3\sinh^2 x \cosh x = \dfrac{(e^x + e^{-x})^3}{8} + \dfrac{3}{8}(e^x - e^{-x})^2(e^x + e^{-x})$

$$= \frac{1}{8}(4e^{3x} + 4e^{-3x}) = \frac{e^{3x} + e^{-3x}}{2} = \cosh 3x$$

$$4\cosh^3 x - 3\cosh x = \frac{1}{2}(e^x + e^{-x})^3 - \frac{3}{2}(e^x + e^{-x}) = \frac{e^{3x} + e^{-3x}}{2} = \cosh 3x$$

$\therefore\ \cosh 3x = \cosh^3 x + 3\sinh^2 x \cosh x = 4\cosh^3 x - 3\cosh x$

(9) $\mathrm{sech}^{-1} x = y$라 하면 $x = \mathrm{sech}\, y = \dfrac{1}{\cosh y} = \dfrac{2}{e^y + e^{-y}}$이다. 이 식을 정리하면

$$xe^{2y} - 2e^y + x = 0$$

이므로

$$e^y = \frac{1 \pm \sqrt{1 - x^2}}{x}$$

이다.

$\therefore\ y = \ln\left(\dfrac{1 + \sqrt{1 - x^2}}{x}\right)\ (0 < x \leqq 1).$

$\therefore\ \mathrm{sech}^{-1} x = \ln\left(\dfrac{1 + \sqrt{1 - x^2}}{x}\right)(0 < x \leqq 1)$

5. (1) $y' = 2\cosh 2x$

(3) $y' = -\mathrm{csch}^2(\tan x) \cdot \sec^2 x$

(5) $y' = \dfrac{2x}{\sqrt{x^4 + 1}}$

(7) $y' = x(2\sinh x + x\cosh x)$

7. (1) $3x = t$라 치환하면, $3dx = dt$이므로

$$\int \mathrm{csch}^2 3x\, dx = \frac{1}{3}\int \mathrm{csch}^2 t\, dt = -\frac{1}{3}\coth(3x) + C.$$

(3) $e^x = t$라 치환하면, $e^x dx = dt$이므로

$$\int e^x \sinh e^x\, dx = \int \sinh t\, dt = \cosh e^x + C.$$

(5) $\sin x = t$라 치환하면, $\cos x\, dx = dt$이므로

$$\int \cos x \sinh(\sin x)\, dx = \int \sinh t\, dt = \cosh(\sin x) + C.$$

(7) $\dfrac{x}{a} = t$라 치환하면

$$\int \frac{1}{\sqrt{x^2 + a^2}}\, dx = \int \frac{1}{a\sqrt{\left(\frac{x}{a}\right) + 1}}\, dx = \int \frac{1}{a} \cdot \frac{a}{\sqrt{t^2 + 1}}\, dt$$

$$= \sinh^{-1}(t) + C = \sinh^{-1}\left(\frac{x}{u}\right) + C$$

9. 정리 5.6.1의 (2)를 이용하면 표면적은

$$A = 2\pi \int_{-a}^{a} y\sqrt{1+\left(\frac{dy}{dx}\right)^2}\,dx = 2\pi \int_{-a}^{a} a\cosh\frac{x}{a}\sqrt{1+\sinh^2\frac{x}{a}}\,dx$$

$$= 2\pi \int_{-a}^{a} a\cosh^2\frac{x}{a}dx = 2\pi a\int_{-a}^{a} \frac{1}{2}\left[\cosh\frac{2x}{a}+1\right]dx$$

$$= 2\pi a \times \frac{1}{2} \times 2\int_{0}^{a}\left[\cosh\frac{2x}{a}+1\right]dx$$

$$= 2\pi a\left[\frac{a}{2}\sinh\frac{2x}{a}+x\right]_0^a = \pi a^2(\sinh 2 + 2)$$

제 7 장 적분법

7.1 기본적인 적분 공식

7.1.1 다항식

(1) $\int k\,du = ku + C$

(2) $\int u^n\,du = \begin{cases} \dfrac{u^{n+1}}{n+1} + C, & n \neq -1 \\ \ln|u| + C, & n = -1 \end{cases}$

7.1.2 삼각함수

(3) $\int \sin u\,du = -\cos u + C$

(4) $\int \cos u\,du = \sin u + C$

(5) $\int \sec^2 u\,du = \tan u + C$

(6) $\int \csc^2 u\,du = -\cot u + C$

(7) $\int \sec u \tan u\,du = \sec u + C$

(8) $\int \csc u \cot u\,du = -\csc u + C$

(9) $\int \tan u\,du = -\ln|\cos u| + C$

(10) $\int \cot u\,du = \ln|\sin u| + C$

7.1.3 지수함수

(11) $\int e^u\,du = e^u + C$

(12) $\int a^u\,du = \dfrac{a^u}{\ln a} + C \; (a \neq 1, a > 0)$

7.1.4 대수함수

(13) $\int \dfrac{1}{\sqrt{a^2 - u^2}}\,du = \sin^{-1}\left(\dfrac{u}{a}\right) + C = -\cos^{-1}\left(\dfrac{u}{a}\right) + C$

(14) $\int \dfrac{1}{a^2 + u^2}\,du = \dfrac{1}{a}\tan^{-1}\left(\dfrac{u}{a}\right) + C$

(15) $\int \dfrac{1}{u\sqrt{u^2 - a^2}}\,du = \dfrac{1}{a}\sec^{-1}\left|\dfrac{u}{a}\right| + C$

7.1.5 쌍곡선함수

(16) $\int \sinh u\, du = \cosh u + C$　　(17) $\int \cosh u\, du = \sinh u + C$

7.1.6 역쌍곡선함수

(18) $\int \frac{1}{\sqrt{1+x^2}} dx = \sinh^{-1} x + C$　　(19) $\int \frac{1}{\sqrt{x^2-1}} dx = \cosh^{-1} x + C$

(20) $\int \frac{1}{1-x^2} dx = \tanh^{-1} x + C$

1. (1) $\frac{2}{3}x\sqrt{x} + C$　　(3) $2\sqrt{x} + C$

(5) $\frac{3}{5}x^5 - \frac{3}{4}x^4 - 2x + C$　　(7) $\frac{1}{3}x^3 - \frac{1}{3x^3} + C$

(9) $-\frac{1}{3}\cos(3x-1) + C$　　(11) $-\frac{1}{2}\ln|\cos 2x| + C$

(13) $\frac{1}{2}[\ln|x+1| - \ln|x-1|]_0^{1/2} = \frac{1}{2}\ln 3$

(15) $\frac{1}{6}\arctan\frac{2x}{3} + C$　　(17) $\frac{1}{3}\operatorname{arcsec}\left|\frac{x}{3}\right| + C$

7.2 부분적분

7.2.1 부분적분공식

(1) $\int f(x)g'(x)dx = f(x)g(x) - \int f'(x)g(x)dx$

(2) $\int u\,dv = uv - \int v\,du$

1. (1) $u = x^2$, $dv = \cos x$라 하면, $du = 2x\,dx$, $v = \sin x$이므로

$$\int x^2 \cos x dx = x^2 \sin x - 2\int x \sin x dx$$
$$= x^2 \sin x + 2x\cos x - 2\cos x + C.$$

(3) $u = \ln x$, $dv = x^3$라 하면, $du = \frac{1}{x}dx$, $v = \frac{1}{3}x^3$이므로

$$\int x^2 \ln x dx = \frac{1}{3}x^3 \ln x - \int \frac{1}{3}x^3 \cdot \frac{1}{x}dx = \frac{1}{3}x^3 \ln x - \frac{1}{9}x^3 + C.$$

(5) $u = \sec^{-1}x$, $dv = 1$라 하면

$$\int \sec^{-1}x\,dx = x\sec^{-1}x - \ln|x + \sqrt{x^2-1}| + C.$$

(7) $u = \sec x$, $dv = \sec^2 x$라 하면, $du = \sec x \tan x\,dx$, $v = \tan x$이므로

$$\int \sec^{-1} x dx = \sec x \tan x - \int \sec x \tan^2 x\,dx = \sec x \tan x - \int (\sec^3 x - \sec x)dx$$

$$2\int \sec^3 x dx = \sec x \tan x + \int \sec x\,dx$$

$$\therefore \int \sec^3 x\,dx = \frac{1}{2}[\sec x \tan x + \ln|\sec x + \tan x|] + C.$$

(9) $2x = t$라 치환하면, $2dx = dt$이므로

$$\int \cos^{-1} 2x dx = \frac{1}{2}\int \cos^{-1} t\,dt = \frac{1}{2}(t \operatorname{arc}\cos t - \sqrt{1-t^2}) + C$$
$$= x \operatorname{arc}\cos 2x - \frac{1}{2}\sqrt{1-4x^2} + C.$$

(11) $u = (\ln x)^4$, $dv = x$라 하면, $du = \frac{4(\ln x)^3}{x}$, $v = \frac{1}{2}x^2$이므로

$$\int x(\ln x)^4 dx = \frac{1}{2}x^2(\ln x)^4 - 2\int x(\ln x)^3 dx$$

이다. 부분적분을 반복해서 시행하면

$$\int x(\ln x)^4 dx = \frac{1}{2}x^2(\ln x)^4 - x^2(\ln x)^3 + \frac{3}{2}x^2(\ln x)^2 - \frac{3}{2}x^2(\ln x) + \frac{3}{4}x^2 + C.$$

3. (1) $u = \cos^{n-1}x$, $dv = \cos x$라 하면, $du = (n-1)\cos^{n-2}x\sin x\,dx$, $v = \sin x$이므로

$$\begin{aligned}\int \cos^n x dx &= \int \cos^{n-1}x\cos x dx \\ &= (\cos^{n-1}x)\sin x - \int (n-1)\sin^2 x\cos^{n-2}x\,dx \\ &= \sin x\cos^{n-1}x + (n-1)\int(\cos^{n-2}x - \cos^n x)dx.\end{aligned}$$

$$\therefore\ n\int \cos^n x\,dx = \sin x\cos^{n-1}x + (n-1)\int \cos^{n-2}x dx$$ 이므로

$$\int \cos^n x\,dx = \frac{1}{n}\cos^{n-1}x\cos x + \frac{n-1}{n}\int \cos^{n-2}x dx,\ (n \geqq 2).$$

(3) $u = (\ln x)^n$, $dv = 1$라 하면, $du = \dfrac{n(\ln x)^{n-1}}{x}dx$, $v = x$이므로

$$\int (\ln x)^n dx = x(\ln x)^n - n\int (\ln x)^{n-1}dx,\ (n \geqq 1).$$

5. (1) 7.2절의 1-(7)과 중복된 문제

(3) $u = x^9$, $dv = e^{2x}$라 하면, $du = 9x^8 dx$, $v = \dfrac{1}{2}e^{2x}$이므로

$$\begin{aligned}\int x^9 e^{2x} dx &= \frac{1}{2}x^9 e^{2x} - \frac{9}{2}\int x^8 e^{2x} dx \\ &= \frac{1}{2}x^9 e^{2x} - \frac{9}{2}\left(\frac{1}{2}x^8 e^{2x} - \frac{8}{2}\int x^7 e^{2x} dx\right) \\ &= \ldots \text{ (계속 적분)} \\ &= \frac{1}{2}x^9 e^{2x} - \sum_{k=2}^{10}(-1)^k \frac{9\cdot 8\cdots(9-k+2)}{2^k}x^{10-k}e^{2x} + C.\end{aligned}$$

7.3 삼각함수의 적분

1. (1) (방법 1)

$$\begin{aligned}\int \sin^5 x dx &= \int (1-\cos^2 x)^2 \sin x\, dx \\ &= \int (1-u^2)^2(-du) = -\int 1-2u^2+u^4\, du \\ &= -u+\frac{2}{3}u^3-\frac{1}{5}u^5+C \\ &= -(\cos x)+\frac{2}{3}(\cos^3 x)-\frac{1}{5}(\cos^5 x)+C.\end{aligned}$$

(방법 2)

$$\begin{aligned}\int \sin^5 x dx &= -\frac{1}{5}\sin^4 x\cos x+\frac{4}{5}\int \sin^3 x\, dx \\ &= -\frac{1}{5}\sin^4 x\cos x-\frac{4}{15}\sin^2 x\cos x+\frac{2}{3}\int \sin x\, dx \\ &= -\frac{1}{5}\sin^4 x\cos x-\frac{4}{15}\sin^2 x\cos x-\frac{8}{15}\cos x+C.\end{aligned}$$

(3) $3x-5=t$라 치환하면, $3dx=dt$이므로

$$\begin{aligned}\int \sin^2(3x-5)dx = \int \frac{1}{3}\sin^2 t\, dt &= \frac{1}{3}\int \frac{1-\cos 2t}{2}dt \\ &= \frac{1}{6}\left(t-\frac{1}{2}\sin 2t\right)+C \\ &= \frac{1}{6}(3x-5)-\frac{1}{12}\sin(6x-10)+C.\end{aligned}$$

(5)

$$\begin{aligned}\int \sin^4 x dx &= -\frac{1}{4}\sin^3 x\cos x+\frac{3}{4}\int \sin^2 x\, dx \\ &= -\frac{1}{4}\sin^3 x\cos x+\frac{3}{4}\left(-\frac{1}{2}\sin x\cos x+\frac{1}{2}\int 1 dx\right) \\ &= -\frac{1}{4}\sin^3 x\cos x-\frac{3}{8}\sin x\cos x+\frac{1}{8}x+C.\end{aligned}$$

(7) $3x=t$라 치환하면, $3dx=dt$이므로

$$\int \sin^5 3x dx = \frac{1}{3}\int \sin^5 t\, dt$$

1.(1)의 (방법 2)의 결과에 따라서

$$\int \sin^5 3x dx = -\frac{1}{15}\sin^4 3x\cos 3x - \frac{4}{45}\sin^2 3x\cos 3x - \frac{8}{45}\cos x + C.$$

(9) $\int \tan^4 x dx = \frac{1}{3}\tan^3 x - \int \tan^2 x\, dx = \frac{1}{3}\tan^3 x - \tan x + x + C.$

(11)
$$\begin{aligned}\int \sin^5 x\cos^2 x dx &= \int \sin^5 x(1-\sin^2 x)dx \\ &= \int \sin^5 x dx - \int \sin^7 x\, dx \\ &= \int \sin^5 x\, dx - \left(-\frac{1}{7}\sin^6 x\cos x + \frac{6}{7}\int \sin^5 x\, dx\right) \\ &= \frac{1}{7}\int \sin^5 x\, dx + \frac{1}{7}\sin^6 x\cos x \\ &= \frac{1}{7}\sin^6 x\cos x - \frac{1}{35}\sin^4 x\cos x \\ &\qquad - \frac{4}{15}\sin^2 x\cos x - \frac{8}{105}\cos x + C.\end{aligned}$$

(13) $\sin x = t$라 치환하면, $\cos x\, dx = dt$이므로

$$\int \sin^3 x\cos^3 x dx = \int t^3(1-t^2)dt = \frac{1}{4}t^4 - \frac{1}{6}t^6 + C = \frac{1}{4}\sin^4 x - \frac{1}{6}\sin^6 x + C.$$

(15) $\int \sin 3x\cos 5x dx = \frac{1}{2}\int \sin 8x - \sin 2x\, dx = \frac{1}{4}\cos 2x - \frac{1}{16}\cos 8x + C.$

(17) $\int \cos 3x\cos 5x dx = \frac{1}{2}\int \cos 8x + \cos 2x\, dx = \frac{1}{16}\sin 8x + \frac{1}{4}\sin 2x + C.$

3. (1) $\cos^2 x = \dfrac{1+\cos 2x}{2}$ 이므로

$$\begin{aligned}\int_0^\pi \sqrt{\cos 2x + 1}\, dx = \int_0^\pi \sqrt{2\cos^2 x}\, dx &= \sqrt{2}\int_0^\pi |\cos x|\, dx \\ &= \sqrt{2}\left[\int_0^{\frac{\pi}{2}} \cos x\, dx - \int_{\frac{\pi}{2}}^{\pi} -\cos x\, dx\right] \\ &= 2\sqrt{2}.\end{aligned}$$

(3) $\sin^2 x + \cos^2 = 1$이므로

$$\begin{aligned}\int_0^\pi \sqrt{1-\sin^2 x}\, dx = \int_0^\pi \sqrt{\cos^2 x}\, dx &= \int_0^\pi |\cos x|\, dx \\ &= \int_0^{\frac{\pi}{2}} \cos x\, dx + \int_{\frac{\pi}{2}}^{\pi} -\cos x\, dx = 2.\end{aligned}$$

(5) $1+\tan^2 x = \sec^2 x$이므로

$$\int \sqrt{1+\tan^2 3x}\,dx = \int \sec 3x\,dx = \frac{1}{3}\ln|\sec 3x + \tan 3x| + C$$

5. (1) $a_0 = \dfrac{1}{\pi}\displaystyle\int_{-\pi}^{\pi} |x|dx = \dfrac{1}{\pi}\left(\int_{-\pi}^{0} -x\,dx + \int_{0}^{\pi} x\,dx\right) = \pi$

$$a_k = \frac{1}{\pi}\int_{-\pi}^{\pi} |x|\cos kx\,dx = \frac{1}{\pi}\left(\int_{-\pi}^{0} -x\cos kx\,dx + \int_{0}^{\pi} x\cos kx\,dx\right)$$

$$= \frac{2}{\pi}\cdot\frac{(-1)^k - 1}{k^2}$$

$$b_k = \frac{1}{\pi}\int_{-\pi}^{\pi} |x|\sin kx\,dx = 0$$

$$\therefore\ |x| = \frac{\pi}{2} + \frac{2}{\pi}\sum_{k=1}^{\infty}((-1)^k - 1)\frac{\cos kx}{k^2}.$$

(3) $a_0 = \dfrac{1}{\pi}\displaystyle\int_{-\pi}^{\pi} x^2 dx = \dfrac{2\pi^2}{3}$

$$a_k = \frac{1}{\pi}\int_{-\pi}^{\pi} x^2\cos kx\,dx = (-1)^k\frac{4}{k^2}$$

$$b_k = \frac{1}{\pi}\int_{-\pi}^{\pi} x^2\sin kx\,dx = 0$$

$$\therefore\ x^2 = \frac{\pi^2}{3} + \sum_{k=1}^{\infty}(-1)^k\frac{4}{k^2}\cos kx.$$

7.4 삼각치환

1. (1) $\int \sqrt{9-x^2}\,dx = \frac{x}{2}\sqrt{9-x^2} + \frac{9}{2}\arcsin\frac{x}{3} + C.$

(3) $\int \frac{1}{\sqrt{4+x^2}}dx = \ln|x+\sqrt{4+x^2}| + C.$

(5) $4x = t$라 치환하면, $4dx = dt$이므로

$$\int \frac{1}{\sqrt{16x^2-9}}dx = \frac{3}{4}\int \frac{1}{\sqrt{t^2-9}}dt = \frac{3}{4}\ln|t+\sqrt{t^2-9}| + C$$

$$= \frac{3}{4}\ln|4x+\sqrt{16x^2-9}| + C.$$

(7) $\int \frac{1}{x^2\sqrt{x^2-1}}dx = -\frac{1}{2x} + C.$

(9) $\ln x = t$라 치환하면, $\frac{1}{x}dx = dt$이므로

$$\int \frac{1}{x\sqrt{(\ln x)^2+1}}dx = \int \frac{1}{\sqrt{t^2+1}}dt = \ln|t+\sqrt{t^2+1}| + C$$

$$= \ln\left|\ln x + \sqrt{(\ln x)^2+1}\right| + C.$$

(11) $\int \frac{x^2}{\sqrt{4-x^2}}dx = -\frac{x}{2}\sqrt{4-x^2} + 2\arcsin\frac{x}{2} + C.$

(13) $e^x = t$라 치환하면, $e^x dx = dt$이므로

$$\int \frac{e^x}{\sqrt{4-e^{2x}}}dx = \int \frac{1}{\sqrt{2^2-t^2}}dt \quad \text{-(*)}$$

$t = 2\sin\theta$라 치환하면, $dt = 2\cos\theta\, d\theta$이므로 $(*) = \theta + C = \sin^{-1}\left(\frac{e^x}{2}\right) + C.$

(15) $\int \frac{\sqrt{9-x^2}}{x^2}dx = -\frac{1}{x}\sqrt{9-x^2} - \arcsin\frac{x}{3} + C.$

(17) $\int \frac{1}{\sqrt{x^2+2x+10}}dx = \int \frac{1}{\sqrt{(x+1)^2+3^2}}dx$

$$= \ln|x+1+\sqrt{x^2+2x+10}| + C.$$

(19) $\int \sqrt{3-2x-x^2}\,dx = \int \sqrt{2^2-(x+1)^2}\,dx$

$$= \frac{(x+1)\sqrt{3-2x-x^2}}{2} + 2\arcsin\left(\frac{x+1}{2}\right) + C.$$

3. $x = r\sin\theta$라 치환하자. $dx = r\cos\theta\, d\theta$이므로

$$S = 4\int_0^r \sqrt{r^2 - x^2}\,dx = 4\int_0^{\frac{\pi}{2}} \sqrt{r^2 - r^2\sin^2\theta} \cdot r\cos\theta\, d\theta = 4r^2\int_0^{\frac{\pi}{2}} \cos^2\theta\, d\theta = \pi r^2$$

∴ 반지름이 r인 원의 넓이는 πr^2이다.

5. $x + 1 = 3\tan\theta$로 치환하자. $dx = 3\sec^2\theta\, d\theta$이므로

$$\pi\int_{-1}^{2} \frac{1}{(x^2+2x+10)^2}dx = \pi\int_{-1}^{2} \frac{1}{((x+1)^2+9)^2}dx$$

$$= \pi\int_0^{\frac{\pi}{4}} \frac{3\sec^2\theta}{(9\sec^2\theta)^2}d\theta = \frac{\pi}{27}\int_0^{\frac{\pi}{4}} \cos^2\theta\, d\theta$$

$$= \frac{\pi}{54}\left(\frac{\pi}{4} + \frac{1}{2}\right).$$

7.5 유리함수의 적분: 부분분수법

1. (1) $\displaystyle\int \frac{3x-1}{x^2+x-6}dx = \int \frac{3x-1}{(x+3)(x-2)}dx = \int\left(\frac{2}{x+3}+\frac{1}{x-2}\right)dx$

$$= 2\ln|x+3| + \ln|x-2| + C.$$

(3) $\displaystyle\int \frac{3x^2-2x-1}{(x-1)(x+2)(x-3)}dx = \int \frac{(3x+1)(x-1)}{(x-1)(x+2)(x-3)}dx$

$$= \int\left(-\frac{1}{x+2}+\frac{2}{x-3}\right)dx$$

$$= -\ln|x+2| + 2\ln|x-3| + C.$$

(5) $\displaystyle\frac{2x-4}{(x+1)(x-1)(x+2)^2} = \frac{A}{x+1}+\frac{B}{x-1}+\frac{C}{x+2}+\frac{E}{(x+2)^2}$이라 하자.

위의 식을 만족하는 미지수 $A=3$, $B=-\dfrac{1}{9}$, $C=-\dfrac{26}{9}$, $E=-\dfrac{8}{3}$이다.

$$\therefore \int \frac{2x-4}{(x^2-1)(x+2)^2}dx - \int\left(\frac{3}{x+1}-\frac{1}{9(x-1)}-\frac{26}{9(x+2)}-\frac{8}{3(x+2)^2}\right)dx$$

$$= 3\ln|x+1| - \frac{1}{9}\ln|x-1| - \frac{26}{9}\ln|x+2|$$

$$+ \frac{8}{3(x+2)} + C.$$

(7) $\displaystyle\int \frac{2x-1}{(x-1)(x^2+2)}dx = \frac{1}{3}\int\left(\frac{1}{x-1}-\frac{x-5}{x^2+1}\right)dx$

$$= \frac{1}{3}\int\frac{1}{x-1}dx - \frac{1}{3}\int\frac{x}{x^2+1}dx + \frac{5}{3}\int\frac{1}{x^2+1}dx$$

$$= \frac{1}{3}\ln|x-1| - \frac{1}{6}\ln|x^2+1| + \frac{5}{3}\arctan x + C.$$

(9) $\displaystyle\int \frac{5x^2-2x+4}{(x-1)^2}dx = \int 5 + \frac{8x-1}{(x-1)^2}dx$

$$= \int\left(5+\frac{8(x-1)+7}{(x-1)^2}\right)dx = \int\left(5+\frac{8}{x-1}+\frac{7}{(x-1)^2}\right)dx$$

$$= 5x + 8\ln|x-1| - \frac{7}{x-1} + C.$$

(11) $\sqrt{x}=t$라 치환하면, $dx = 2t\,dt$이므로

$$\int \frac{\sqrt{x}-1}{x-9}dx = 2\int\frac{t^2-t}{t^2-9}dt = 2\int\left(1+\frac{1}{t-3}-\frac{2}{t+3}\right)dt$$

$$= 2(t + \ln|t-3| - 2\ln|t+3|) + C$$
$$= 2(\sqrt{x} + \ln|\sqrt{x}-3| - 2\ln|\sqrt{x}+3|) + C.$$

3. (1) $u = \tan\frac{x}{2}$라 $\frac{2}{u^2+1}du = dx$이므로

$$\int \frac{1}{1+\sin x}dx = \int \frac{1}{1+\frac{2u}{u^2+1}} \cdot \frac{2}{u^2+1}du = 2\int \frac{1}{(u+1)^2}du$$
$$= -\frac{2}{1+\tan\frac{x}{2}} + C.$$

(3) $$\int \frac{1}{1+\sin x - \cos x}dx = \int \frac{1}{1+\frac{2u}{u^2+1}-\frac{1-u^2}{1+u^2}} \cdot \frac{2}{u^2+1}du$$
$$= \int \frac{1}{u(u+1)}du = \int \frac{1}{u} - \frac{1}{u+1}du$$
$$= \ln|u| - \ln|u+1| + C$$
$$= \ln\left|\tan\frac{x}{2}\right| - \ln\left|\tan\frac{x}{2}+1\right| + C.$$

7.6 특이적분

정의 7.6.1(적분구간이 무한인 특이적분)

1. 한쪽 끝이 무한인 경우: 극한값 $\lim_{a \to -\infty} \int_a^b f(x)dx$이 유한이면

$$\int_{-\infty}^{b} f(x)dx = \lim_{a \to -\infty} \int_a^b f(x)dx$$

로 정의하고 $\int_{-\infty}^{b} f(x)dx$이 수렴한다고 하고 그렇지 않으면 발산한다고 한다. 특이적분 $\int_a^{\infty} f(x)dx$에 대해서도 마찬가지로 정의한다.

2. 양쪽 끝이 무한인 경우: 임의의 c에 대하여 두 특이적분 $\int_{-\infty}^{c} f(x)dx$, $\int_c^{\infty} f(x)dx$이 각각 수렴하면

$$\int_{-\infty}^{\infty} f(x)dx = \int_{-\infty}^{c} f(x)dx + \int_c^{\infty} f(x)dx$$

로 정의한다.

정의 7.6.2(피적분함수가 유계가 아닌 특이적분)

1. 끝점에서 유계가 아닌 경우: 함수 $f(x)$가 구간 $(a, b]$에서 연속이고 끝점 a에서 유계가 아닌 경우 극한값 $\lim_{c \to a^+} \int_c^b f(x)dx$이 유한이면

$$\int_a^b f(x)dx = \lim_{c \to a^+} \int_c^b f(x)dx$$

로 정의하고 특이적분 $\int_a^b f(x)dx$는 수렴한다고 하고 그렇지 않으면 발산하다고 한다.

함수 $f(x)$가 구간 $[a, b)$에서 연속이고, 점 b에서 유계가 아닌 경우에 대해서도 마찬가지로 정의한다.

2. 내부점에서 유계가 아닌 경우: 피적분함수 $f(x)$가 내부의 한 점 c를 제외한 구간 $[a, b]$

에서 연속이고 c에서 유계가 아닌 경우 특이적분 $\int_a^c f(x)dx$, $\int_c^b f(x)dx$가 각각 수렴하면

$$\int_a^b f(x)dx = \int_a^c f(x)dx + \int_c^b f(x)dx$$

로 정의하고 특이적분 $\int_a^b f(x)dx$는 수렴하다 하고 그렇지 않으면 발산한다고 한다.

정리 7.6.3(비교판정법)

두 함수 $f(x)$, $g(x)$가 모든 $x \geq a$에 대하여 $0 \leq f(x) \leq g(x)$를 만족하면 다음이 성립한다.

(1) $\int_a^\infty g(x)dx$가 수렴하면 $\int_a^\infty f(x)dx$도 수렴한다.

(2) $\int_a^\infty f(x)dx$가 발산하면 $\int_a^\infty g(x)dx$도 발산한다.

1. (1) Ex 4에서 $p = \dfrac{1}{3}$인 경우이므로 발산한다.

(3) $\displaystyle\int_0^1 \frac{1}{x^{1/3}}dx = \lim_{c\to 0^+}\int_c^1 x^{-\frac{1}{3}}dx = \frac{3}{2}$이므로 수렴한다.

(5) $\displaystyle\int_{-\infty}^0 \frac{1}{x^2+1}dx = \lim_{b\to-\infty}\int_b^0 \frac{1}{x^2+1}dx = \lim_{b\to-\infty}\left[\tan^{-1}x\right]_b^0 = \frac{\pi}{2}$이므로 수렴한다.

(7) $\displaystyle\int_0^\infty e^{-x}dx = \lim_{b\to\infty}\int_0^b e^{-x}dx = \lim_{b\to\infty}\left(-e^{-b}+1\right) = 1$이므로 수렴한다.

(9)
$$\begin{aligned}\int_{-\infty}^\infty x^2e^{-x^3}dx &= \int_{-\infty}^0 x^2e^{-x^3}dx + \int_0^\infty x^2e^{-x^3}dx \\ &= \lim_{a\to-\infty}\int_a^0 x^2e^{-x^3}dx + \lim_{b\to\infty}\int_0^b x^2e^{-x^3}dx \\ &= \lim_{a\to-\infty} -\frac{1}{3}\left[e^{-x^3}\right]_a^0 + \lim_{b\to\infty} -\frac{1}{3}\left[e^{-x^3}\right]_0^b = \infty\end{aligned}$$
이므로 발산한다.

(11) Ex 3에 의해 발산.

(13) $\displaystyle\int_0^\infty \cos x\,dx = \lim_{b\to\infty}\int_0^b \cos x\,dx = \infty$ 이므로 발산한다.

(15) $\sqrt{x} = \sqrt{2}\tan\theta$라 치환하면, $dx = 4\tan\theta\sec^2\theta\,d\theta$이므로 다음을 얻을 수 있다.

$$\int_0^{\infty}\frac{1}{\sqrt{x}\,(x+2)}dx=\lim_{b\to\infty}\int_0^{b}\frac{1}{\sqrt{x}\,(x+2)}dx=\frac{\sqrt{2}}{2}\pi$$

주어진 특이적분은 수렴하며, 수렴값은 $\frac{\sqrt{2}}{2}\pi$이다.

(17) $$\int_1^5\frac{1}{x-2}dx=\int_1^2\frac{1}{x-2}dx+\int_2^5\frac{1}{x-2}dx$$
$$=\lim_{c\to 2^-}\int_1^c\frac{1}{x-2}dx+\lim_{d\to 2^+}\int_d^5\frac{1}{x-2}dx$$

여기서 첫 번째 항의 계산은 $\lim_{c\to 2^-}\int_1^c\frac{1}{x-2}dx=\lim_{c\to 2^-}\ln|c-2|=-\infty$이므로 주어진 특이적분은 발산한다.

(19) $$\int_0^{\infty}\frac{2}{(x-1)(x^2+1)}dx$$
$$=\int_0^1\frac{2}{(x-1)(x^2+1)}dx+\int_1^2\frac{2}{(x-1)(x^2+1)}dx+\int_2^{\infty}\frac{2}{(x-1)(x^2+1)}dx$$
$$=\lim_{a\to 1^-}\int_0^a\frac{2}{(x-1)(x^2+1)}dx+\lim_{b\to 1^+}\int_b^2\frac{2}{(x-1)(x^2+1)}dx$$
$$+\lim_{c\to\infty}\int_2^c\frac{2}{(x-1)(x^2+1)}dx$$

여기서 첫 번째 항의 계산은

$$\lim_{a\to 1^-}\int_0^a\frac{2}{(x-1)(x^2+1)}dx=\lim_{a\to 1^-}\int_0^a\frac{1}{x-1}-\frac{x}{x^2+1}-\frac{1}{x^2+1}dx$$
$$=\lim_{a\to 1^-}\left[\ln|x-1|-\frac{1}{2}\ln|x^2+1|-\tan^{-1}x\right]_0^a$$
$$=\lim_{a\to 1^-}\left[\ln|a-1|-\frac{1}{2}\ln|a^2+1|-\tan^{-1}a\right]=-\infty$$

이므로 주어진 특이적분은 발산한다.

3. (1) $0\leq\int_0^1 t^{x-1}e^{-t}dt\leq\int_0^1 t^{x-1}dt=\lim_{c\to+0}\int_c^1 t^{x-1}dt=\lim_{c\to+0}\frac{1}{x}(1-c^x)=\frac{1}{x}$이므로

수렴. 그러므로, $\int_0^1 t^{x-1}e^{-t}dt$는 수렴한다.

(3) $$\int_0^{\infty}t^{x-1}e^{-t}dt=\int_0^1 t^{x-1}e^{-t}dt+\int_1^{\infty}t^{x-1}e^{-t}dt$$

i) e^{-t}는 감소함수이고 $[0,1]$에서 $e^{-t}<1$이므로

$$\int_0^1 t^{x-1}e^{-t}dt < \int_0^1 t^{x-1}dt = \frac{1}{x}\text{이다.}$$

ii) 임의의 $1 \leqq N$ 에 대하여 $t^{x-1} < e^{t/2}$라 하자.

$$\Rightarrow \int_1^{\infty} t^{x-1}e^{-t}dt = \int_1^{N} t^{x-1}e^{-t}dt + \int_N^{\infty} t^{x-1}e^{-t}dt$$

$$< \int_1^{N} t^{x-1}e^{-t}dt + \int_N^{\infty} e^{t/2}e^{-t}dt = \int_1^{N} t^{x-1}e^{-t}dt + \int_N^{\infty} e^{-t/2}dt$$

은 수렴.

$\therefore$ i), ii)에 의해서 모든 $x>0$에 대하여 $\Gamma(x) = \int_0^{\infty} t^{x-1}e^{-t}dt$는 수렴한다.

(5) (4)에서 $\Gamma(x+1) = x\Gamma(x)$를 이용.

$\Gamma(n+1) = n\Gamma(n) = n(n-1)\Gamma(n-1) = \cdot = n!$

제8장 수열과 급수

8.1 무한수열

정의 8.1.1(무한수열)

어떤 특정한 정수보다 크거나 같은 모든 정수의 집합을 정의역으로 가지는 함수를 **무한수열**(infinite sequence)이라 한다.

정의 8.1.2(수열의 극한)

$n \to \infty$ 일 때, $a_n \to L$이면 수열 $\{a_n\}$은 L로 수렴한다하고

$$\lim_{n\to\infty} a_n = L$$

로 표시한다. 이 때 L을 수열 $\{a_n\}$의 극한이라고 한다. 수렴하지 않는 수열은 발산한다고 한다.

정리 8.1.3

$\{a_n\}$과 $\{b_n\}$이 수렴하는 수열이면 다음이 성립한다. 단, k는 상수이다.

(1) $\lim_{n\to\infty} k = k$

(2) $\lim_{n\to\infty} (ka_n) = k \lim_{n\to\infty} a_n$

(3) $\lim_{n\to\infty} (a_n \pm b_n) = \lim_{n\to\infty} a_n \pm \lim_{n\to\infty} b_n$

(4) $\lim_{n\to\infty} (a_n \times b_n) = \lim_{n\to\infty} a_n \times \lim_{n\to\infty} b_n$

(5) $\lim_{n\to\infty} \dfrac{a_n}{b_n} = \dfrac{\lim_{n\to\infty} a_n}{\lim_{n\to\infty} b_n} \left(\lim_{n\to\infty} b_n \neq 0\right)$

정리 8.1.4

적당한 자연수 n_0보다 큰 모든 자연수 n에 대하여 $a_n = f(n)$이고 $\lim_{x\to\infty} f(x) = L$이면 $\lim_{n\to\infty} a_n = L$이다.

정리 8.1.5

$\lim_{n\to\infty} a_n = L$이고 함수 $f(x)$가 L에서 연속이면

$$\lim_{n\to\infty} f(a_n) = f\left(\lim_{n\to\infty} a_n\right) = f(L)$$

이다.

정리 8.1.6(샌드위치 정리)

수열 $\{a_n\}$, $\{b_n\}$, $\{c_n\}$의 (처음 유한개의 항들을 제외한) 모든 항들이

$$b_n \le c_n \le a_n$$

을 만족하고 $\lim_{n\to\infty} a_n = L = \lim_{n\to\infty} b_n$이면 $\lim_{n\to\infty} c_n = L$이다.

정리 8.1.7

(1) $\lim_{n\to\infty} \sqrt[n]{x} = 1\,(x>0)$

(2) $\lim_{n\to\infty} \sqrt[n]{n} = 1$

(3) $|x| < 1$이면 $\lim_{n\to\infty} x^n = 0$

(4) $\lim_{n\to\infty} \frac{x^n}{n!} = 0$

(5) $\lim_{n\to\infty} \left(1+\frac{x}{n}\right)^n = e^x$

정의 8.1.8(단조수열)

모든 n에 대하여 $a_n \le a_{n+1}$이면 $\{a_n\}$은 **단조증가 수열**(nondecreasing sequence)이라 하고 $a_n \ge a_{n+1}$이면 **단조감수 수열**(nonincreasing sequence)이라고 한다. 단조증가 또는 단조감소 수열을 **단조수열**(monotonic sequence)이라 한다.

정의 8.1.9(유계수열)

(1) 모든 n에 대하여 $a_n \leq U$를 만족하는 실수 U가 존재하면 수열 $\{a_n\}$은 위로 **유계**(bounded above)라 하고, 이때 U를 하나의 **상계**(upper bound)라고 한다.

(2) 모든 n에 대하여 $a_n \geq L$을 만족하는 실수 L이 존재하면 수열 $\{a_n\}$은 **아래로 유계**(bounded below)라 하고, 이때 L을 하나의 **하계**(lower bound)라 한다.

(3) 위로, 아래로 모두 유계인 수열을 **유계수열**(bounded sequence)이라고 한다.

정리 8.1.10(단조수열의 수렴)

유계이고 단조인 수열은 수렴한다.

1. (1) $\lim\limits_{n\to\infty}\dfrac{2-3n}{1+3n} = -1$ $\quad\therefore$ 수렴, -1.

(3) $\lim\limits_{k\to\infty} a_{2k+1} = \lim\limits_{k\to\infty}\dfrac{-(2k-1)}{2k-2} = -1$

$\lim\limits_{k\to\infty} a_{2k} = \lim\limits_{k\to\infty}\dfrac{2k}{2k-1} = 1$

그러나, $\lim\limits_{k\to\infty} a_{2k} \neq \lim\limits_{k\to\infty} a_{2k-1}$이므로, 발산. $\quad\therefore$ 발산.

(5) $-1 \leqq \cos n\pi \leqq 1$이므로

$$-\frac{n}{n-1} \leqq a_n \leqq \frac{n}{n-1}$$

$\lim\limits_{n\to\infty} -\dfrac{n}{n-1} = -1$, $\lim\limits_{n\to\infty}\dfrac{n}{n-1} = 1$이 서로 다른 값으로 수렴하므로, $\lim\limits_{n\to\infty} a_n$은 발산.

(7) $f(x) = \dfrac{\ln x}{\sqrt{x}}$는 모든 자연수 n에 대하여 $a_n = f(x)$를 만족하므로 $\lim\limits_{x\to\infty} f(x) = \lim\limits_{n\to\infty} a_n$.

로피탈의 정리를 사용하면

$$\lim_{x\to\infty} f(x) = \lim_{x\to\infty}\frac{\ln x}{\sqrt{x}} = \lim_{x\to\infty}\frac{2\sqrt{x}}{x} = \lim_{x\to\infty}\frac{2}{\sqrt{x}} = 0$$

이므로

$$\lim_{n\to\infty}\frac{\ln n}{\sqrt{n}} = 0$$

으로 수렴한다.

(9) $a_n = \dfrac{1}{\left(\dfrac{n+1}{n}\right)^n} = \dfrac{1}{\left(1+\dfrac{1}{n}\right)^n}$

$\lim\limits_{n\to\infty}\left(1+\dfrac{x}{n}\right)^n = e^x$를 이용하면, $\Rightarrow \lim\limits_{n\to\infty} a_n = \lim\limits_{n\to\infty} \dfrac{1}{\left(1+\dfrac{1}{n}\right)^n} = \dfrac{1}{e}$

$\therefore$ 수렴, e^{-1}

(11) $\lim\limits_{n\to\infty} a_n = \lim\limits_{n\to\infty}(3n)^{1/2n} = \lim\limits_{n\to\infty}(\sqrt[n]{3})^{1/2} \cdot \lim\limits_{n\to\infty}(\sqrt[n]{n})^{1/2}$이다.

$b_n = \sqrt[n]{3}$, $f(x) = x^{1/2}$, $c_n = \sqrt[n]{n}$라 하면

i) $\lim\limits_{n\to\infty}(\sqrt[n]{3})^{1/2} = \lim\limits_{n\to\infty} f(b_n) = f(\lim\limits_{n\to\infty} b_n) = \left(\lim\limits_{n\to\infty} b_n\right)^{1/2} = 1^{1/2} = 1$

ii) $\lim\limits_{n\to\infty}(\sqrt[n]{n})^{1/2} = \lim\limits_{n\to\infty} f(c_n) = f(\lim\limits_{n\to\infty} c_n) = \left(\lim\limits_{n\to\infty} c_n\right)^{1/2} = 1^{1/2} = 1$

$\therefore \lim\limits_{n\to\infty}(3n)^{1/2n} = 1$, 수렴.

(13) $\lim\limits_{n\to\infty}\dfrac{n!}{n^n} = \lim\limits_{n\to\infty}\left(\dfrac{1}{n}\cdot\dfrac{2}{n}\cdot\dfrac{3}{n}\cdots\cdot\dfrac{n}{n}\right) = 0\cdot 0\cdot 0\cdot \cdots \cdot 1 = 0$

$\therefore \lim\limits_{n\to\infty}\dfrac{n!}{n^n} = 0$으로 수렴.

(15) $\lim\limits_{n\to\infty}\ln\left(1+\dfrac{2}{n}\right)^n = \ln\left(\lim\limits_{n\to\infty}\left(1+\dfrac{2}{n}\right)^n\right) = \ln e^2 = 2$

$\therefore$ 수렴, 2

(17) $a_n = \dfrac{1}{n}\displaystyle\int_1^n \dfrac{1}{x}dx = \dfrac{\ln n - \ln 1}{n} = \dfrac{\ln n}{n}$

$\Rightarrow \lim\limits_{n\to\infty} a_n = \lim\limits_{n\to\infty}\dfrac{\ln n}{n} = \lim\limits_{n\to\infty}\ln n^{1/n} = \ln\left(\lim\limits_{n\to\infty}\sqrt[n]{n}\right) = \ln 1 = 0$ $\therefore$ 수렴, 0

(19) $a_n = \tanh(\ln n) = \dfrac{e^{\ln n} - e^{-\ln n}}{e^{\ln n} + e^{-\ln n}} = \dfrac{n^2-1}{n^2+1} \Rightarrow \lim\limits_{n\to\infty} a_n = \lim\limits_{n\to\infty}\dfrac{n^2-1}{n^2+1} = 1$

$\therefore \lim\limits_{n\to\infty}\tanh(\ln n) = 1$로 수렴.

(21) $\lim\limits_{n\to\infty} a_n = \lim\limits_{n\to\infty}\left(1+\dfrac{3}{n}\right)^{-n} = \lim\limits_{n\to\infty}\left(\left(1+\dfrac{3}{n}\right)^n\right)^{-1} = e^{-3}$

$\therefore$ 수렴, e^{-3}

3. (1) $\dfrac{a_{n+1}}{a_n} = \dfrac{(2n+2)!}{(4n+4)^{n+1}(n+1)!} \cdot \dfrac{(4n)^n n!}{(2n)!}$

$= \left(\dfrac{2n+1}{2n+2}\right) \cdot \left(\dfrac{4n}{4n+4}\right)^n < \left(\dfrac{2n+2}{2n+2}\right) \cdot \left(\dfrac{4n+4}{4n+4}\right)^n = 1$

$$\Rightarrow a_{n+1} < a_n < \dots < a_1 - \frac{1}{2}$$

∴ 단조수열의 수렴정리에 의해 수렴.

(3) $a_1 = 2^{\frac{1}{2}},\ a_2 = 2^{\frac{1}{2}+\frac{1}{4}},\ \cdots,\ a_n = 2^{\frac{1}{2}+\frac{1}{4}+\cdots+\frac{1}{2^n}} = 2^{\frac{\frac{1}{2}\left(1-\frac{1}{2^n}\right)}{1-\frac{1}{2}}} = 2^{1-\frac{1}{2^n}} \leqq 2$

∴ 감소이면서 유계이므로, 수렴한다.

(5) $a_1 \le a_2$이고 $a_{n+1} := \sqrt{3+a_n} \le \sqrt{3+a_{n+1}} =: a_{n+2}$이므로 단조증가이다.

$$a_{n+1}-3 = \sqrt{3+a_n}-3 \Rightarrow a_{n+1}-3 = \frac{a_n-3}{\sqrt{3+a_n}+3}$$

$$\Rightarrow |a_{n+1}-3| = \left|\frac{a_n-3}{\sqrt{3+a_n}+3}\right| \le \frac{1}{3}|a_n-3|$$

$$\Rightarrow |a_n-3| \le \frac{1}{3}\cdot|a_{n-1}-3| \le \cdots \le \left(\frac{1}{3}\right)^{n-1}\cdot|a_1-3|$$

$$\Rightarrow a_n \le 3$$

∴ 단조수열의 수렴정리에 의해 수렴.

5. 임의의 양수 ϵ에 대해서 $x > M$ 일 때, $|f(x)-L| < \varepsilon$를 만족하는 M이 항상 존재한다. 따라서, $n > N \ge M$ 이라면 $|a_n - L| = |f(n)-L| < \varepsilon$를 만족한다. 즉, 임의의 양수 ε에 대하여 $n \ge N$일 때, $|a_n - L| < \varepsilon$를 만족하는 N이 항상 존재한다.

7. $L_1 \ne L_2$라 가정하자.

$0 \ne L_1 - L_2 = \lim_{n\to\infty} a_k - \lim_{n\to\infty} a_k = \lim_{k\to\infty}(a_k - a_k) = \lim_{n\to\infty} 0 = 0$ (모순)

∴ 수열$\{a_n\}$의 극한값은 유일하다.

9. (1) (증명)

$n=1$일 때, $r_1 = \dfrac{F_2}{F_1} = 1$ (성립)

$n=k$일 때, $r_n = \dfrac{F_{n+1}}{F_n}$이 성립한다고 가정.

$n=k+1$일 때,

$$r_{n+1} = \frac{F_{n+2}}{F_{n+1}} = \frac{F_{n+1}+F_n}{F_{n+1}} = 1 + \frac{F_n}{F_{n+1}} = 1 + \frac{1}{\frac{F_{n+1}}{F_n}} = 1 + \frac{1}{r_n}$$

수학적 귀납법에 의해 성립한다.

8.2 무한급수

정의 8.2.1(무한급수의 합)

부분합으로 이루어진 수열 $\{s_n\}$이 수렴하고 $\lim_{k\to\infty} s_k = s$ 이면 무한급수 $\sum_{n=1}^{\infty} a_n$은 수렴한다고 하고

$$\sum_{n=1}^{\infty} a_n = s$$

라고 표기한다. 수렴하지 않는 무한급수는 발산한다고 하며 발산하는 급수의 합을 정의하지 않는다.

정리 8.2.2(일반한 판정법)

무한급수 $\sum_{n=1}^{\infty} a_n$이 수렴하면 $\lim_{n\to\infty} a_n = 0$이다.

정리 8.2.3(발산 판정법)

$\lim_{n\to\infty} a_n \neq 0$이면 무한급수 $\sum a_n$은 수렴하지 않는다.

정리 8.2.4

급수 $\sum_{n=1}^{\infty} a_n$, $\sum_{n=1}^{\infty} b_n$이 수렴하면 $\sum_{n=1}^{\infty} \alpha a_n$와 $\sum_{n=1}^{\infty} (a_n \pm b_n)$은 모두 수렴하고

(1) $\sum_{n=1}^{\infty} \alpha a_n = \alpha \sum_{n=1}^{\infty} a_n$

(2) $\sum_{n=1}^{\infty} (a_n \pm b_n) = \sum_{n=1}^{\infty} a_n \pm \sum_{n=1}^{\infty} b_n$

이 성립한다. 단, α는 임의의 실수이다.

정리 8.2.5

수렴하는 무한급수 $\sum a_n$의 항 들을 인접한 항끼리 임의로 묶어서 만들어진 새로운 급수 $\sum b_n$은 수렴하고 극한값은 $\sum a_n$과 같다.

1. (1) $\displaystyle\sum_{n=1}^{\infty}\frac{3}{2^{n-1}}=3+\frac{3}{2}+\frac{3}{2^2}+\cdots$ 은 기하급수이며, $r=\frac{1}{2}<1$이므로 수렴한다.

$$\sum_{n=1}^{\infty}\frac{3}{2^{n-1}}=\frac{3}{1-\frac{1}{2}}=6$$

∴ 수렴하며, 합은 6

(3) $\displaystyle\sum_{n=1}^{\infty}\frac{(-1)^n}{3^n}=-\frac{1}{3}+\frac{1}{3^2}-\frac{1}{3^3}+\cdots$은 기하급수이며, $r=-\frac{1}{3}<1$ 이므로 수렴.

$$\sum_{n=1}^{\infty}\frac{(-1)^n}{3^n}=\frac{-\frac{1}{3}}{1-\left(\frac{-1}{3}\right)}=-\frac{1}{4}$$

∴ 수렴하며, 합은 $-\frac{1}{4}$

(5)
$$\begin{aligned}\sum_{k=1}^{n}\frac{1}{(3k+1)(3k-2)}&=\frac{1}{3}\sum_{k=1}^{n}\left(\frac{1}{3k-2}-\frac{1}{3k-1}\right)\\&=\frac{1}{3}\left(1-\frac{1}{4}+\frac{1}{4}-\ldots+\frac{1}{3n-2}-\frac{1}{3n-1}\right)\\&=\frac{1}{3}\left(1-\frac{1}{3n+1}\right)\xrightarrow{n\to\infty}\frac{1}{3}\end{aligned}$$

∴ 수렴하며, 합은 $\frac{1}{3}$

(7) $a_n=\left(1-\frac{1}{2n}\right)^n$이라 하자. $\displaystyle\lim_{n\to\infty}a_n=\lim_{n\to\infty}\left(1-\frac{1}{2n}\right)^n=e^{-\frac{1}{2}}\neq 0$이므로, 발산.

(9)
$$\begin{aligned}\sum_{k=1}^{n}\ln\frac{k}{k+1}&=\sum_{k=1}^{n}(\ln k-\ln(k+1))=(\ln 1-\ln 2)+\cdots+(\ln n-\ln(n+1))\\&=-\ln(n+1)\xrightarrow{n\to\infty}-\infty\quad\therefore\text{ 발산.}\end{aligned}$$

(11)
$$\begin{aligned}\sum_{k=2}^{n}\frac{4k}{(k-1)^2(k+1)^2}&=\sum_{k=2}^{n}\left(\frac{1}{(k-1)^2}-\frac{1}{(k+1)^2}\right)\\&=1-\frac{1}{3^2}+\frac{1}{2^2}-\frac{1}{4^2}+\cdots+\frac{1}{(n-1)^2}-\frac{1}{(n+1)^2}\\&=1+\frac{1}{4}-\frac{1}{n^2}-\frac{1}{(n+1)^2}\xrightarrow{n\to\infty}\frac{5}{4}\end{aligned}$$

$\therefore$ 수렴하며, 합은 $\dfrac{5}{4}$

(13) $\displaystyle\sum_{n=1}^{\infty} \cos n\pi = \sum_{n=1}^{\infty}(-1)^n \quad \therefore$ 발산.

(15) $$\sum_{k=2}^{n} \ln(1-1/k^2) = \sum_{k=2}^{n} \ln\left(\frac{n^2-1}{n^2}\right) = \sum_{k=2}^{n}\left(\ln\frac{k+1}{k} + \ln\frac{k-1}{k}\right)$$

$$= \ln\left(\frac{1}{2}\cdot\frac{3}{2}\cdot \cdots \cdot \frac{n-1}{n}\cdot\frac{n+1}{n}\right)$$

$$= \ln\frac{n+1}{2n} \xrightarrow{n\to\infty} -\ln 2$$

$\therefore$ 수렴하며, 합은 $-\ln 2$

3. (1) $0.3333\cdots = 0.3 + 0.03 + \cdots = \dfrac{3}{10} + \dfrac{3}{10^2} + \cdots = 3\left(\dfrac{1/10}{1-1/10}\right) = \dfrac{1}{3}$

(3) $0.00230230\cdots = 0.0023 + 0.0000023 + \cdots$

$$= \frac{230}{10^5} + \frac{230}{10^8} + \cdots = \frac{\dfrac{230}{10^5}}{1-\dfrac{1}{10^3}} = \frac{23}{9990}$$

5. $\displaystyle\sum(a_n \pm b_n) = \lim_{n\to\infty}\sum_{k=1}^{n}(a_k \pm b_k) = \lim_{n\to\infty}\left(\sum_{k=1}^{n} a_k \pm \sum_{k=1}^{n} b_k\right) = \sum a_n \pm \sum b_n$은 발산.

($\because \sum a_n$은 수렴, $\sum b_n$은 발산)

$\displaystyle\sum \alpha b_n = \lim_{n\to\infty}\sum_{k=1}^{n} \alpha b_n = \lim_{n\to\infty}\alpha\sum_{k=1}^{n} b_n = \alpha\lim_{n\to\infty}\sum_{k=1}^{n} b_k = \alpha\sum b_n \ (\alpha \neq 0)$은 발산.

7. (1) $$\sum_{k=1}^{n}\frac{k}{3^k} - \frac{1}{3}\sum_{k=1}^{n}\frac{k}{3^k} = \frac{2}{3}\sum_{k=1}^{n}\frac{k}{3^k} = \frac{1}{3} + \frac{1}{3^2} + \cdots + \frac{1}{3^n} - \frac{n}{3^{n+1}}$$

$$\Rightarrow \sum_{k=1}^{n}\frac{k}{3^k} = \frac{3}{4}\left(1-\left(\frac{1}{3}\right)^n\right) - \frac{n}{3^{n+1}} \xrightarrow{n\to\infty} \sum_{n=1}^{\infty}\frac{n}{3^n} = \frac{3}{4}$$

9. 제거되는 정사각형의 넓이

$$\frac{1}{3^2} + \frac{8}{3^4} + \frac{8^2}{3^6} + \cdots = \sum_{n=0}^{\infty}\frac{8^n}{9^{n+1}} = \frac{1}{9}\sum_{n=0}^{\infty}\left(\frac{8}{9}\right)^n = 1$$

따라서, 제거되는 정사각형의 넓이와 한 변의 길이가 1인 정사각형의 넓이가 같으므로 카펫의 넓이는 0이다.

8.3 양항급수의 수렴판정법

정리 8.3.1

부분합이 위로 유계인 양항급수는 수렴하고 역으로 수렴하는 양항급수의 부분합은 위로 유계이다.

정리 8.3.2(적분판정법(Integral test))

함수 f는 구간 $[1, \infty)$에서 1) 연속이고, 2) 양수이고, 3) 단조감소한다고 하자. 만약 모든 n에 대하여 $a_n = f(n)$이면 급수 $\sum a_n$과 특이적분 $\int_1^\infty f(x)dx$는 동시에 수렴하거나 동시에 발산한다.

정리 8.3.3(비교판정법(Comparison Test))

두 개의 양항급수 $\sum a_n$, $\sum b_n$이 처음 유한개의 항을 제외한 모든 항들이 $0 \le a_n \le b_n$을 만족하면

(1) $\sum b_n$이 수렴하면 $\sum a_n$도 수렴하고, (2) $\sum a_n$이 발산하면 $\sum b_n$도 발산한다.

정리 8.3.4(극한 비교판정법(Limit Comparison Test))

두 양항급수의 일반항 a_n, b_n의 비의 극한값을

$$\lim_{n\to\infty} \frac{a_n}{b_n} = r \ge 0$$

이라고 할 때

(1) $0 < r < \infty$이면 두 급수의 수렴여부는 동일하고,

(2) $r = 0$이고 $\sum b_n$이 수렴하면 $\sum a_n$도 수렴하고,

(3) $r = \infty$이고 $\sum b_n$이 발산하면 $\sum a_n$도 발산한다.

정리 8.3.5(비판정법)

양항급수 $\sum a_n$에서 이웃한 두 항의 비의 극한값을

$$\lim_{n\to\infty}\frac{a_{n+1}}{a_n}=r$$

이라고 하면 $\sum a_n$은

(1) $r<1$이면 수렴하고, (2) $r>1$이면 발산하고,

(3) $r=1$이면 수렴할 수도, 발산할 수도 있다.

정리 8.3.6(근판정법(root test))

양항급수 $\sum a_n$에서 a_n의 n제곱근의 극한값을

$$\lim_{n\to\infty}\sqrt[n]{a_n}=r$$

이라고 하면 $\sum a_n$은

(1) $r<1$이면 수렴하고, (2) $r>1$이면 발산하고,

(3) $r=1$이면 수렴할 수도, 발산할 수도 있다.

1. (1) $\displaystyle\int_1^\infty\frac{1}{x^2+1}dx=\left[\tan^{-1}x\right]_1^\infty=\frac{\pi}{4}$ $\quad\therefore$ 수렴

(3) $\displaystyle\int_2^\infty\frac{1}{x(\ln x)^3}dx=\int_{\ln 2}^\infty\frac{1}{t^3}dt=\frac{1}{2(\ln 2)^2}$ $\quad\therefore$ 수렴

(5) $\displaystyle\int_1^\infty\frac{\ln x}{x}dx=\int_0^\infty t\,dt=\infty$ $\quad\therefore$ 발산

(7) $\displaystyle\int_1^\infty\frac{1}{2x-1}dx=\frac{1}{2}\left[\ln(2x-1)\right]_1^\infty=\infty$ $\quad\therefore$ 발산.

(9) $a_n=\dfrac{3n}{n^3-2n+5}$, $b_n=\dfrac{1}{n^2}$라 하면

$$\lim_{n\to\infty}\frac{a_n}{b_n}=\lim_{n\to\infty}\left(\frac{3n}{n^3-2n+5}\times n^2\right)=3\quad\therefore\ 수렴$$

(11) $\dfrac{\sqrt{n+1}}{n}<\dfrac{\sqrt{2n}}{n}\ \Rightarrow\ \sum\dfrac{\sqrt{2n}}{n^2}=\sqrt{2}\sum\dfrac{1}{n^{3/2}}$는 p-series에 의해 수렴하므로,

$\displaystyle\sum_{n=1}^\infty\frac{\sqrt{n+1}}{n^2}$은 수렴한다.

(13) $1-\cos\frac{1}{n}<1 \cdot 1=0$

$\sum b_n=\sum 0=0$ 수렴하므로 $\sum\left(1-\cos\frac{1}{n}\right)$는 수렴한다.

(15) $\sum_{n=1}^{\infty}\frac{3^n}{n^3}$에서 $a_n=\frac{3^n}{n^3}$이라 하자.

$$\lim_{n\to\infty}\frac{a_{n+1}}{a_n}=\lim_{n\to\infty}\frac{3^{n+1}}{(n+1)^3}\cdot\frac{n^3}{3^n}=\lim_{n\to\infty}3\cdot\left(\frac{n}{n+1}\right)^3=3>1 \quad \therefore \text{ 발산}$$

(17) $\lim_{n\to\infty}\frac{a_{n+1}}{a_n}=\lim_{n\to\infty}\frac{1}{4}\cdot\left(\frac{3^{n+1}+2}{3^n+2}\right)=\lim_{n\to\infty}\frac{1}{4}\cdot 3=\frac{3}{4}<1 \quad \therefore$ 수렴

(19) $\lim_{n\to\infty}\frac{a_{n+1}}{a_n}=\lim_{n\to\infty}\frac{(2n+2)!\,n!\,n!}{(n+1)!\,(n+1)!\,(2n)!}\cdot\frac{1}{4}=\lim_{n\to\infty}\frac{(2n+2)(2n+1)}{4(n+1)(n+1)}=1$

$\therefore$ 판정불가

(21) $\lim_{n\to\infty}\frac{a_{n+1}}{a_n}=\lim_{n\to\infty}\frac{(n+1)!\,(n+1)!\,n^2}{(n+1)^2\,n!\,n!}$

$$=\lim_{n\to\infty}\left(\frac{n}{n+1}\right)^{2n}=\lim_{n\to\infty}\left(\left(\frac{1}{1+\frac{1}{n}}\right)^n\right)^2=\left(\frac{1}{e}\right)^2=\frac{1}{e^2}<1 \quad \therefore \text{ 수렴}$$

(23) $\lim_{n\to\infty}\sqrt[n]{\frac{e^{2n}}{n^2}}=\lim_{n\to\infty}\frac{e^2}{\sqrt[n]{n^2}}=e^2>1 \quad \therefore$ 발산

(25) $\lim_{n\to\infty}\sqrt[n]{\frac{3e^n}{2+e^{2n}}}<\lim_{n\to\infty}\sqrt[n]{\frac{3e^n}{e^{2n}}}=\lim_{n\to\infty}\frac{\sqrt[n]{3}}{e}<1 \quad \therefore$ 수렴

(27) $\lim_{n\to\infty}\sqrt[n]{\left(\frac{2}{\ln n}\right)^n}=\lim_{n\to\infty}\frac{2}{\ln n}=0<1 \quad \therefore$ 수렴

3. (1) $a_n=\frac{1}{n^2+n}$, $b_n=\frac{1}{n^2}$이라 하면, $a_n\leq b_n$, $\sum b_n$은 p-series에 의해 수렴.

비교판정법에 의해, $\sum a_n$도 수렴.

$\therefore \sum_{n=1}^{\infty}\frac{1}{n(n+1)}$은 수렴한다.

(3) $\lim_{n\to\infty}\left(1-\frac{2}{n}\right)^n=\lim_{n\to\infty}\left(1-\frac{2}{n}\right)^{-\frac{n}{2}\cdot(-2)}=e^{-2}\neq 0$

$\therefore \sum_{n=1}^{\infty}\left(1-\frac{2}{n}\right)^n$은 발산.

(5) $\dfrac{\ln n}{\sqrt{n}} > \dfrac{\ln n}{n} \Rightarrow \displaystyle\int_1^{\infty} \frac{\ln x}{x} dx = \infty$

∴ 적분판정법에 의해 $\displaystyle\sum_{n=1}^{\infty} \frac{\ln n}{\sqrt{n}}$ 은 발산.

(7) $\dfrac{\ln n}{2+n^3} > \dfrac{\ln n}{n}$ ∴ 적분판정법에 의해 $\displaystyle\sum_{n=1}^{\infty} \frac{\ln n}{2+n^3}$ 은 발산.

(9) $\displaystyle\lim_{n\to\infty} \frac{a_{n+1}}{a_n} = \lim_{n\to\infty} \frac{\dfrac{3e^{n+1}}{2+e^{2(n+1)}}}{\dfrac{3e^n}{2+e^{2n}}} = \lim_{n\to\infty} \frac{(2+e^{2n})e}{2+e^{2(n+1)}} = \frac{1}{e} < 1$

∴ 비판정법에 의해 $\displaystyle\sum_{n=1}^{\infty} \frac{3e^n}{2+e^{2n}}$ 은 수렴.

(11) $\displaystyle\lim_{n\to\infty} \frac{a_{n+1}}{a_n} = \lim_{n\to\infty} \frac{(n+1)^{n+1}}{(3n+3)!} \times \frac{(3n)!}{n^n} - \lim_{n\to\infty} \frac{1}{3(3n+2)(3n+1)}\left(1+\frac{1}{n}\right)^n$
$= 0 < 1$

∴ 비판정법에 의해 $\displaystyle\sum_{n=1}^{\infty} \frac{n^n}{(3n)!}$ 은 수렴.

(13) $\displaystyle\lim_{n\to\infty} \frac{a_{n+1}}{a_n} = \lim_{n\to\infty}\left(\frac{1}{(n+1)^2}\left(\frac{3}{4}\right)^{n+1} \times n^2\left(\frac{4}{3}\right)^n\right) = \lim_{n\to\infty} \frac{3n^2}{4(n+1)^2} = \frac{3}{4}$

∴ 비판정법에 의해 $\displaystyle\sum_{n=1}^{\infty} \frac{3^n}{n^2 4^n}$ 은 수렴.

(15) $\displaystyle\int_2^{\infty} \frac{1}{x(\ln x)^3} dx = \int_{\ln 2}^{\infty} \frac{1}{u^3} du = -2[u^{-2}]_{\ln 2}^{\infty} = \frac{2}{(\ln 2)^2}$

∴ 적분판정법에 의해 $\displaystyle\sum_{n=2}^{\infty} \frac{1}{n(\ln n)^3}$ 은 수렴.

(17) $\displaystyle\lim_{n\to\infty} \sqrt[n]{\left(\frac{1}{2}+\frac{1}{n}\right)^{\frac{n}{2}}} = \lim_{n\to\infty}\left(\frac{1}{2}+\frac{1}{n}\right)^{1/2} = \frac{1}{\sqrt{2}} < 1$

∴ 근판정법에 의해 $\displaystyle\sum_{n=1}^{\infty}\left(\frac{1}{2}+\frac{1}{n}\right)^{n/2}$ 은 수렴.

8.4 교대급수와 절대수렴

정리 8.4.1(교대급수 판정법과 오차)

아래의 두 조건을 만족하는 교대급수 $\sum_{n=1}^{\infty}(-1)^{n+1}a_n$은 수렴하고 합 S와 부분합 s_n과의 차이는 a_{n+1}보다 작다.

(1) $\lim_{n\to\infty} a_n = 0$

(2) $a_n \geq a_{n+1} \geq 0,\ n=1,\ 2,\ 3,\ \cdots$

정리 8.4.2

(1) 급수 $\sum|a_n|$이 수렴하면 급수 $\sum a_n$은 **절대수렴**(absolutely convergent)한다고 한다.

(2) 수렴하지만 절대수렴하지 않는 급수 $\sum a_n$은 **조건부수렴**(conditionally convergent) 한다고 한다.

정리 8.4.3

급수 $\sum|a_n|$이 수렴하면 급수 $\sum a_n$도 수렴한다.

정리 8.4.4(절대 비판정법)

급수 $\sum a_n$에서 이웃한 두 항의 비의 절대값의 극한값을

$$\lim_{n\to\infty}\left|\frac{a_{n+1}}{a_n}\right| = r$$

이라고 하면 $\sum a_n$는

(1) $r<1$이면 수렴하고,

(2) $r>1$이면 발산하고,

(3) $r=1$이면 수렴할 수도, 발산할 수도 있다.

정리 8.4.5(절대급수의 재배열)

절대수렴하는 급수의 항들을 임의로 재배열한 급수는 역시 절대수렴하고 그 합도 원 급수와 동일하다.

1. (1) $\sum \frac{(-1)^n}{3n-1}$은 $\sum \left| \frac{(-1)^n}{3n-1} \right|$은 발산하며 $\sum \frac{(-1)^n}{3n-1}$은 교대급수 수렴한다.

$\therefore$ 조건부 수렴

(3) $\left| \frac{(-1)\ln n}{n} \right| > \frac{1}{n}$: 발산

$f(x) = \frac{\ln x}{x}$라 하면 $x > 10$에서 $f'(x) < 0$이므로 $\lim_{n\to\infty} \frac{\ln n}{n} = 0$이다.

$\therefore$ 조건부 수렴

(5) $|a_n| = \left| \frac{\cos(n!)}{n^2} \right| = \frac{|\cos(n!)|}{n^2} \leq \frac{1}{n^2}$

$\sum_{n=1}^{\infty} \frac{1}{n^2}$은 p-series에 의해 수렴한다. 비교판정법에 의해, $\sum_{n=1}^{\infty} |a_n|$은 수렴하며,

$\sum_{n=1}^{\infty} \frac{\cos(n!)}{n^2}$은 절대수렴한다.

(7) $|a_n| = \left| \frac{(-1)^n}{n\sqrt{n}} \right| = \frac{1}{n^{3/2}}$

$\sum_{n=1}^{\infty} |a_n| = \sum_{n=1}^{\infty} \frac{1}{n^{3/2}}$은 p-series에 의해 수렴하며, $\sum_{n=2}^{\infty} \frac{(-1)^n}{n\sqrt{n}}$은 절대수렴한다.

(9) $\lim_{n\to\infty} \left| \frac{a_{n+1}}{a_n} \right| = \lim_{n\to\infty} \left| \frac{(-1)^n(n+1)^3}{e^{n+1}} \cdot \frac{e^n}{(-1)^n n^3} \right| = \frac{1}{e} < 1$

$\therefore \sum_{n=1}^{\infty} \frac{(-1)^n n^3}{e^n}$은 절대수렴.

(11) $|a_n| = \left| \frac{(-1)^n}{n(\ln n)} \right| = \frac{1}{n\ln n} \Rightarrow \int_1^{\infty} \frac{1}{x\ln x} dx = \int_1^{\infty} \frac{1}{t} dt = \infty$

$\sum_{n=1}^{\infty} \left| \frac{(-1)^n}{n\ln n} \right|$: 발산 (적분판정법)

$\sum_{n=1}^{\infty} \frac{(-1)^n}{n\ln n}$: 수렴 (교대급수판정법).

$\therefore \sum_{n=1}^{\infty} \frac{(-1)^n}{n\ln n}$은 조건부 수렴한다.

(13) $|u_n| = \left|\dfrac{(-1)^n}{\sqrt{n(n+1)}}\right| = \dfrac{1}{\sqrt{n(n+1)}} > \dfrac{1}{n+1}$

$\displaystyle\sum_{n=1}^{\infty}\frac{1}{n+1}$은 발산하므로

$\displaystyle\sum_{n=1}^{\infty}\left|\frac{(-1)^n}{\sqrt{n(n+1)}}\right|$: 발산 (비교판정법)

$\displaystyle\sum_{n=1}^{\infty}\frac{(-1)^n}{\sqrt{n(n+1)}}$: 수렴 (교대급수판정법)

$\therefore\ \displaystyle\sum_{n=1}^{\infty}\frac{(-1)^n}{\sqrt{n(n+1)}}$은 조건부 수렴

(15) $|a_n| = \left|\dfrac{\cos n\pi}{n\sqrt{n}}\right| \leq \dfrac{1}{n^{3/2}}$, p-seriese에 의해 $\displaystyle\sum_{n=1}^{\infty}\frac{1}{n^{3/2}}$는 수렴.

$\displaystyle\sum_{n=1}^{\infty}\left|\frac{\cos n\pi}{n\sqrt{n}}\right|$: 수렴 (비교판정법)

$\therefore\ \displaystyle\sum_{n=1}^{\infty}\frac{\cos n\pi}{n\sqrt{n}}$은 절대수렴.

3. (1) $a_{n+1} = \dfrac{(-1)^{n+1}}{(n+1)^3}$에서 $\dfrac{1}{(n+1)^3} < 0.001$인 최소의 n을 찾는다.

$n=8\ ;\ \dfrac{1}{9^3} = 1.3\times 10^{-3} > 0.001$

$n=9\ ;\ \dfrac{1}{10^3} = 0.001$

따라서, 주어진 오차의 한계보다 적게 하기 위해서는 8번째 항까지 더하면 된다.

(3) $a_{n+1} = \dfrac{(-1)^n n}{2^n}$에서 $\dfrac{n}{2^n} < 0.005$인 최소의 n을 찾는다.

$n=12\ ;\ \dfrac{12}{2^{12}} = 5.37\times 10^{-3} > 0.005$

$n=13\ ;\ \dfrac{13}{2^{13}} = 1.58\times 10^{-3} < 0.005$

따라서, 주어진 오차의 한계보다 적게 하기 위해서는 12번째 항까지 더하면 된다.

5. $\sum a_k$이 절대수렴이라 가정하자. 즉, $\sum |a_k| < \infty$.

Triangle inequality에 의해서 $\left|\displaystyle\sum_{k=1}^{n} a_k\right| \leq \displaystyle\sum_{k=1}^{n}|a_k|$ $(n \geq 1)$이 성립한다.

그러므로, $\left|\sum_{k=1}^{\infty} a_k\right| = \lim_{n\to\infty}\left|\sum_{k=1}^{n} a_k\right| \leq \lim_{n\to\infty}\sum_{k=1}^{n}|a_k| \leq \sum_{k=1}^{\infty}|a_k|$

$\therefore \sum a_n$: 절대수렴 $\Rightarrow \left|\sum_{n=1}^{\infty} a_n\right| \leq \sum_{n=1}^{\infty}|a_n|$

7. (1) 양수항들의 합 또는 음수항들의 합이 유한하면 양수항들의 합과 음수항들의 합이 모두 유한하게 되어 $\sum|a_n|$이 수렴하므로 모순이다. 따라서 양수항들의 합은 ∞로 발산하고 음수항들의 합은 $-\infty$로 발산한다.

(2) 우선 양수항들을 합이 처음으로 L보다 커질 때까지 더하고 다음으로 음수항들을 합이 처음으로 L보다 작아질 때까지 더한다. 이 과정을 되풀이 하여 얻어진 재배열급수 $\sum b_n$은 $\lim_{n\to\infty} a_n = 0$이므로 L로 수렴한다.

제 9 장 멱급수

9.1 멱급수

정리 9.1.1

멱급수 $\sum a_n x^n$이 $x=c\neq 0$일 때 수렴하면 $|x|<|c|$인 모든 실수 x에서 절대수렴하고, $x=d\neq 0$에서 발산하면 $|x|>|d|$인 모든 실수 x에서 발산한다.

정리 9.1.2

멱급수 $\sum a_n x^n$의 수렴에 대하여 다음 세 가지 중 오직 하나만이 성립한다.

(1) 오직 한 점 $x=0$에서만 수렴한다.

(2) 모든 x에 대하여 수렴한다.

(3) 적당한 양수 r이 존재하여 $|x|<r$이면 수렴하고 $|x|>r$이면 발산한다.

정리 9.1.3

멱급수 $\sum a_n x^n$의 수렴반경이 r이면 멱급수 함수

$$f(x)=\sum_{n=0}^{\infty} a_n x^n$$

는 구간 $(-r, r)$에서 미분과 적분이 모두 가능하고

(1) $f'(x)=\sum_{n=0}^{\infty}\frac{d}{dx}(a_n x^n)=\sum_{n=1}^{\infty} n a_n x^{n-1}$

(2) $\int f(x)dx=\sum_{n=0}^{\infty}\int a_n x^n dx = C+\sum_{n=0}^{\infty} a_n \frac{x^{n+1}}{n+1}$

이 성립한다. 멱급수 (1), (2)의 수렴반경은 모두 r이다.

정리 9.1.4(멱급수로 정의된 두 함수)

$$f(x)=\sum_{n=0}^{\infty}a_nx^n,\ g(x)=\sum_{n=0}^{\infty}b_nx^n$$

가 구간 $(-r, r)$에서 수렴하면 임의의 $x\in(-r, r)$에 대하여

$$f(x)\pm g(x)=\sum_{n=0}^{\infty}(a_n\pm b_n)x^n$$

$$f(x)\times g(x)=\sum_{n=0}^{\infty}c_nx^n,\ c_n=\sum_{i=0}^{n}a_ib_{n-i}$$

이 성립한다.

1\. (1) $\lim_{n\to\infty}\left|\frac{a_{n+1}}{a_n}\right|=\lim_{n\to\infty}\left|\frac{x^{n+1}}{\sqrt{n+1}}\cdot\frac{\sqrt{n}}{x^n}\right|=|x|<1$을 만족하면 수렴.

$x=1$이면 발산, $x=-1$이면 교대조화급수로서 수렴.

$\therefore$ 수렴구간 $-1\leq x<1$, 수렴반경 $r=1$

(3) $\lim_{n\to\infty}\left|\frac{a_{n+1}}{a_n}\right|=\lim_{n\to\infty}\left|\frac{x^{n+1}}{(n+1)!}\cdot\frac{n!}{x^n}\right|=0$

$\therefore$ 수렴구간 $(-\infty, \infty)$, 수렴반경 $r=\infty$

(5) $\lim_{n\to\infty}\left|\frac{a_{n+1}}{a_n}\right|=\lim_{n\to\infty}\left|\frac{x^{n+1}}{(n+1)\ln(n+1)}\cdot\frac{n\ln n}{x^n}\right|=0$

$\therefore$ 수렴구간 $(-\infty, \infty)$, 수렴반경 $r=\infty$

(7) $\lim_{n\to\infty}\left|\frac{a_{n+1}}{a_n}\right|=\lim_{n\to\infty}\left|\frac{(x+2)^{n+1}}{\sqrt{(n+1)^3+2}}\cdot\frac{\sqrt{n^3+2}}{(x+2)^n}\right|=|x+2|<1$을 만족하면 수렴.

$x=-3$이면 교대조화급수로서 수렴, $x=-1$이면 수렴.

$\therefore$ 수렴구간 $[-3, -1]$, 수렴반경 $r=1$

(9) $\lim_{n\to\infty}\left|\frac{a_{n+1}}{a_n}\right|=\lim_{n\to\infty}\left|\frac{(x-1)^{n+1}}{(n+1)^{n+1}}\cdot\frac{n^n}{(x-1)^n}\right|=0$

$\therefore$ 수렴구간 $(-\infty, \infty)$, 수렴반경 $r=\infty$

(11) $\lim_{n\to\infty}\left|\frac{a_{n+1}}{a_n}\right|=\lim_{n\to\infty}\left|\frac{(-1)^{n+1}x^{2n+3}}{2n+3}\cdot\frac{2n+1}{(-1)^nx^{2n+1}}\right|=|-x^2|<1$을 만족하면 수렴. $x=-1, 1$이면 교대조화급수로서 수렴.

$\therefore$ 수렴구간 $-1\leq x\leq 1$, 수렴반경 $r=1$

3. (1) $\displaystyle\int_0^x \frac{1}{2-t}dt = \int_0^x \left(\sum_{n=0}^{\infty}\frac{1}{2}\cdot\left(\frac{t}{2}\right)^{n-1}\right)dt$

$$= \frac{1}{2}\sum_{n=0}^{\infty}\left(\int_0^x\left(\frac{t}{2}\right)^{n-1}dt\right) = \sum_{n=0}^{\infty}\left[\frac{1}{n}\left(\frac{t}{2}\right)^n\right]_0^x = \sum_{n=0}^{\infty}\frac{1}{n}\left(\frac{x}{2}\right)^n$$

$$\lim_{n\to\infty}\left|\frac{a_{n+1}}{a_n}\right| = \lim_{n\to\infty}\left|\frac{n}{n+1}\cdot\left(\frac{x}{2}\right)^{n+1}\cdot\left(\frac{2}{x}\right)^n\right| = \lim_{n\to\infty}\left|\frac{x}{2n+2}\right| = 0$$

$\displaystyle\therefore \int_0^x \frac{1}{2-t}dt = \sum_{n=0}^{\infty}\frac{1}{n}\left(\frac{x}{2}\right)^n$, 수렴반경 $r=\infty$

(3) $\displaystyle\int_0^x \tan^{-1}t\,dt = \int_0^x\left(\sum_{n=0}^{\infty}(-1)^n\frac{t^{2n+1}}{2n+1}\right)dt = \sum_{n=0}^{\infty}\int_0^x(-1)^n\frac{t^{2n+1}}{2n+1}dt$

$$= \sum_{n=0}^{\infty}\frac{(-1)^n}{2n+1}\left[\frac{t^{2n+2}}{2n+2}\right]_0^x = \sum_{n=0}^{\infty}\frac{(-1)^n}{(2n+1)(2n+2)}x^{2n+2}$$

$$\lim_{n\to\infty}\left|\frac{a_{n+1}}{a_n}\right| = \lim_{n\to\infty}\left|\frac{(-1)^{n+1}x^{2n+4}}{(2n+3)(2n+4)}\cdot\frac{(2n+1)(2n+2)}{(-1)^n x^{2n+2}}\right| = |-x^2|<1$$

을 만족하면 수렴. 그리고 $x=-1,1$이면 교대조화급수로서 수렴.

$\displaystyle\therefore \int_0^x \tan^{-1}t\,dt = \sum_{n=0}^{\infty}\frac{(-1)^n}{(2n+1)(2n+2)}x^{2n+2}$, 수렴반경 $r=1$

(5) $\displaystyle\int_0^x e^{t^2}dt = \int_0^x\left(\sum_{n=0}^{\infty}\frac{t^{2n}}{n!}\right)dt = \sum_{n=0}^{\infty}\left(\int_0^x\frac{t^{2n}}{n!}dt\right) = \sum_{n=0}^{\infty}\frac{1}{n!}\left[\frac{t^{2n+1}}{2n+1}\right]_0^x$

$$= \sum_{n=0}^{\infty}\frac{x^{2n+1}}{n!(2n+1)}$$

$$\lim_{n\to\infty}\left|\frac{a_{n+1}}{a_n}\right| = \lim_{n\to\infty}\left|\frac{x^{2n+3}}{(n+1)!(2n+3)}\cdot\frac{n!(2n+1)}{x^{2n+1}}\right| = 0$$

$\displaystyle\therefore \int_0^x e^{t^2}dt = \sum_{n=0}^{\infty}\frac{x^{2n+1}}{n!(2n+1)}$, 수렴반경 $r=\infty$

5. (1) $\displaystyle\ln\frac{1}{1-x} = x+\frac{x^2}{2}+\frac{x^3}{3}+\ldots,\ |x|<1$

$$\Rightarrow \ln(1-x) = -\left(x+\frac{x^2}{2}+\cdots+\frac{x^n}{n}+\cdots\right) = -\sum_{n=1}^{\infty}\frac{x^n}{n}$$

$x=\frac{2}{3}$ 대입시, $\displaystyle\ln\left(1-\frac{2}{3}\right) = -\sum_{n=1}^{\infty}\frac{1}{n}\cdot\left(\frac{2}{3}\right)^n \Rightarrow \ln\frac{1}{3} = -\sum_{n=1}^{\infty}\frac{1}{n}\cdot\left(\frac{2}{3}\right)^n$

$$\therefore \sum_{n=1}^{\infty}\frac{2^n}{n3^n} = \ln 3$$

(3) $\dfrac{1}{(1-x)^3} = -\dfrac{1}{2}\left(\dfrac{1}{(1-x)^2}\right)'$

$$= -\frac{1}{2}\left[(1-x)^{-1}\right]''$$

$$= -\frac{1}{2}\left[\sum_{n=0}^{\infty} x^n\right]'' = -\frac{1}{2}\sum_{n=0}^{\infty}(n \cdot x^{n-1})'$$

$$= -\frac{1}{2}\sum_{n=0}^{\infty} n(n-1)\cdot x^{n-2} = \sum_{n=1}^{\infty}\frac{(-1)^n n(n+1)x^{n-1}}{2}$$

$x = \dfrac{1}{2}$ 대입시, $\displaystyle\sum_{n=1}^{\infty}\frac{(-1)^n n(n+1)}{2^n} = \frac{1}{\left(1-\frac{1}{2}\right)^3} = 8$

7. (증명)

$\tan^{-1}\left(\dfrac{1}{2}\right) = \alpha$, $\tan^{-1}\left(\dfrac{1}{3}\right) = \beta$라 하면, $\tan\alpha = \dfrac{1}{2}$, $\tan\beta = \dfrac{1}{3}$이다.

$\tan(\alpha+\beta) = \dfrac{\tan\alpha + \tan\beta}{1-\tan\alpha\tan\beta} = \dfrac{\frac{5}{6}}{1-\frac{1}{6}} = 1$ 이므로 $\alpha+\beta = \dfrac{\pi}{4}$.

그러므로 $\dfrac{\pi}{4} = \tan^{-1}\left(\dfrac{1}{2}\right) + \tan^{-1}\left(\dfrac{1}{3}\right)$.

(π를 무한급수로 표현하기)

$\dfrac{\pi}{4} = \tan^{-1}\left(\dfrac{1}{2}\right) + \tan^{-1}\left(\dfrac{1}{3}\right)$에 $\tan^{-1}x = \displaystyle\int_0^x \frac{1}{1+t^2}dt = \sum_{n=0}^{\infty}\frac{(-1)^n x^{2n+1}}{2n+1}$를

적용시키면

$$\frac{\pi}{4} = \sum_{n=0}^{\infty}\frac{(-1)^n}{2n+1}\left(\frac{1}{2}\right)^{2n+1} + \sum_{n=0}^{\infty}\frac{(-1)^n}{2n+1}\left(\frac{1}{3}\right)^{2n+1} = \sum_{n=0}^{\infty}\frac{(-1)^n}{2n+1}\left(\left(\frac{1}{2}\right)^{n+1} + \left(\frac{1}{3}\right)^{n+1}\right)$$

$$\therefore\ \pi = 4\sum_{n=0}^{\infty}\frac{(-1)^n}{2n+1}\left(\frac{1}{2^{n+1}} + \frac{1}{3^{n+1}}\right)$$

9.2 테일러 급수

정의 9.2.1

함수 f가 $x=a$ 근방에서 무한번 미분가능하면 멱급수

$$T(x)=\sum_{n=0}^{\infty}\frac{f^{(n)}(a)}{n!}(x-a)^n$$

를 $x=a$에서의 함수 f의 **테일러 급수**(Taylor series)라고 하며 특히 $a=0$인 경우 즉

$$T(x)=\sum_{n=0}^{\infty}\frac{f^{(n)}(0)}{n!}x^n$$

를 **맥클로린 급수**(MacLaurin series)라고 한다.

정의 9.2.2

함수 f가 $x=a$ 근방에서 n번 미분가능하면

$$p_n(x)=\sum_{k=0}^{n}\frac{f^{(k)}(a)}{k!}(x-a)^k$$

를 함수 f의 n계 **테일러 다항식**(Taylor polynomial of order n) 또는 **근사다항식**이라고 한다.

정리 9.2.3

함수 f가 구간 $I\equiv(a-r,\ a+r)$에서 무한번 미분 가능할 때 임의의 $x\in I$에 대하여 테일러 급수가 원래 함수 f로 수렴할 필요충분조건은

$$\lim_{n\to\infty}R_n(x)=0$$

이다.

정리 9.2.4(테일러정리)

함수 f가 구간 $I \equiv (a-r,\, a+r)$에서 $n+1$번 미분가능하면 임의의 $x \in I$에 대하여

$$f(x) = p_n(x) + \frac{f^{(n+1)}(c)}{(n+1)!}(x-a)^{n+1}$$

을 만족하는 c가 a와 x사이에 존재한다.

정리 9.2.5

함수 f가 구간 $I \equiv (a-r,\, a+r)$에서 $n+1$번 미분가능하고 $|f^{(n+1)}(x)| < M$이면

$$|R_n(x)| \le \frac{M}{(n+1)!}|x-a|^{n+1},\ x \in I$$

이다.

정리 9.2.6(이항급수)

임의의 실수 s에 대하여

$$(1+x)^s = \sum_{k=0}^{\infty}\binom{s}{k}x^k,\ |x| < 1$$

이 성립한다. 단,

$$\binom{s}{k} = \begin{cases} \dfrac{s(s-1)(s-2)\cdots(s-k+1)}{k} &,\ k \neq 0 \\ 1 &,\ k = 0 \end{cases}$$

1. (1) $e^x = 1 + x + \dfrac{x^2}{2!} + \cdots + \dfrac{x^n}{n!} + \cdots = \displaystyle\sum_{n=0}^{\infty}\frac{x^n}{n!}$ 이므로,

$\therefore\ c^{-2x} = \displaystyle\sum_{n=0}^{\infty}\frac{(-2x)^n}{n!}$

(3) $f(x) = \ln(2-x)$라 하면 $f^{(n)}(x) = \dfrac{(-1)^{n+1}\cdot n}{(x-2)^n}$이다.

$\therefore\ \ln(2-x) = \displaystyle\sum_{n=0}^{\infty}\frac{x^n}{n!}\cdot\frac{n}{(-2)^n}\cdot(-1)^{n+1} = \sum_{n=0}^{\infty}\frac{(-1)^n x^n}{(n-1)2^n}$

(5) $f(x)=\dfrac{1}{2+x}$라 하면, $f^{(n)}(x)=\dfrac{(-1)^n\cdot n!}{(2+x)^{n+1}}$이다.

$$\therefore\ \frac{1}{2+x}=\sum_{n=0}^{\infty}\frac{x^n}{n!}\cdot\frac{(-1)^n\cdot n!}{2^{n+1}}=\sum_{n=0}^{\infty}\frac{(-1)^n\cdot x^n}{2^{n+1}}$$

(7) $\sinh x=\dfrac{e^x-e^{-x}}{2}=\dfrac{1}{2}\left(\displaystyle\sum_{n=0}^{\infty}\frac{x^n}{n!}-\sum_{n=0}^{\infty}\frac{(-x)^n}{n!}\right)$

$$=\frac{1}{2}\sum_{n=0}^{\infty}\frac{(1-(-1)^n)x^n}{n!}=\sum_{n=0}^{\infty}\frac{x^{2n+1}}{(2n+1)!}$$

$$\therefore\ \sinh x=\sum_{n=0}^{\infty}\frac{x^{2n+1}}{(2n+1)!}$$

(9) $\cos x=\dfrac{d}{dx}\sin x=\dfrac{d}{dx}\left(x-\dfrac{x^3}{3!}+\ldots+(-1)^n\dfrac{x^{2n+1}}{(2n+1)!}\right)$

$$=1-\frac{x^2}{2!}+\frac{x^4}{4!}+\cdots+(-1)^n\frac{x^{2n}}{(2n)!}+\cdots=\sum_{n=0}^{\infty}(-1)^n\frac{x^{2n}}{(2n)!}$$

x 대신에 $x^{3/2}$를 대입하면

$$\therefore\ \cos x^{3/2}=\sum_{n=0}^{\infty}(-1)^n\frac{x^{3n}}{(2n)!}$$

(11) $\cos^{-1}x=\displaystyle\sum_{n=0}^{\infty}\frac{f^{(n)}(0)}{n!}x^n=\frac{\pi}{2}+x+\frac{x^2}{2!}\cdot 0+\frac{x^3}{3!}\cdot(-1)+\cdots$

$$=\frac{\pi}{2}+\left(x-\frac{x^3}{3!}+\cdots+(-1)^n\frac{x^{2n+1}}{(2n+1)!}\right)$$

$$=\frac{\pi}{2}+\sum_{n=0}^{\infty}(-1)^n\frac{x^{2n+1}}{(2n+1)!}$$

(13) $\cos x=1-\dfrac{x^2}{2!}+\dfrac{x^4}{4!}-\cdots$

x에 $\sqrt{1+x}$를 대입.

$$\cos\sqrt{1+x}=1-\frac{(1+x)}{2!}+\frac{(1+x)^2}{4!}-\cdots=\sum_{k=0}^{\infty}(-1)^k\frac{(1+x)^k}{(2k)!}$$

(15) $\sin^2 x=\displaystyle\sum_{n=0}^{\infty}\frac{f^{(n)}(0)}{n!}x^n=\frac{2}{2!}x^2-\frac{8}{4!}x^4+\frac{32}{6!}x^6+\cdots=\sum_{n=1}^{\infty}\frac{(-1)^{n-1}2^{2n-1}}{(2n)!}x^{2n}$

(17) $\dfrac{1}{(1+x)^2}=\displaystyle\sum_{k=0}^{\infty}\binom{-2}{k}x^k,\ |x|\leqq 1$

$$=\sum_{k=0}^{\infty}\frac{(-1)^k(k+1)!}{k!}x^k=\sum_{k=0}^{\infty}(-1)^k(k+1)x^k$$

(19) $(1-x^2)^{3/2}=1-\dfrac{3}{2!}x^2+\dfrac{9}{4!}x^4+\cdots=\displaystyle\sum_{n=0}^{\infty}\frac{(-1)^n 3^n}{(2n)!}x^{2n}$

3. (1) $\dfrac{1}{\sqrt{1+x}}=\displaystyle\sum_{k=0}^{\infty}\binom{-1/2}{k}x^k=\sum_{k=0}^{\infty}\frac{(-1)^k\cdot 1\cdot 3\cdots(2k-1)}{k!\cdot 2^k}x^k$을 이용하여

$\dfrac{1}{\sqrt{1-t^2}}$의 MacLaurin 급수를 구할 수 있다. $x=-t^2$을 대입하면

$\dfrac{1}{\sqrt{1-t^2}}=\displaystyle\sum_{k=0}^{\infty}\frac{(-1)^k\cdot 1\cdot 3\cdots(2k-1)}{k!\cdot 2^k}(-t^2)^k$ 이다.

$$\begin{aligned}\sin^{-1}x &= \int_0^x\frac{1}{\sqrt{1-t^2}}dt=\int_0^x\sum_{k=0}^{\infty}\frac{(-1)^k\cdot 1\cdot 3\cdots(2k-1)}{k!\cdot 2^k}(-t^2)^k dt\\ &=\sum_{k=0}^{\infty}\int_0^x\frac{(-1)^k\cdot 1\cdot 3\cdots(2k-1)}{k!\cdot 2^k}(-t^2)^k dt\\ &=\sum_{k=0}^{\infty}\frac{1\cdot 3\ldots(2k-1)}{k!\cdot 2^k}\left[\frac{1}{2k+1}t^{2k+1}\right]_0^x\\ &=\sum_{k=0}^{\infty}\frac{1\cdot 3\ldots(2k-1)}{k!\cdot 2^k\cdot(2k+1)}x^{2k+1}\end{aligned}$$

$$\therefore\ \sin^{-1}x=\sum_{k=0}^{\infty}\frac{1\cdot 3\cdots(2k-1)}{k!\cdot 2^k\cdot(2k+1)}x^{2k+1}$$

(3) $$\begin{aligned}\sinh^{-1}x &= \int_0^x\frac{1}{\sqrt{1+t^2}}dt=\int_0^x\sum_{k=0}^{\infty}\frac{(-1)^k\cdot 1\cdot 3\cdots(2k-1)}{k!\cdot 2^k}(t^2)^k dt\\ &=\sum_{k=0}^{\infty}\frac{(-1)^k\cdot 1\cdot 3\cdots(2k-1)}{k!\cdot 2^k}\int_0^x t^{2k}dt\\ &=\sum_{k=0}^{\infty}\frac{(-1)^k\cdot 1\cdot 3\cdots(2k-1)}{k!\cdot 2^k}\cdot\frac{x^{2k+1}}{2k+1}\end{aligned}$$

$$\therefore\ \sinh^{-1}x=\sum_{k=0}^{\infty}\frac{(-1)^k\cdot 1\cdot 3\cdots(2k-1)}{k!\cdot 2^k}\cdot\frac{x^{2k+1}}{2k+1}$$

5. $\dfrac{1}{(1+x)^2}=\displaystyle\sum_{k=0}^{\infty}\frac{(-1)^k\cdot 1\cdot 2\cdots(k+1)}{k!}x^k$을 이용하여 $\dfrac{1}{(1-x)^2}$의 MacLaurin 급수를 구할 수 있다. x에 $-x$를 대입하면

$$\frac{1}{(1-x)^2}=\sum_{k=0}^{\infty}\frac{1\cdot 2\cdots(k+1)}{k!}x^k$$

이다. 양변에 x를 곱하면

$$\frac{x}{(1-x)^2}=\sum_{k=0}^{\infty}\frac{(k+1)!}{k!}x^{k+1}=\sum_{k=1}kx^k$$

이다. 위의 식에 $x = \dfrac{1}{3}$을 대입하면

$$\therefore \sum_{n=1}^{\infty} \frac{n}{3^n} = \sum_{k=1}^{\infty} \left(\frac{1}{3}\right)^k \cdot k = \frac{1/3}{(1-1/3)^2} = \frac{3}{4}.$$

7. (1) $a_n = \dbinom{s}{n} x^n$이라 하자. 비판정법에 의해서

$$\lim_{n\to\infty}\left|\frac{a_{n+1}}{a_n}\right| = \lim_{n\to\infty}\left|\frac{\dbinom{s}{n+1} x^{n+1}}{\dbinom{s}{n} x^n}\right| = \lim_{n\to\infty}\left|\frac{s-n}{n+1}x\right| = |-x| < 1$$

을 만족하면 수렴한다.

$\therefore\ |x| < 1$이면 $y = \displaystyle\sum_{k=0}^{\infty} \binom{s}{k} x^k$은 수렴한다.

9.3 테일러 급수의 응용

1. (1) $f(x)=\ln(1+x)\approx x-\frac{1}{2}x^2+\frac{1}{3}x^3$

(근사값) $x=0.2$를 대입하면, $f(0.2)=\ln 1.2\approx \frac{137}{750}$

(오차의 한계) $R_3(x)=-\frac{1}{4}x^4 \Rightarrow |R_3(0.2)|=4\times 10^{-3}$

(3) $f(x)=\sin x\approx x$

(근사값) $x=0.01$를 대입하면, $f(0.01)\approx 0.01$

(오차의 한계) $R_2(x)=-\frac{x}{3!} \Rightarrow R_2(0.01)=-\frac{1}{600}$

(5) $f(x)=(1+x)^{3/2}\approx 1+\frac{3}{2}x-\frac{3}{16}x^2$

(근사값) $x=0.02$를 대입하면, $f(0.02)\approx \frac{40297}{40000}$

(오차의 한계) $R_3(x)=\frac{3}{16}x^3 \Rightarrow R_3(0.02)=\frac{1}{2^2\times 10^6}$

3. $e^x=\sum_{k=0}^{n}\frac{x^k}{k!}+\frac{e^{x_0}}{(n+1)!}x^{n+1}$ (x_0는 0과 x사이의 적당한 수)

$x=1$ 대입; $e=\sum_{k=0}^{n}\frac{1}{k!}+\frac{e^{x_0}}{(n+1)!}$

오차가 10^{-6}보다 작은 e의 근사값을 구하려면, $\frac{e^{x_0}}{(n+1)!}$가 10^{-6}보다 작아야 한다.

$1<e^{x_0}<e<3$, $9!<10^6<\frac{10!}{3}$를 만족한다. 따라서, $\frac{e^{x_0}}{10!}<\frac{3}{10!}<10^{-6}$.

$\therefore\ e\approx\sum_{k=0}^{9}\frac{1}{n!}\approx 2.718281$.

5. (1) $e^x=\sum_{n=0}^{\infty}\frac{x^n}{n!} \Rightarrow e^{-x^2}=\sum_{n=0}^{\infty}\frac{(-1)^n x^{2n}}{n!}$

$$\int_0^{0.5}e^{-t^2}dt=\int_0^{0.5}\sum_{n=0}^{\infty}\frac{(-1)^n t^{2n}}{n!}dt=\sum_{n=0}^{\infty}\frac{(-1)^n}{n!(2n+1)}\left(\frac{1}{2}\right)^{2n+1}$$

$$n=2\ ;\quad a_2-\frac{1}{10}\left(\frac{1}{2}\right)^5=3.1\times10^{-3}$$

$$n=3\ ;\quad a_3=\frac{1}{42}\left(\frac{1}{2}\right)^7=1.86\times10^{-4}<10^{-3}$$

$$\therefore\ \int_0^{0.5}e^{-t^2}dt\approx\frac{1}{2}-\frac{1}{24}+\frac{1}{320}=0.4614$$

(3) $\dfrac{\sin x}{x}=\sum_{n=0}^{\infty}\dfrac{(-1)^n}{(2n+1)!}x^{2n}\Rightarrow\dfrac{\sin x^2}{x^2}=\sum_{n=0}^{\infty}\dfrac{(-1)^n}{(2n+1)!}x^{4n}$

$$\int_0^{0.1}\frac{\sin t^2}{t^2}dt=\int_0^{0.1}\sum_{n=0}^{\infty}\frac{(-1)^n}{(2n+1)!}t^{4n}\,dt=\sum_{n=0}^{\infty}\frac{(-1)^n}{(2n+1)!(4n+1)}\left(\frac{1}{10}\right)^{4n+1}$$

$$n=1\ ;\quad a_1=\frac{1}{30}\times10^{-5}<10^{-3}$$

$$\therefore\ \int_0^{0.1}\frac{\sin t^2}{t^2}dt\approx10^{-1}$$

7. (1) $\displaystyle\lim_{x\to0}\frac{\sin x-x}{x^2}=\lim_{x\to0}\frac{1}{x^2}\left\{\left(x-\frac{x^3}{3!}+\frac{x^5}{5!}-\frac{x^7}{7!}+\cdots\right)-x\right\}$

$$=\lim_{x\to0}\left(-\frac{x}{3!}+\frac{x^3}{5!}-\frac{x^5}{7!}+\cdots\right)=0$$

(3) $\displaystyle\lim_{x\to0}\frac{\cos x-1+x^2/2-x^4/24}{x^5}$

$$=\lim_{x\to0}\frac{1}{x^5}\left(-1+\frac{x^2}{2}-\frac{x^4}{24}\right)+\frac{1}{x^5}\left(1-\frac{x^2}{2!}+\frac{x^4}{4!}-\frac{x^6}{6!}+\cdots\right)$$

$$=\lim_{x\to0}\left(-\frac{x}{6!}+\frac{x^3}{8!}-\cdots\right)=0$$

9. (1) $y=\sum_{n=0}^{\infty}a_nx^n$라 하자.

$$y'-xy=\sum_{n=-1}^{\infty}(n+2)a_{n+2}x^{n+1}-\sum_{n=0}^{\infty}a_nx^{n+1}$$

$$=a_1+\sum_{n=0}^{\infty}(n+2)a_{n+2}x^{n+1}-\sum_{n=0}^{\infty}a_nx^{n+1}$$

$$=a_1+\sum_{n=0}^{\infty}((n+2)a_{n+2}-a_n)x^{n+1}=0$$

을 만족해야하므로, 계수가 0이어야 한다.

$$\Rightarrow a_1 = 0\,,\ a_{n+2} = \frac{a_n}{n+2}\ (n=0,\ 1,\ 2,\cdots)$$

$$\Rightarrow a_1 = 0,\ \ a_n = \frac{1}{2^n n!}\ (n=0,\ 1,\ 2,\cdots)$$

$$\therefore\ y = a_0 \sum_{n=0}^{\infty} \frac{1}{2^n n!} x^{2n}$$

(3) $y = \sum_{n=0}^{\infty} a_n x^n$ 라 하자.

$$\begin{aligned} y'' - xy &= \sum_{n=2}^{\infty} n(n-1)\,a_n\, x^{n-2} - x\sum_{n=0}^{\infty} a_n x^n \\ &= \sum_{n=2}^{\infty} n(n-1)\,a_n\, x^{n-2} - \sum_{n=0}^{\infty} a_n x^{n+1} \\ &= \sum_{n=0}^{\infty} (n+2)(n+1)a_{n+2}\, x^n - \sum_{n=1}^{\infty} a_{n-1}\, x^n \\ &= 2a_2 + \sum_{n=1}^{\infty} [(n+2)(n+1)a_{n+2} - a_{n+1}]\ x^n = 0 \end{aligned}$$

을 만족해야 하므로, 계수가 0이어야 한다.

$$\Rightarrow a_2 = 0,\ \ a_{n+2} = \frac{a_{n-1}}{(n+2)(n+1)}\ (n=1,\ 2,\ \cdots)$$

$$\therefore\ y = a_0\left[1 + \frac{1}{6}x^3 + \frac{1}{180}x^6 + \cdots\ \right] + a_1\left[x + \frac{1}{12}x^4 + \frac{1}{504}x^7 + \ \cdots\right]$$

제 10 장 벡 터

10.1 벡 터

정의 10.1.1

$\mathbf{u}+\mathbf{v}$: $\mathbf{v}$ 의 시점과 $\mathbf{u}$의 종점을 일치시킨 후, $\mathbf{u}$의 시점에서 $\mathbf{u}$의 종점까지의 벡터

정의 10.1.2

$k\mathbf{u}$: $\mathbf{u}$와 평행하고 길이가 벡터 $\mathbf{u}$의 길이의 $|k|$배인 벡터.

$k>0 \Leftrightarrow$ $\mathbf{u}$와 같은 방향

$k<0 \Leftrightarrow$ $\mathbf{u}$와 반대 방향

정리 10.1.3

$\mathbf{u}=(u_1, u_2, u_3)$, $\mathbf{v}=(v_1, v_2, v_3)$, k : 스칼라

$$\mathbf{u}+\mathbf{v}=(u_1+v_1,\ u_2+v_2,\ u_3+v_3)$$

$$k\mathbf{v}=(kv_1,\ kv_2,\ kv_3)$$

정리 10.1.4

$\mathbf{u}, \mathbf{v}, \mathbf{w}$: 벡터, c, d : 스칼라

(1) $\mathbf{u}+\mathbf{v}=\mathbf{v}+\mathbf{u}$

(2) $(\mathbf{u}+\mathbf{v})+\mathbf{w}=\mathbf{u}+(\mathbf{v}+\mathbf{w})$

(3) $\mathbf{u}+0=0+u=u$

(4) $\mathbf{u}+(-1)\mathbf{u}=0$

(5) $c(\mathbf{u}+v)=c\mathbf{u}+c\mathbf{v}$

(6) $(c+d)\mathbf{u}=c\mathbf{u}+d\mathbf{u}$)

(7) $(cd)\mathbf{u}=c(d\mathbf{u})$)

(8) $1\mathbf{u}=\mathbf{u}$

정의 10.1.5(벡터의 크기)

$\mathbf{u} = (u_1, u_2, u_3)$ 일 때

$$\| \mathbf{u} \| = \sqrt{u_1^2 + u_2^2 + u_3^2}$$

$\mathbf{u}$: 단위벡터 $\Leftrightarrow \| \mathbf{u} \| = 1$

정리 10.1.6

$\mathbf{u}$: 벡터, c : 스칼라

$$\| c\mathbf{u} \| = |c| \, \| \mathbf{u} \|$$

같은 방향의 단위벡터

벡터 $\mathbf{u} \, (\neq 0)$ 와 같은 방향의 단위벡터 :

$$\frac{1}{\|\mathbf{u}\|}\mathbf{u}$$

1. $\overrightarrow{SR} = \overrightarrow{PQ}$, $\overrightarrow{PS} = \overrightarrow{QR}$ (또는 $\overrightarrow{RS} = \overrightarrow{QP}$, $\overrightarrow{SP} = \overrightarrow{RQ}$)
   $\overrightarrow{PT} = \overrightarrow{TR}$, $\overrightarrow{ST} = \overrightarrow{TQ}$ (또는 $\overrightarrow{TP} = \overrightarrow{RT}$, $\overrightarrow{TS} = \overrightarrow{QT}$)

3.

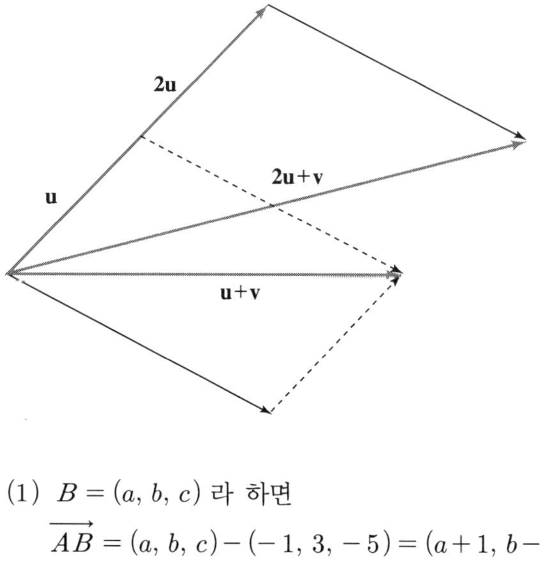

5. (1) $B = (a, b, c)$ 라 하면
   $\overrightarrow{AB} = (a, b, c) - (-1, 3, -5) = (a+1, b-3, c+5) = (6, 7, -3)$
   $\therefore B = (5, 10, -8)$

7. (1) $u+v=(3,-5,7)$

$\therefore \|u+v\| = \sqrt{9+25+49} = \sqrt{83}$

(3) $\|u\| = \sqrt{17}$

$\|-2u\| = 2\|u\| = 2\sqrt{17}$

$\|2u\| = 2\|u\| = 2\sqrt{17}$

$\therefore \|-2u\| + 2\|u\| = 4\sqrt{17}$

9. $c_1(-3,1,2)+c_2(4,0,1)+c_3(6,-1,-4)=(2,0,4)$

$\Rightarrow -3c_1+4c_2+6c_3=2$

$c_1-c_3=0$

$2c_1+c_2-4c_3=4$

$\therefore c_1=-\frac{14}{11},\ c_2=-\frac{16}{11},\ c_3=-\frac{14}{11}$

11. $(2,4)=c(3,1)+d(-1,3)=(3c-d,\ c+3d)$

$\Rightarrow 3c-d=2$

$c+3d=4$

$\therefore c=1,\ d=1$

$\therefore (2,4)=(3,1)+(-1,3)$

13. 다음 그림에서 $\mathbf{u}=a_1\mathbf{i}+a_2\mathbf{j}+a_3\mathbf{k}$ 인데, yz 평면에서 벡터 $\mathbf{u}$의 시점(원점)과 종점 그리고 종점을 y축에 내린 수선의 발로 이루어진 직각삼각형에서 $a_2=\|\mathbf{u}\|\cos\beta$. 그런데 $\|\mathbf{u}\|=1$ 이므로 $a_2=\cos\beta$. 마찬가지로 $a_1=\cos\alpha, a_3=\cos\gamma$임을 쉽게 보일 수 있다.

$\therefore \mathbf{u}=\cos\alpha\mathbf{i}+\cos\beta\mathbf{j}+\cos\gamma\mathbf{k}$

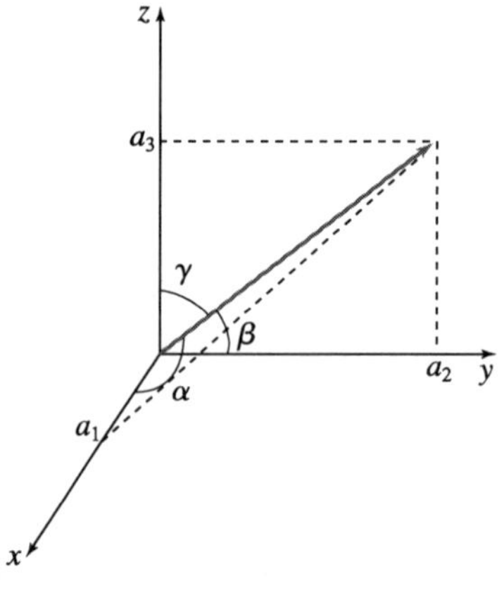

15. 다음 그림에서 두 점 A, B의 중점을 M이라 하면 선분 AM의 길이는 선분 AB의 길이의 $1/2$이므로

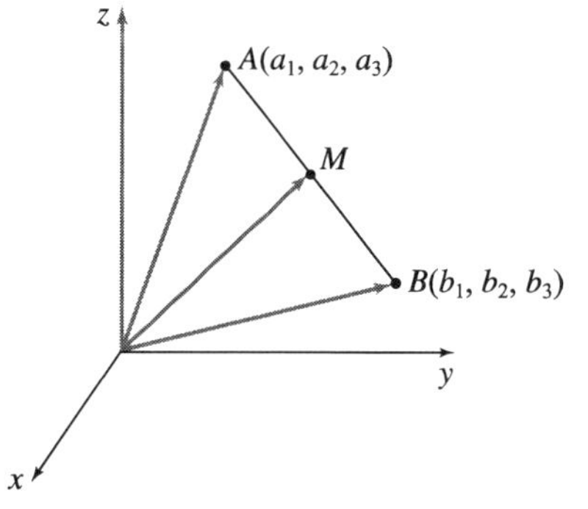

$$\begin{aligned}\overrightarrow{OM} = \overrightarrow{OA} + \overrightarrow{AM} &= \overrightarrow{OA} + \frac{1}{2}\overrightarrow{AB}\\ &= (a_1, a_2, a_3) + \frac{1}{2}(b_1 - a_1,\ b_2 - a_2,\ b_3 - a_3)\\ &= \left(\frac{a_1+b_1}{2},\ \frac{a_2+b_2}{2},\ \frac{a_3+b_3}{2}\right)\end{aligned}$$

$$\therefore\ M = \left(\frac{a_1+b_1}{2},\ \frac{a_2+b_2}{2},\ \frac{a_3+b_3}{2}\right)$$

10.2 벡터의 내적

정의 10.2.1(내적)

두 벡터 $\mathbf{u}=(u_1,\ u_2,\ u_3)$, $\mathbf{v}=(v_1,\ v_2,\ v_3)$ 의 내적을 다음과 같이 정의한다.

$$\mathbf{u}\cdot\mathbf{v}=u_1v_1+u_2v_2+u_3v_3$$

정리 10.2.2(내적의 성질)

$\mathbf{u},\mathbf{v},\mathbf{w}$: 벡터, c : 스칼라

(1) $\mathbf{u}\cdot\mathbf{v}=\mathbf{v}\cdot\mathbf{u}$

(2) $\mathbf{u}\cdot(\mathbf{v}+\mathbf{w})=\mathbf{u}\cdot\mathbf{v}+\mathbf{u}\cdot\mathbf{w}$

(3) $c(\mathbf{u}\cdot\mathbf{v})=(c\mathbf{u})\cdot\mathbf{v}=\mathbf{u}\cdot(c\mathbf{v})$

(4) $\mathbf{0}\cdot\mathbf{u}=0$

(5) $\mathbf{u}\cdot\mathbf{u}=\|\mathbf{u}\|^2$

정리 10.2.3(사이각)

영벡터가 아닌 두 벡터 $\mathbf{u},\mathbf{v}$의 사이각을 $\theta\ (0\le\theta\le\pi)$ 라 하면 다음 식이 성립한다.

$$\mathbf{u}\cdot\mathbf{v}=\|\mathbf{u}\|\,\|\mathbf{v}\|\cos\theta$$

정리 10.2.4

두 벡터 $\mathbf{u},\mathbf{v}$에 대하여 다음 부등식이 성립한다.

$$\mathbf{u}\cdot\mathbf{v}\le\|\mathbf{u}\|\,\|\mathbf{v}\|$$

단, 등호가 성립하는 것은 두 벡터가 평행인 경우와 동치이다.

정리 10.2.5

벡터 $\mathbf{u},\mathbf{v}$: 서로 수직 $\Leftrightarrow$ $\mathbf{u}\cdot\mathbf{v}=0$

정리 10.2.6

벡터 $\mathbf{v}$ 방향으로 $\mathbf{u}$의 사영 $\mathrm{P}_{\mathbf{v}}(\mathbf{u})$와 성분 c는 다음과 같다.

$$\mathrm{P}_{\mathbf{v}}(\mathbf{u}) = \frac{\mathbf{u}\cdot\mathbf{v}}{\|\mathbf{v}\|^2}\mathbf{v},\ \ c = \frac{\mathbf{u}\cdot\mathbf{v}}{\|\mathbf{v}\|}$$

정리 10.2.7

평면에서 벡터 $(a,\ b)$는 직선 $ax + by + c = 0$ 에 수직이다.

정리 10.2.8

점 $P(x_0,\ y_0)$에서 직선 $ax + by + c = 0$ 까지 거리 d는 다음과 같다.

$$d = \frac{|\ ax_0 + by_0 + c\ |}{\sqrt{a^2 + b^2}}$$

정리 10.2.9(삼각부등식)

두 벡터 $\mathbf{u}, \mathbf{v}$에 대하여 다음 부등식이 성립한다.

$$\|\mathbf{u}+\mathbf{v}\| \le \|\mathbf{u}\| + \|\mathbf{v}\|$$

1. (1) $\mathbf{u}\cdot\mathbf{v} = 4(-2) + 7\cdot 1 + (-1)4 = -8 + 7 - 4 = -5$

(3) $\mathbf{u}\cdot\mathbf{v} = 1\cdot\pi + (-1)2\pi + 1\cdot 3\pi = \pi - 2\pi + 3\pi = 2\pi$

3. (1) $u\cdot v = 3 + 8 + 0 = 11,\ \|u\| = \sqrt{1+4+4} = 3,\ \|v\| = \sqrt{9+16} = 5$

$11 = \|u\|\ \|v\|\cos\theta$에서 $11 = 15\cos\theta$이므로

$$\cos\theta = \frac{11}{15}$$

$$\therefore\ \theta = \cos^{-1}\left(\frac{11}{15}\right)$$

(3) $\cos\theta = \dfrac{u\cdot v}{\|u\|\ \|v\|} = \dfrac{12-10}{\sqrt{5}\sqrt{169}} = \dfrac{2}{13\sqrt{5}}$

$$\therefore\ \theta = \cos^{-1}\left(\frac{2}{13\sqrt{5}}\right)$$

5. (1)

$$P_v(u) = \frac{u \cdot v}{\| v \|^2} v = \frac{3}{2} v$$
$$= \left(\frac{3}{2}, \frac{3}{2}, 0\right)$$
$$\therefore \mathbf{x} = \left(\frac{3}{2}, \frac{3}{2}, 0\right)$$
$$u - P_v(u) = \left(-\frac{1}{2}, \frac{1}{2}, 2\right)$$
$$\therefore \mathbf{y} = \left(-\frac{1}{2}, \frac{1}{2}, 2\right)$$
$$\therefore \mathbf{u} = \left(\frac{3}{2}, \frac{3}{2}, 0\right) + \left(-\frac{1}{2}, \frac{1}{2}, 2\right).$$

(3)

$$P_v(u) = \frac{u \cdot v}{\| v \|^2} v = \frac{1}{2} v$$
$$= (\frac{1}{2}, 0, \frac{1}{2})$$
$$\therefore \mathbf{x} = (\frac{1}{2}, 0, \frac{1}{2})$$
$$u - P_v(u) = (\frac{1}{2}, 2, -\frac{1}{2})$$
$$\therefore \mathbf{y} = (\frac{1}{2}, 2, -\frac{1}{2})$$
$$\therefore \mathbf{u} = (\frac{1}{2}, 0, \frac{1}{2}) + (\frac{1}{2}, 2, -\frac{1}{2})$$

7. (1) $d = \frac{|2+24-6|}{\sqrt{1+9}} = \frac{20}{\sqrt{10}} = 2\sqrt{10}$ (3)

$$d = \frac{|8+(-5)-2|}{\sqrt{16+1}} = \frac{1}{\sqrt{17}}$$

9. 한 일의 양을 W라 하면

$$W = 50 \cdot 100 \cdot \cos 30^\circ \text{ N} \cdot \text{m} = 2500\sqrt{3} \text{ J}$$

11. 일반성을 잃지 않고 정육면체가 각 변의 길이가 1인 단위 정육면체이고 오른쪽 그림처럼 좌표공간에 위치했다고 가정하자. 벡터 $\overrightarrow{OB}$, $\overrightarrow{OA}$는 각각 한 면의 대각선 벡터와 정육면체의 대각선을 나타낸다. 두 벡터의 사이각을 θ라 하면

$$\cos\theta = \frac{\overrightarrow{OA} \cdot \overrightarrow{OB}}{\|\overrightarrow{OA}\| \|\overrightarrow{OB}\|} = \frac{2}{\sqrt{6}} = \frac{\sqrt{3}}{3}$$

$$\therefore \theta = \cos^{-1}\frac{\sqrt{3}}{3}$$

13. 적당한 좌표축을 잡아서 항상 오른쪽 그림처럼 마름모를 놓을 수 있다. 이때 마름모의 두 대각선 벡터는 $\overrightarrow{CA} = (2a,\ 0)$, $\overrightarrow{DB} = (0,\ 2b)$이다.
$\overrightarrow{CA} \cdot \overrightarrow{DB} = 0$ 이므로 마름모의 두 대각선의 서로 수직이다.

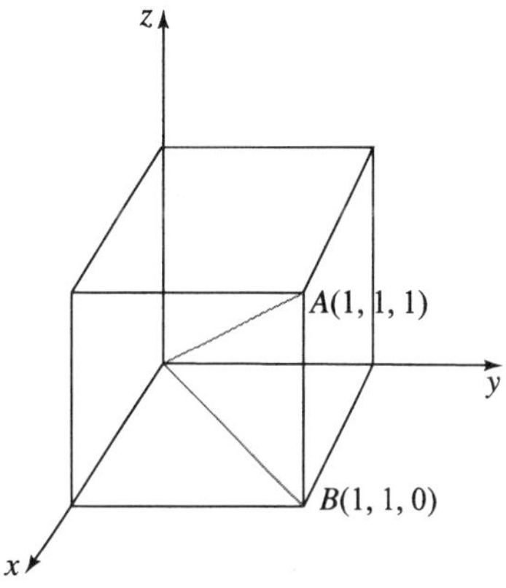

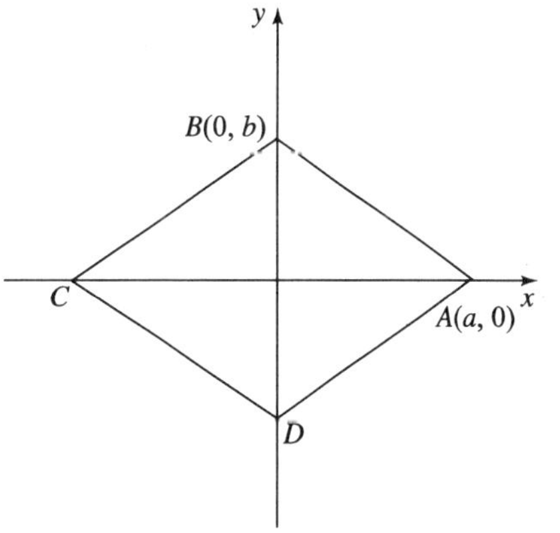

15. 정리 10.2.2로부터

$$\begin{aligned} \|\mathbf{u}+\mathbf{v}\|^2 &= (\mathbf{u}+\mathbf{v}) \cdot (\mathbf{u}+\mathbf{v}) \\ &= \mathbf{u} \cdot \mathbf{u} + 2\mathbf{u} \cdot \mathbf{v} + \mathbf{v} \cdot \mathbf{v} \\ &= \|\mathbf{u}\|^2 + 2\mathbf{u} \cdot \mathbf{v} + \|\mathbf{v}\|^2 \end{aligned}$$

따라서, $\mathbf{u}, \mathbf{v}$: 서로 수직

$\Leftrightarrow \mathbf{u} \cdot \mathbf{v} = 0 \Leftrightarrow \|\mathbf{u}+\mathbf{v}\|^2 = \|\mathbf{u}\|^2 + \|\mathbf{v}\|^2$

17. 정리 10.2.2로부터

$$\begin{aligned} (\mathbf{u}+\mathbf{v}) \cdot (\mathbf{u}-\mathbf{v}) &= \mathbf{u} \cdot \mathbf{u} + \mathbf{v} \cdot \mathbf{u} - \mathbf{u} \cdot \mathbf{v} - \mathbf{v} \cdot \mathbf{v} \\ &- \|\mathbf{u}\|^2 - \|\mathbf{v}\|^2 \end{aligned}$$

따라서, $\mathbf{u}+\mathbf{v}, \mathbf{u}-\mathbf{v}$: 서로 수직

$\Leftrightarrow \|\mathbf{u}\|^2 - \|\mathbf{v}\|^2 = 0 \Leftrightarrow \|\mathbf{u}\| = \|\mathbf{v}\|$

19. 일반성을 잃지 않고 원을 단위원이라고 가정하고 오른쪽 그림처럼 좌표축을 잡으면 $P = (\cos\theta, \sin\theta)$, $A = (-1,\ 0)$, $B = (1,\ 0)$이다. 이때 $\overrightarrow{PA} = (-1-\cos\theta, -\sin\theta)$, $\overrightarrow{PB} = (1-\cos\theta, -\sin\theta)$ 이므로 $\overrightarrow{PA} \cdot \overrightarrow{PB} = \cos^2\theta - 1 + \sin^2\theta = 1 - 1 = 0$ 이다. 따라서, 두 벡터 $\overrightarrow{PA}$, $\overrightarrow{PB}$는 서로 수직이다.

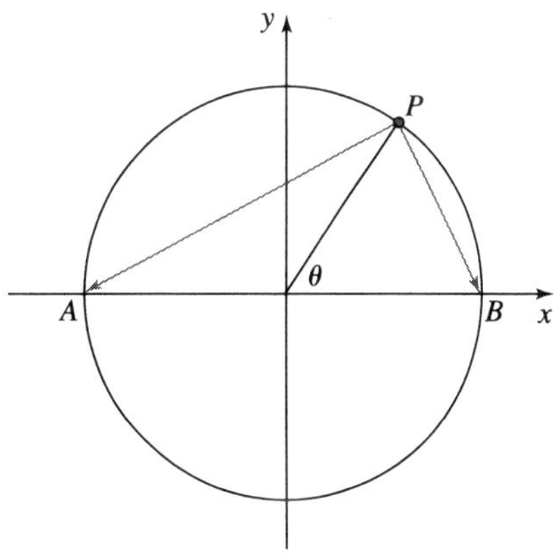

21. 정리 10.2.6으로부터 $c = \dfrac{\mathbf{u} \cdot \mathbf{v}}{\|\mathbf{v}\|}$ 이므로 $c \geq 0 \Leftrightarrow \mathbf{u} \cdot \mathbf{v} \geq 0$

정리 10.2.3으로부터 $\mathbf{u} \cdot \mathbf{v} \geq 0 \Leftrightarrow \cos\theta \geq 0$

사이각 θ는 $0 \leq \theta \leq \pi$이므로 $\cos\theta \geq 0 \Leftrightarrow \theta \leq \dfrac{\pi}{2}$

따라서, $c \geq 0 \Leftrightarrow \theta \leq \dfrac{\pi}{2}$

미찬가지로 $c \le 0 \Leftrightarrow \theta \ge \frac{\pi}{2}$

23. (1) $\mathbf{u} \cdot \mathbf{v} = u_1v_1 + u_2v_2 + u_3v_3 = v_1u_1 + v_2u_2 + v_3u_3 = \mathbf{v} \cdot \mathbf{u}$

$\therefore\ \mathbf{u} \cdot \mathbf{v} = \mathbf{v} \cdot \mathbf{u}$

(3) $c(\mathbf{u} \cdot \mathbf{v}) = c(u_1v_1 + u_2v_2 + u_3v_3)$

$= (cu_1)v_1 + (cu_2)v_2 + (cu_3)v_3$

$= (c\mathbf{u}) \cdot \mathbf{v}$

$\therefore\ c(\mathbf{u} \cdot \mathbf{v}) = (c\mathbf{u}) \cdot \mathbf{v}$

$c(\mathbf{u} \cdot \mathbf{v}) = \mathbf{u} \cdot (c\mathbf{v})$도 마찬가지로 증명하면 된다.

(4) $\mathbf{0} \cdot \mathbf{u} = 0u_11 + 0u_2 + 0u_3 = 0$

(5) $\mathbf{u} \cdot \mathbf{u} = u_1u_1 + u_2u_2 + u_3u_3 = u_1^2 + u_2^2 + u_3^2 = \|\mathbf{u}\|^2$

$\therefore\ \mathbf{u} \cdot \mathbf{u} = \|\mathbf{u}\|^2$

10.3 벡터곱

정의 10.3.1(벡터곱)

두 벡터 $\mathbf{u} = (u_1,\, u_2,\, u_3)$, $\mathbf{v} = (v_1,\, v_2,\, v_3)$ 의 벡터곱을 다음과 같이 정의한다.

$$\mathbf{u} \times \mathbf{v} = (u_2 v_3 - u_3 v_2,\; u_3 v_1 - u_1 v_3,\; u_1 v_2 - u_2 v_1)$$

정리 10.3.2

$\mathbf{u} = (u_1,\, u_2,\, u_3)$, $\mathbf{v} = (v_1,\, v_2,\, v_3)$ 일 때 다음이 성립한다.

$$\mathbf{u} \times \mathbf{v} = \begin{vmatrix} \mathbf{i} & \mathbf{j} & \mathbf{k} \\ u_1 & u_2 & u_3 \\ v_1 & v_2 & v_3 \end{vmatrix}$$

정리 10.3.3

기본단위벡터 $\mathbf{i}, \mathbf{j}, \mathbf{k}$에 대하여 다음이 성립한다.

(1) $\mathbf{i} \times \mathbf{j} = \mathbf{k}$

(2) $\mathbf{j} \times \mathbf{k} = \mathbf{i}$

(3) $\mathbf{k} \times \mathbf{i} = \mathbf{j}$

정리 10.3.4

$\mathbf{u}, \mathbf{v}, \mathbf{w}$: 3차원 벡터, c : 스칼라

(1) $\mathbf{u} \times \mathbf{u} = \mathbf{0}$

(2) $\mathbf{u} \times \mathbf{0} = \mathbf{0} \times \mathbf{u} = \mathbf{0}$

(3) $\mathbf{u} \times \mathbf{v} = -\mathbf{v} \times \mathbf{u}$

(4) $\mathbf{u} \times (\mathbf{v} + \mathbf{w}) = \mathbf{u} \times \mathbf{v} + \mathbf{u} \times \mathbf{w}$

(5) $c(\mathbf{u} \times \mathbf{v}) = (c\mathbf{u}) \times \mathbf{v} = \mathbf{u} \times (c\mathbf{v})$

정리 10.3.5

$\mathbf{u}, \mathbf{v}$: 공간벡터

$$\|\mathbf{u} \times \mathbf{v}\|^2 = \|\mathbf{u}\|^2 \|\mathbf{v}\|^2 - (\mathbf{u} \cdot \mathbf{v})^2$$

정리 10.3.6

u, **v** : 공간벡터 θ : 사이각

(1) $\mathbf{u} \cdot (\mathbf{u} \times \mathbf{v}) = 0$ (2) $\mathbf{v} \cdot (\mathbf{u} \times \mathbf{v}) = 0$

(3) $\|\mathbf{u} \times \mathbf{v}\| = \|\mathbf{u}\|\|\mathbf{v}\|\sin\theta$

정리 10.3.7

세 벡터 **u**, **v**, $\mathbf{u} \times \mathbf{v}$는 오른손 법칙을 만족한다.

정리 10.3.8

세 공간벡터 **u**, **v**, **w**로 만들어진 평행육면체의 부피는 $|\mathbf{u} \times \mathbf{v} \cdot \mathbf{w}|$이다.

정리 10.3.9

$\mathbf{u} = (u_1, u_2, u_3)$, $\mathbf{v} = (v_1, v_2, v_3)$, $\mathbf{w} = (w_1, w_2, w_3)$일 때 다음이 성립한다.

$$\mathbf{u} \times \mathbf{v} \cdot \mathbf{w} = \begin{vmatrix} u_1 & u_2 & u_3 \\ v_1 & v_2 & v_3 \\ w_1 & w_2 & w_3 \end{vmatrix}$$

정리 10.3.10

u, **v**, **w** : 공간벡터

$$\mathbf{u} \times \mathbf{v} \cdot \mathbf{w} = \mathbf{v} \times \mathbf{w} \cdot \mathbf{u} = \mathbf{w} \times \mathbf{u} \cdot \mathbf{v}$$

1. (1) $\mathbf{u} = (1, 0, 1)$, $\mathbf{v} = (0, 1, 0)$

$$\mathbf{u} \times \mathbf{v} = \begin{vmatrix} \mathbf{i} & \mathbf{j} & \mathbf{k} \\ 1 & 0 & 1 \\ 0 & 1 & 0 \end{vmatrix} = \begin{vmatrix} 0 & 1 \\ 1 & 0 \end{vmatrix}\mathbf{i} - \begin{vmatrix} 1 & 1 \\ 0 & 0 \end{vmatrix}\mathbf{j} + \begin{vmatrix} 1 & 0 \\ 0 & 1 \end{vmatrix}\mathbf{k}$$
$$= (-1, 0, 1)$$

3. (1) $P(1, -1, 2)$, $Q(2, 0, -1)$, $R(0, 2, 1)$

$\overrightarrow{PQ} = (1, 1, -3)$, $\overrightarrow{PR} = (-1, 3, -1)$

$$\triangle PQR\text{의 면적} = \frac{1}{2}\|\overrightarrow{PQ}\times\overrightarrow{PR}\|$$
$$= \frac{1}{2}\left\|\begin{vmatrix} \mathbf{i} & \mathbf{j} & \mathbf{k} \\ 1 & 1 & -3 \\ -1 & 3 & -1 \end{vmatrix}\right\|$$

$$\begin{vmatrix} \mathbf{i} & \mathbf{j} & \mathbf{k} \\ 1 & 1 & -3 \\ -1 & 3 & -1 \end{vmatrix} = \left(\begin{vmatrix} 1 & -3 \\ 3 & -1 \end{vmatrix}, -\begin{vmatrix} 1 & -3 \\ -1 & -1 \end{vmatrix}, \begin{vmatrix} 1 & 1 \\ -1 & 3 \end{vmatrix}\right) = (8,\ 4,\ 4)\text{이므로}$$

$$\therefore\ \triangle PQR\text{의 면적} = \frac{1}{2}\|(8,\ 4,\ 4)\|$$
$$= \frac{1}{2}\sqrt{64+16+16} = 2\sqrt{6}$$

5. (1) $\mathbf{u} = (-1,\ 2,\ 4),\ \mathbf{v} = (3,\ 4,\ -2),\ \mathbf{w} = (-1,\ 2,\ 5)$

$$\mathbf{u}\times\mathbf{v}\cdot\mathbf{w} = \begin{vmatrix} -1 & 2 & 4 \\ 3 & 4 & -2 \\ -1 & 2 & 5 \end{vmatrix}$$
$$= -\begin{vmatrix} 4 & -2 \\ 2 & 5 \end{vmatrix} - 2\begin{vmatrix} 3 & -2 \\ -1 & 5 \end{vmatrix} + 4\begin{vmatrix} 3 & 4 \\ -1 & 2 \end{vmatrix}$$
$$= -24 - 26 + 40$$
$$= -10$$

7. (1) 정리 10.3.4와 10.3.10으로부터

$$\mathbf{u}\cdot(\mathbf{w}\times\mathbf{v}) = (\mathbf{w}\times\mathbf{v})\cdot\mathbf{u}$$
$$= -(\mathbf{v}\times\mathbf{w})\cdot\mathbf{u}$$
$$= -(\mathbf{u}\times\mathbf{v})\cdot\mathbf{w}$$
$$= -3$$

(3) 정리 10.3.4와 10.3.10으로부터

$$\mathbf{v}\cdot(\mathbf{u}\times\mathbf{w}) = (\mathbf{u}\times\mathbf{w})\cdot\mathbf{v}$$
$$= -(\mathbf{w}\times\mathbf{u})\cdot\mathbf{v}$$
$$= -(\mathbf{u}\times\mathbf{v})\cdot\mathbf{w}$$
$$= -3$$

(5) 정리 10.3.4와 10.3.10으로부터

$$\mathbf{w}\cdot(\mathbf{u}\times\mathbf{v}) = (\mathbf{u}\times\mathbf{v})\cdot\mathbf{w}$$
$$= 3$$

9. $\mathbf{u},\mathbf{v},\mathbf{w}$ 중 하나가 0벡터, $\mathbf{u}=\mathbf{i},\mathbf{v}=\mathbf{j},\mathbf{w}=\mathbf{k}$, ...

[질문] $(\mathbf{u}\times\mathbf{v})\times\mathbf{w} = \mathbf{u}\times(\mathbf{v}\times\mathbf{w}) \neq 0$ 인 예를 찾을 수 있는가?

[답] $\mathbf{u},\ \mathbf{v}$는 임의의 벡터로 하고 $\mathbf{w} = \mathbf{u}$ 이면 된다.

11. $\mathbf{u},\ \mathbf{v}$가 단위벡터라고 하자. 정리 10.3.5로부터 $\|\mathbf{u}\times\mathbf{v}\|^2 = \|\mathbf{u}\|^2\|\mathbf{v}\|^2 - (\mathbf{u}\cdot\mathbf{v})^2$ 이므로

$\|\mathbf{u}\times\mathbf{v}\|^2 = 1-(\mathbf{u}\cdot\mathbf{v})^2$

따라서, $\|\mathbf{u}\times\mathbf{v}\| = 1 \Leftrightarrow 1 = 1-(\mathbf{u}\cdot\mathbf{v})^2 \Leftrightarrow \mathbf{u}\cdot\mathbf{v}=0$

13. (1) $(\mathbf{u}-\mathbf{v})\times(\mathbf{u}+\mathbf{v}) = \mathbf{u}\times\mathbf{u}-\mathbf{v}\times\mathbf{u}+\mathbf{u}\times\mathbf{v}-\mathbf{v}\times\mathbf{v}$

$$= 0+\mathbf{u}\times\mathbf{v}+\mathbf{u}\times\mathbf{v}-0$$
$$= 2(\mathbf{u}\times\mathbf{v})$$

(3) $(\mathbf{u}\times\mathbf{v})\times\mathbf{w} = -\mathbf{w}\times(\mathbf{u}\times\mathbf{v})$

$$= -\mathbf{w}\times(-(\mathbf{v}\times\mathbf{u}))$$
$$= \mathbf{w}\times(\mathbf{v}\times\mathbf{u})$$

(5) $\mathbf{u}=(u_1, u_2, u_3)$, $\mathbf{v}=(v_1, v_2, v_3)$, $\mathbf{p}=(p_1, p_2, p_3)$, $\mathbf{q}=(q_1, q_2, q_3)$ 라 하자.

$$\begin{vmatrix} \mathbf{u}\cdot\mathbf{p} & \mathbf{v}\cdot\mathbf{p} \\ \mathbf{u}\cdot\mathbf{q} & \mathbf{v}\cdot\mathbf{q}\end{vmatrix} = (\mathbf{u}\cdot\mathbf{p})(\mathbf{v}\cdot\mathbf{q})-(\mathbf{u}\cdot\mathbf{q})(\mathbf{v}\cdot\mathbf{p})$$
$$= (\sum_i u_ip_i)(\sum_j v_jq_j)-(\sum_i u_iq_i)(\sum_j v_jp_j)$$
$$= \sum_{i,j} u_iv_j(p_iq_j-p_jq_i)$$
$$= \sum_{i,j} u_jv_i(p_jq_i-p_iq_j)$$
$$= \frac{1}{2}\sum_{i,j}(u_iv_j-u_jv_{i)}(p_iq_j-p_jq_i)$$
$$= \sum_{i<j}(u_iv_j-u_jv_i)(p_iq_j$$

$$\therefore (\mathbf{u}\times\mathbf{v})\cdot(\mathbf{p}\times\mathbf{q}) = \begin{vmatrix} \mathbf{u}\cdot\mathbf{p} & \mathbf{v}\cdot\mathbf{p} \\ \mathbf{u}\cdot\mathbf{q} & \mathbf{v}\cdot\mathbf{q}\end{vmatrix}$$

15. $\mathbf{u}$,$\mathbf{v}$로 만들어지는 평행사변형이 $\mathbf{n}$에 수직한 평면과 이루는 각을 ϕ라 하면 11.4절 예제 3을 참고하면 ϕ는 각각의 평면에 수직인 벡터들의 사이각과 같거나 합이 π가 된다. 그런데 평행사변형에 숙직인 벡터는 $\mathbf{u}\times\mathbf{v}$ 이므로 $\phi=\theta$또는 $\pi-\theta$이다. 따라서 $\mathbf{u}$,$\mathbf{v}$로 만들어지는 평행사변형을 $\mathbf{n}$에 수직한 평면에 사영한 도형의 넓이는 $\|\mathbf{u}\times\mathbf{v}\|\,|\cos\phi| = \|\mathbf{u}\times\mathbf{v}\|\,|\cos\theta|$ 이다. 그런데 오른쪽 그림에서

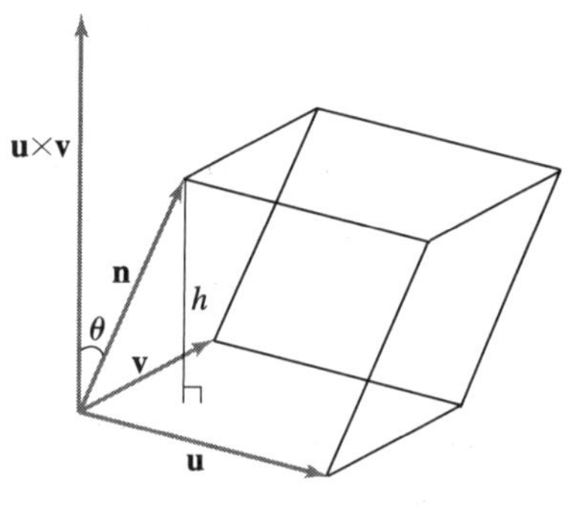

$|\mathbf{u}\times\mathbf{v}\cdot\mathbf{n}| = \|\mathbf{u}\times\mathbf{v}\|\,\|\mathbf{n}\|\,|\cos\theta| = \|\mathbf{u}\times\mathbf{v}\|\,|\cos\theta|$ 이므로 $|\mathbf{u}\times\mathbf{v}\cdot\mathbf{n}|$는 $\mathbf{u}$, $\mathbf{v}$로 만들어지는 평행사변형을 $\mathbf{n}$에 수직한 평면에 사영한 도형의 넓이이다.

17. 오른쪽 그림처럼 좌표축을 정해주면 직각으로 만나는 세 면의 넓이는 $\frac{pq}{2}$, $\frac{qr}{2}$, $\frac{rp}{2}$ 이다. 한편 x축 위의 꼭지점을 시점으로 하고 y축과 z축 위의 꼭지점을 종점으로 하는 벡터를 각각 $\mathbf{u}, \mathbf{v}$라 하면 $\mathbf{u} = (-p, q, 0)$, $\mathbf{v} = (-p, 0, r)$ 이다. 따라서 나머지 한 면의 넓이

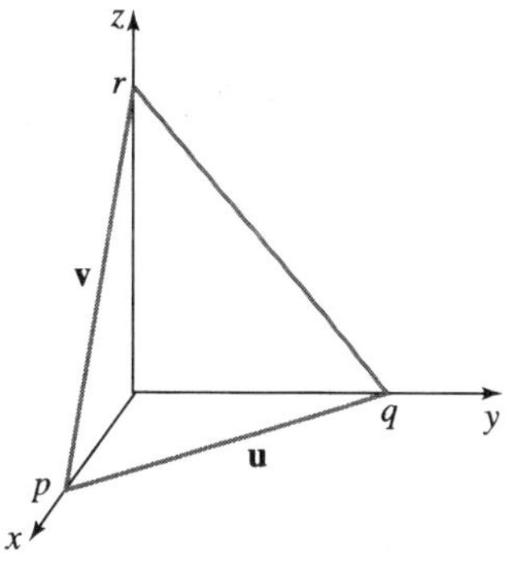

$$\begin{aligned} d &= \frac{1}{2}\|\mathbf{u} \times \mathbf{v}\| \\ &= \frac{1}{2}\|(-p, q, 0) \times (-p, 0, r)\| \\ &= \frac{1}{2}\|(-qr, -rp, -pq)\| \\ &= \frac{1}{2}\sqrt{q^2r^2 + r^2p^2 + p^2q^2} \\ &= \sqrt{\left(\frac{qr}{2}\right)^2 + \left(\frac{rp}{2}\right)^2 + \left(\frac{pq}{2}\right)^2} \end{aligned}$$

$\therefore a^2 + b^2 + c^2 = d^2$

10.4 평면과 직선의 방정식

정리 10.4.1(평면의 방정식)

점 $P(x_0, y_0, z_0)$를 지나고 벡터 $\mathbf{n} = (a, b, c)$ 에 수직인 평면의 방정식

$$a(x - x_0) + b(y - y_0) + c(z - z_0) = 0$$

정리 10.4.2

벡터 $\mathbf{n} = (a, b, c)$은 평면 $ax + by + cz + d = 0$ 의 법선벡터이다.

정리 10.4.3

점 $P(x_0, y_0, z_0)$에서 평면 $ax + by + cz + d = 0$ 까지의 거리

$$h = \frac{|ax_0 + by_0 + cz_0 + d|}{\sqrt{a^2 + b^2 + c^2}}$$

직선의 방정식

점 $P(x_0, y_0, z_0)$를 지나고 벡터 $\mathbf{v} = (a, b, c) \neq \mathbf{0}$ 에 평행한 직선의 방정식

$$x = x_0 + at,\ y = y_0 + bt,\ z = z_0 + ct$$

1. (1) $P(-1, 3, -2),\ \mathbf{n} = (-2, 1, -1)$

$(-2)(x+1) + 1(y-3) + (-1)(z+2) = 0$

$\therefore\ -2x + y - z - 7 = 0$

3. (1) $P(3, 1, -2),\ x + 2y - 2z = 4$

$$h = \frac{|3+2+4-4|}{\sqrt{1+4+4}} = \frac{5}{3}$$

5. (1) $P_1 : 7x - 2y + 3z = -2$, $P_2 : 3x + y + 2z + 5 = 0$

P_1의 법선벡터 $n_1 = (7, -2, 3)$

P_2의 법선벡터 $n_2 = (3, 1, 2)$

$$\cos\theta = \frac{n_1 \cdot n_2}{\| n1 \| \ \| n2 \|}$$
$$= \frac{21 + (-2) + 6}{\sqrt{49+4+9}\ \sqrt{9+1+4}}$$
$$= \frac{25}{2\sqrt{217}}$$
$$\therefore \theta = \cos^{-1}\left(\frac{25}{2\sqrt{217}}\right)$$

7. (1) $x = 3 + t,\ y = 1 + 3t,\ z = 2 - 2t,\ x = 1 - 2t,\ y = 2 + t,\ z = 4 + 2t$

$3 + t = 1 - 2s$

$1 + 3t = 2 + s$

$2 - 2t = 4 + 2s$

첫 번째와 세 번째 식을 더하면

$5 - t = 5$

$\therefore\ t = 0 \Rightarrow s = -1$

두 번째 식에 대입하면 성립하므로 교점이 존재하고 그 교점은 $t = 0$(또는 $s = -1$)을 대입하면 $(3, 1, 2)$이다.

9. (1) $P(-2, 1, 7)$, $x = 4 + 2t,\ y = 2 - 3t,\ z = -5t$

평면의 법선벡터 $= (2, -3, -5)$

따라서, 구하는 평면의 방정식은

$2(x - (-2)) - 3(y - 1) - 5(z - 7) = 2x - 3y - 5z + 42 = 0$

11. 왼쪽 그림에서 두 벡터 $\overrightarrow{QP}$와 $\mathbf{v}$로 만들어지는 평행사변형의 넓이는 밑변의 길이 $\|\mathbf{v}\|$와 높이 d를 곱하면 된다. 그리고 $\|\overrightarrow{QP} \times \mathbf{v}\|$ 도 평행사변형의 넓이가 되므로 $d\|\mathbf{v}\| = \|\overrightarrow{QP} \times \mathbf{v}\|$ 이 성립한다. 따라서,

$$d = \frac{\|\overrightarrow{QP} \times \mathbf{v}\|}{\|\mathbf{v}\|}$$

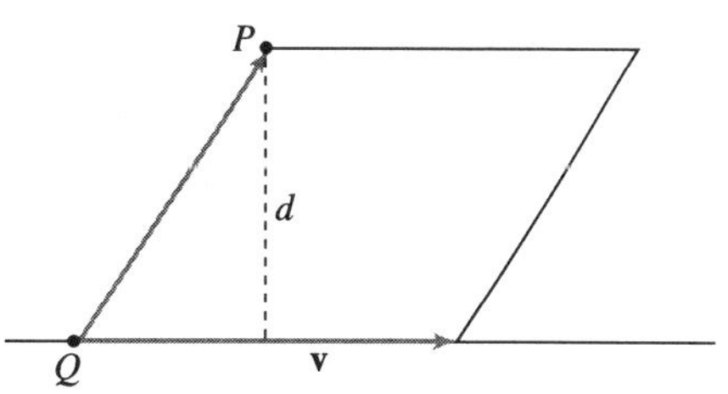

13. 두 평면이 평행하므로 첫 번째 평면 위의 임의의 점 $P(x_0, y_0, z_0)$에서 두 번째 평면까지의

거리가 구하는 거리는 $\dfrac{|ax_0+by_0+cz_0-e|}{\sqrt{a^2+b^2+c^2}}$ 이다. 그런데, 점 P가 첫 번째 평면 위의 점이므로 $ax_0+by_0+cz_0=d$을 대입하면 구하는 거리는 $\dfrac{|d-e|}{\sqrt{a^2+b^2+c^2}}$ 이다.

제 11 장 극좌표계

11.1 극좌표계

1. (1) $x = 4\cos\frac{\pi}{3} = 2,\ y = 4\sin\frac{\pi}{3} = 2\sqrt{3}$ $\quad\therefore (2, 2\sqrt{3})$

(3) $x = -5\cos\pi = 5,\ y = -5\sin\pi = 0$ $\quad\therefore (5, 0)$

(5) $r = \sqrt{(5\sqrt{3})^2 + 5^2} = 10$

$\tan\theta = \frac{y}{x} = \frac{5}{5\sqrt{3}} = \frac{1}{\sqrt{3}} \Rightarrow \theta = \frac{\pi}{6}$ $\quad\therefore \left(10, \frac{\pi}{6}\right)$

(7) $r = \sqrt{(-\sqrt{3})^2 + 1^2} = \sqrt{10}$

$\tan\theta = -\frac{\sqrt{3}}{3} \Rightarrow \theta = \frac{5}{6}\pi$ $\quad\therefore \left(\sqrt{10}, \frac{5}{6}\pi\right)$

3. (1) $\tan\theta = \tan\frac{\pi}{6} = \frac{\sqrt{3}}{3} = \frac{y}{x} \Rightarrow \sqrt{3}x = 3y$

$\therefore\ y = \frac{\sqrt{3}}{3}x$

(3) $r = \frac{5}{3\cos\theta - 2\sin\theta}$의 양변에 r을 곱하고 $x^2 + y^2 = r^2$과 $x = r\cos\theta$, $y = r\sin\theta$을 대입

$\Rightarrow\ x^2 + y^2 = \frac{5r^2}{3x - 2y} = \frac{5(x^2 + y^2)}{3x - 2y}$

$\Rightarrow\ 5(x^2 + y^2) = (x^2 + y^2)(3x - 2y)$

$\therefore\ 3x^3 - (5 + 2y)x^2 + 3y^2x - 2y^3 - 5y^2 = 0$

5. (1) $a = 2,\ r_0 = 2,\ \theta_0 = 0$

$2^2 = 2^2 + r^2 - 4r\cos\theta \Rightarrow r^2 - 4r\cos\theta = 0$

$\therefore\ r^2 - 4r\cos\theta = 0$

(3) $a = 4,\ r_0 = 5\sqrt{2},\ \theta_0 = 5$

$4^2 = (5\sqrt{3})^2 + r^2 - 10\sqrt{3}\,r\cos(\theta - 5)$

$\Rightarrow\ r^2 - 10\sqrt{3}\cos(\theta - 5) + 59 = 0$

$\therefore\ r^2 - 10\sqrt{3}\cos(\theta - 5) + 59 = 0$

7. (1) 기울기가 tan2인 직선의 방정식 (3) 원

(5) $r = 8/(3+3\sin\theta) = \dfrac{8/3}{1+\sin\theta}$ 이므로 $e=1,\ d=8/3$

∴ 이심률은 1, 준선은 $y=8/3$인 포물선

(7) $r = \dfrac{6}{2+3\cos(\theta-\pi/4)} = \dfrac{3}{1+\dfrac{3}{2}\cos\left(\theta-\dfrac{\pi}{4}\right)}$ 이므로 $e=3/2,\ d=2.$

∴ 이심률은 3/2, 준선은 $y=-x\pm 2\sqrt{2}$ 인 쌍곡선

(9) 직선

(11) $r=8/(4+\cos\theta)$는 $e=1/4,\ d=8.$

∴ 이심률은 1/4, 준선은 $x=8$인 타원

(13) $e=2,\ d=1/2$

∴ 이심률은 2, 준선은 $x=1/2$인 쌍곡선

9.

(1)

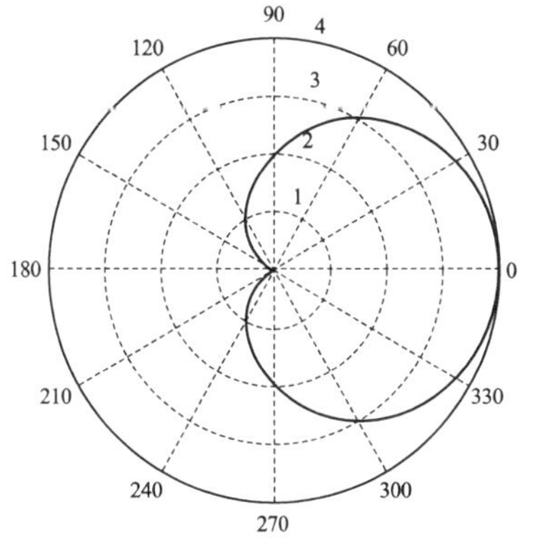

(3)

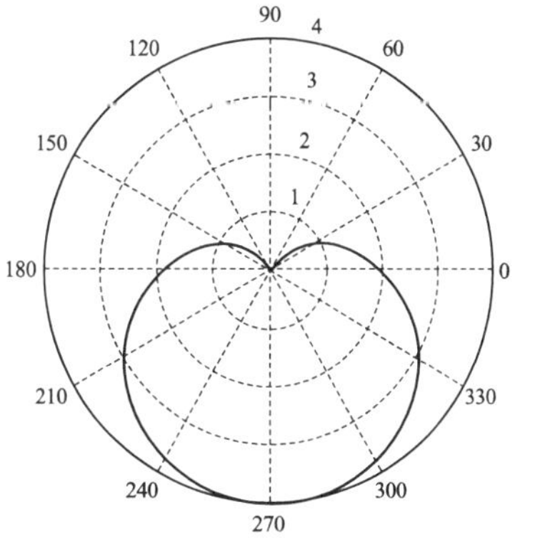

11.

(1)

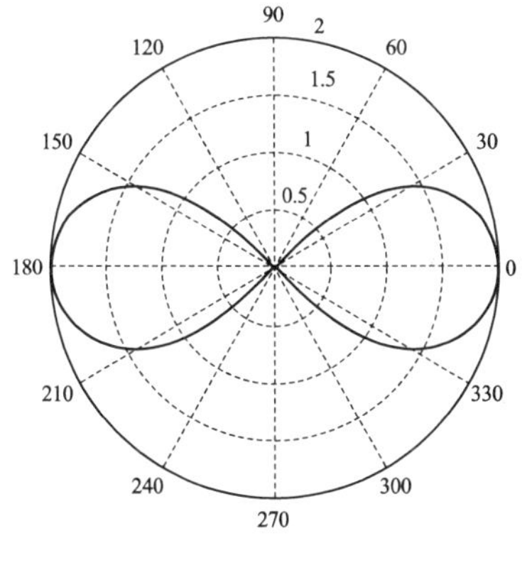

(3)

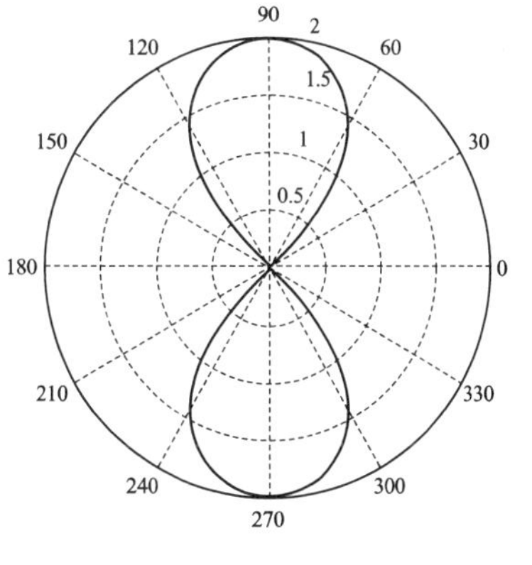

11.2 극좌표계에서의 길이와 면적

정리 11.2.1

도함수 $f'(\theta)$가 연속이면 곡선 $r=f(\theta)$, $\alpha \le \theta \le \beta$의 길이는

$$L=\int_{\alpha}^{\beta}\sqrt{(f(\theta))^2+(f'(\theta))^2}\,d\theta$$

이다.

정리 11.2.2

$f(\theta)$가 구간 $[\alpha, \beta]$에서 연속인 양함수이면 곡선 $r=f(\theta)$와 두 직선 $\theta=\alpha$, $\theta=\beta$로 둘러 싸인 영역

$$R=\{(r, \theta) \mid 0 \le r \le f(\theta),\ \alpha \le \theta \le \beta\}$$

의 면적은

$$A=\frac{1}{2}\int_{\alpha}^{\beta}(f(\theta))^2 d\theta$$

이다. 단, $0<\beta-\alpha<2\pi$.

1. (1) $r=\dfrac{2}{1+\sin\theta}$ 과 $r=\dfrac{2}{1+\cos\theta}$ 의 곡선의 모양은 $e=1$, $d=2$인 포물선으로 동일하다.

$$L=\int_0^{\frac{\pi}{2}}\sqrt{\left(\frac{2}{1+\cos\theta}\right)^2+\left(\frac{2\sin\theta}{(1+\cos\theta)^2}\right)^2}\,d\theta$$

$$=2\sqrt{2}\int_0^{\frac{\pi}{2}}\sqrt{\frac{1}{(1+\cos\theta)^3}}\,d\theta=2\sqrt{2}\int_0^{\frac{\pi}{2}}\sec^3\frac{\theta}{2}d\theta=\sqrt{2}+\ln(1+\sqrt{2})$$

(3) $$L=\int_0^{2\pi}\sqrt{(a(1-\cos\theta))^2+(a\sin\theta)^2}\,d\theta=2a\int_0^{2\pi}\sin\frac{\theta}{2}d\theta=8a$$

(5) $$L=\int_{-7}^{7}\sqrt{1+\theta^2}\,d\theta=\left[\frac{\theta}{2}\sqrt{\theta^2+1}+\frac{1}{2}\ln|\theta+\sqrt{\theta^2+1}\right]_{-7}^{7}$$

$$=35\sqrt{2}+\ln(7+5\sqrt{2})$$

(7) $L = \int_0^{2\pi} \sqrt{e^{2\theta} + e^{2\theta}}\, d\theta = \sqrt{2}(e^{2\pi} - e^0) = \sqrt{2}(e^{2\pi} - 1)$

3. (1) $A = \frac{1}{2}\int_{\pi}^{2\pi} 4\, d\theta - \frac{1}{2}\int_{\pi}^{2\pi} (2 + 2\sin\theta)^2 d\theta = 8 - \pi$

(3) $A = \frac{1}{2}\int_{-\frac{\pi}{3}}^{\frac{\pi}{3}} (9\cos^2\theta - (1 + \cos\theta)^2) d\theta = \pi$

5. $A = 2\left(\frac{1}{2}\int_0^{\frac{\pi}{4}} \cos^2 2\theta\ d\theta\right) = \frac{1}{2}\left[\theta + \frac{1}{4}\sin 4\theta\right]_0^{\frac{\pi}{4}} = \frac{\pi}{8}$

7. (1) $A = \frac{1}{2}\left(\int_0^{\frac{3}{4}\pi} (1 + \sin\theta)^2 d\theta - \int_0^{\frac{3}{4}\pi} (1 - \cos\theta)^2 d\theta\right)$

$= \frac{1}{2}\int_0^{\frac{3}{4}\pi} (2\sin\theta + 2\cos\theta + \sin^2\theta - \cos^2\theta) d\theta = \frac{5}{4} + \sqrt{2}$

(3) $A = \frac{1}{2}\int_{\frac{\pi}{2}}^{0} (1 + \sin\theta)^2 d\theta = \frac{1}{2}\int_{-\frac{\pi}{2}}^{0} \left(1 + 2\sin\theta + \frac{1 - \cos 2\theta}{2}\right) d\theta = \frac{\pi}{4} - 1$

9. (1) $x = r\cos\theta$, $y = r\sin\theta$를 대입하면 $(x^2 + y^2)^3 = 16x^2y^2 \Rightarrow r = 2\sin 2\theta$

$A = \frac{1}{2}\int_0^{2\pi} (2\sin 2\theta)^2 d\theta = 2\pi$

(3) $x = r\cos\theta$, $y = r\sin\theta$를 대입하면

(a) $y = x$: $r\cos\theta = r\sin\theta$이므로 $\tan\theta = 1$ 즉 $\theta = \pi/4$

(b) $y = 4x^2$: $r\sin\theta = 4r^2\cos^2\theta$이므로 $r = \frac{1}{4}\sec\theta\tan\theta$

두 곡선으로 둘러싸인 영역 R은

$$R = \left\{(r, \theta) \middle| 0 \le r \le \frac{1}{4}\sec\theta\tan\theta,\ 0 \le \theta \le \frac{\pi}{4}\right\}$$

이다. 다라서 정리 7.2.2에 의하여 넓이 A는

$$A = \frac{1}{2}\int_0^{\pi/4} \left(\frac{1}{4}\sec\theta\tan\theta\right)^2 d\theta = \frac{1}{32}\int_0^{\pi/4} \sec^2\theta\tan^2\theta\, d\theta$$

이다. 치환 $u = \tan\theta$를 하면

$$A = \frac{1}{32}\int_0^1 u^2 du = \frac{1}{96}$$

제 12 장 벡터함수

12.1 벡터함수

정리 12.1.1

벡터함수 $\mathbf{r}(t)=(f_1(t),\ f_2(t),\ f_3(t))$ 의 각 성분함수가 c에서의 극한이 존재하면 $\mathbf{r}(t)$ 도 c에서의 극한이 존재하고 다음과 같다.

$$\lim_{t\to c}\mathbf{r}(t)=\left(\lim_{t\to c}f_1(t),\ \lim_{t\to c}f_2(t),\ \lim_{t\to c}f_3(t)\right)$$

정의 12.1.2

벡터함수 $\mathbf{u}(t)=(f_1(t),\ f_2(t),\ f_3(t))$와 $\mathbf{v}(t)=(g_1(t),\ g_2(t),\ g_3(t))$

$$(\mathbf{u}\cdot\mathbf{v})(t)=\mathbf{u}(t)\cdot\mathbf{v}(t)$$
$$(\mathbf{u}\times\mathbf{v})(t)=\mathbf{u}(t)\times\mathbf{v}(t)$$

정리 12.1.3

두 벡터함수 $\mathbf{u}(t)$, $\mathbf{v}(t)$가 각각 c 에서 극한을 가지면 다음이 성립한다.

(1) $\lim_{t\to c}(\mathbf{u}(t)+\mathbf{v}(t))=\lim_{t\to c}\mathbf{u}(t)+\lim_{t\to c}\mathbf{v}(t)$

(2) $\lim_{t\to c}a\mathbf{u}(t)=a\lim_{t\to c}\mathbf{u}(t)$ (단, a는 실수)

(3) $\lim_{t\to c}(\mathbf{u}\cdot\mathbf{v})(t)=\lim_{t\to c}\mathbf{u}(t)\cdot\lim_{t\to c}\mathbf{v}(t)$

(4) $\lim_{t\to c}(\mathbf{u}\times\mathbf{v})(t)=\lim_{t\to c}\mathbf{u}(t)\times\lim_{t\to c}\mathbf{v}(t)$

정리 12.1.4

벡터함수 $\mathbf{r}(t)=(f_1(t),\ f_2(t),\ f_3(t))$: c에서 연속 $\Leftrightarrow$ 각 성분함수 $f_1(t)$, $f_2(t)$, $f_3(t)$: c에서 연속

1. (1) 정리 12.1.1로부터

$$\lim_{t\to 2}\left(\frac{t+3}{t+2},\ \frac{t^2-5t+6}{t^2-2},\ \ln t\right) = \left(\lim_{t\to 2}\frac{t+3}{t+2},\ \lim_{t\to 2}\frac{t^2-5t+6}{t^2-2},\ \lim_{t\to 2}\ln t\right)$$

$$= \left(\frac{5}{4},\ 0,\ \ln 2\right) \text{ 또는 } \frac{5}{4}\mathbf{i}+\ln 2\mathbf{k}$$

(3) 정리 12.1.1로부터

$$\lim_{t\to 0}\left(t\cos t,\ \frac{\sin 2t}{t+1},\ \frac{\cos 2t}{t^2-1}\right) = \left(\lim_{t\to 0} t\cos t,\ \lim_{t\to 0}\frac{\sin 2t}{t+1},\ \lim_{t\to 0}\frac{\cos 2t}{t^2-1}\right)$$

$$= \left(0, 0, \frac{1}{-1}\right) = (0, 0, -1) \text{ 또는 } -\mathbf{k}$$

3. (1) $\mathbf{u}(t) = (t^2+t)\mathbf{i} + 2t\mathbf{j} + 3\mathbf{k}$, $\mathbf{v}(t) = (t-1)\mathbf{i} + t^2\mathbf{j} + (t^2+3)\mathbf{k}$

$$\lim_{t\to 0}\mathbf{u}(t) = \lim_{t\to 0}(t^2+t,\ 2t,\ 3) = (0,\ 0,\ 3),$$

$$\lim_{t\to 0}\mathbf{v}(t) = \lim_{t\to 0}(t-1,\ t^2,\ t^2+3) = (-1,\ 0,\ 3)$$

따라서, 정리 12.1.3으로부터

(a) $\lim_{t\to 0}(\mathbf{u}(t)+\mathbf{v}(t)) = \lim_{t\to 0}\mathbf{u}(t) + \lim_{t\to 0}\mathbf{v}(t) = (0,\ 0,\ 3) + (-1,\ 0,\ 3) = (-1,\ 0,\ 6)$

(b) $\lim_{t\to 0}(\mathbf{u}\cdot\mathbf{v})(t) = \lim_{t\to 0}\mathbf{u}(t)\cdot\lim_{t\to 0}\mathbf{v}(t) = (0,\ 0,\ 3)\cdot(-1,\ 0,\ 3) = 0+0+9 = 9$

(c) $\lim_{t\to 0}(\mathbf{u}\times\mathbf{v})(t) = \lim_{t\to 0}\mathbf{u}(t)\times\lim_{t\to 0}\mathbf{v}(t) = (0,\ 0,\ 3)\times(-1,\ 0,\ 3) = (0,\ -3,\ 0)$

5. (1) 실린더 $x^2+y^2=1$, 평면 $x+y=1$

$1 = x^2+y^2 = (x+y)^2 - 2xy = 1-2xy$

이므로 $xy=0$

따라서 $x=0, y=1$인 직선 또는 $x=1, y=0$

인 직선이다.

$\mathbf{r}_1(t) = \mathbf{j} + t\mathbf{k}$ 과 $\mathbf{r}_2(t) = \mathbf{i} + t\mathbf{k}$

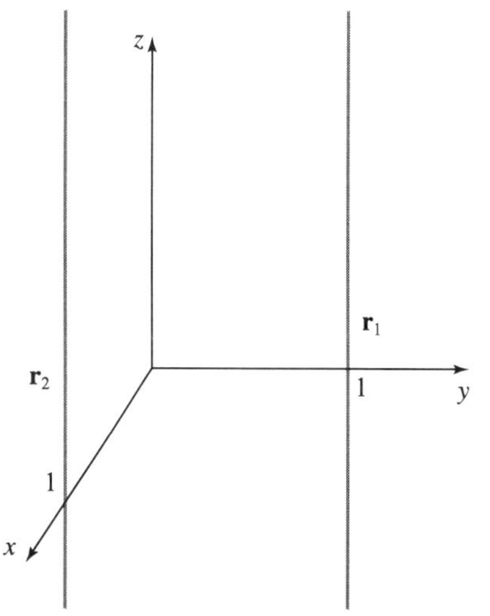

(3) 원뿔 $z=\sqrt{x^2+y^2}$, 평면 $y+z=1$

$z=1-y$를 원뿔의 식에 대입하면

$1-y=\sqrt{x^2+y^2}$

양변을 제곱하면

$1-2y+y^2 = x^2+y^2$

따라서 $1-2y=x^2$또는 $y=\dfrac{1-x^2}{2}$

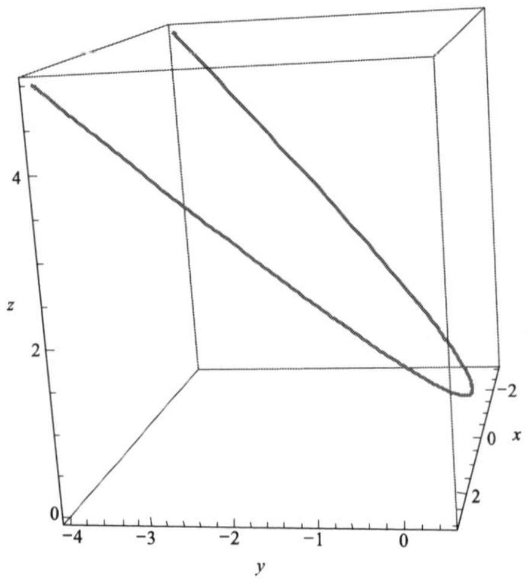

$$\mathbf{r}(t)=t\mathbf{i}+\frac{1-t^2}{2}\mathbf{j}+\frac{1+t^2}{2}\mathbf{k}$$

7. $\mathbf{r}(t)=(f_1(t),\, f_2(t),\, f_3(t))$: c 에서 연속

$\Leftrightarrow\ \lim_{t\to c}\mathbf{r}(t)=\mathbf{r}(c)$ (벡터함수의 연속의 정의)

$\Leftrightarrow\ \left(\lim_{t\to c}f_1(t),\, \lim_{t\to c}f_2(t),\, \lim_{t\to c}f_3(t)\right)=(f_1(c),\, f_2(c),\, f_3(c))$ (정리 12.1.1)

$\Leftrightarrow\ \lim_{t\to c}f_i(t)=f_i(c)\,(i=1,\,2,\,3)$

$\Leftrightarrow\ f_i(t)(i=1,\,2,\,3)$: c에서 연속

12.2 벡터함수의 미분과 적분

정의 12.2.1

벡터함수 $\mathbf{r}(t)$의 c 에서의 **미분**(derivative) $\mathbf{r}'(c)$를 다음과 같이 정의한다.

$$\mathbf{r}'(c) = \lim_{h \to 0} \frac{\mathbf{r}(c+h) - \mathbf{r}(c)}{h}$$

정리 12.2.2

벡터함수 $\mathbf{r}(t) = f_1(t)\mathbf{i} + f_2(t)\mathbf{j} + f_3(t)\mathbf{k}$: c에서 미분가능 $\Leftrightarrow$ 각 성분함수 $f_1(t)$, $f_2(t)$, $f_3(t)$: c에서 미분가능

이 경우 다음이 성립한다.

$$\frac{d\mathbf{r}}{dt} = \frac{df_1}{dt}\mathbf{i} + \frac{df_2}{dt}\mathbf{j} + \frac{df_3}{dt}\mathbf{k}$$

정리 12.2.3

두 벡터함수 $\mathbf{u}(t)$, $\mathbf{v}(t)$가 미분가능하고, 스칼라함수 $f(t)$가 미분가능하면 다음이 성립한다.

(1) $\frac{d}{dt}(c\mathbf{u}) = c\frac{d\mathbf{u}}{dt}$, (단, c는 상수).

(2) $\frac{d}{dt}(\mathbf{u} + \mathbf{v}) = \frac{d\mathbf{u}}{dt} + \frac{d\mathbf{v}}{dt}$

(3) $\frac{d}{dt}(f\mathbf{u}) = \frac{df}{dt}\mathbf{u} + f\frac{d\mathbf{u}}{dt}$

(4) $\frac{d}{dt}(\mathbf{u} \cdot \mathbf{v}) = \frac{d\mathbf{u}}{dt} \cdot \mathbf{v} + \mathbf{u} \cdot \frac{d\mathbf{v}}{dt}$

(5) $\frac{d}{dt}(\mathbf{u} \times \mathbf{v}) = \frac{d\mathbf{u}}{dt} \times \mathbf{v} + \mathbf{u} \times \frac{d\mathbf{v}}{dt}$

정리 12.2.4

함수 $t = h(s)$가 $s = s_0$에서 미분가능하고 벡터함수 $\mathbf{r}(t)$가 $t = t_0 (= h(s_0))$에서 미분가능하면 합성함수 $(\mathbf{r} \circ h)(s) = \mathbf{r}(h(s))$는 $s = s_0$에서 미분가능하다.

$$\frac{d\mathbf{r}}{ds} = \frac{d\mathbf{r}}{dt}\frac{dt}{ds}$$

정의 12.2.5

벡터함수 $\mathbf{u}(t)=f_1(t)\mathbf{i}+f_2(t)\mathbf{j}+f_3(t)\mathbf{k}$에 대하여

(1) $\mathbf{u}(t)$의 부정적분 : $\frac{d}{dt}\mathbf{v}(t)=\mathbf{u}(t)$인 벡터함수 $\mathbf{v}(t)$

(2) $\mathbf{u}(t)$의 성분함수 $f_1(t)$, $f_2(t)$, $f_3(t)$가 각각 구간 $[a,b]$에서 적분가능할 때 $\mathbf{u}(t)$의 정적분을 다음과 같이 정의

$$\int_a^b \mathbf{u}(t)\,dt=\left(\int_a^b f_1(t)dt\right)\mathbf{i}+\left(\int_a^b f_2(t)dt\right)\mathbf{j}+\left(\int_a^b f_3(t)dt\right)\mathbf{k}$$

정리 12.2.6

벡터함수 $\mathbf{u}(t)=f_1(t)\mathbf{i}+f_2(t)\mathbf{j}+f_3(t)\mathbf{k}$의 세 성분함수 $f_1(t)$, $f_2(t)$, $f_3(t)$ 각각의 부정적분이 존재하면 벡터함수 $\mathbf{u}(t)$도 부정적분이 존재하고 다음과 같다.

$$\int \mathbf{u}(t)\,dt=\left(\int f_1(t)dt\right)\mathbf{i}+\left(\int f_2(t)dt\right)\mathbf{j}+\left(\int f_3(t)dt\right)\mathbf{k}+\mathbf{c}$$

단, $\mathbf{c}$는 상수 벡터

1. $\mathbf{u}(t)=t^2\mathbf{i}-3t\mathbf{k}$, $\mathbf{v}(t)=-4t^3\mathbf{j}+\sin t\mathbf{k}$, $\mathbf{w}(t)=t\mathbf{i}+\mathbf{k}$

$\frac{d\mathbf{u}}{dt}=2t\mathbf{i}-3\mathbf{k}$, $\frac{d\mathbf{v}}{dt}=-12t^2\mathbf{j}+\cos t\mathbf{k}$, $\frac{d\mathbf{w}}{dt}=\mathbf{i}$

(1) 정리 12.2.3 (4)로부터

$$\begin{aligned}\frac{d}{dt}(\mathbf{u}\cdot\mathbf{v})&=\frac{d\mathbf{u}}{dt}\cdot\mathbf{v}+\mathbf{u}\cdot\frac{d\mathbf{v}}{dt}\\&=(2t,\,0,\,-3)\cdot(0,-4t^3,\,\sin t)+(t^2,\,0,\,-3t)\cdot(0,\,-12t^2,\,\cos t)\\&=-3\sin t-3t\cos t\end{aligned}$$

(3) $$\begin{aligned}\mathbf{u}\cdot\mathbf{v}\times\mathbf{w}&=\begin{vmatrix}t^2 & 0 & -3t\\0 & -4t^3 & \sin t\\t & 0 & 1\end{vmatrix}\\&=t^2\begin{vmatrix}-4t^3 & \sin t\\0 & 1\end{vmatrix}-0\begin{vmatrix}0 & \sin t\\t & 1\end{vmatrix}-3t\begin{vmatrix}0 & -4t^3\\t & 0\end{vmatrix}\\&=t^2(-4t^3)+0+(-3t)(4t^4)\\&=-4t^5-12t^5\\&=-16t^5\end{aligned}$$

$$\therefore\ \frac{d}{dt}(\mathbf{u}\cdot\mathbf{v}\times\mathbf{w})=-80t^4$$

(5) $\mathbf{u}\times\mathbf{v}=\begin{vmatrix}\mathbf{i} & \mathbf{j} & \mathbf{k}\\ t^2 & 0 & -3t\\ 0 & -4t^3 & \sin t\end{vmatrix}$

$=\left(\begin{vmatrix}0 & -3t\\ -4t^3 & \sin t\end{vmatrix}, -\begin{vmatrix}t^2 & -3t\\ 0 & \sin t\end{vmatrix}, \begin{vmatrix}t^2 & 0\\ 0 & -4t^3\end{vmatrix}\right)$

$=(-12t^4, -t^2\sin t, -4t^5)$

$\mathbf{u}\times\mathbf{v}\times\mathbf{w}=\begin{vmatrix}\mathbf{i} & \mathbf{j} & \mathbf{k}\\ -12t^4 & -t^2\sin t & -4t^5\\ t & 0 & 1\end{vmatrix}$

$=\left(\begin{vmatrix}-t^2\sin t & -4t^5\\ 0 & 1\end{vmatrix}, -\begin{vmatrix}-12t^4 & -4t^5\\ t & 1\end{vmatrix}, \begin{vmatrix}-12t^4 & -t^2\sin t\\ t & 0\end{vmatrix}\right)$

$=(-t^2\sin t, -(-12t^4+4t^6), t^3\sin t)$

$=(-t^2\sin t, 12t^4-4t^6, t^3\sin t)$

$\frac{d}{dt}(\mathbf{u}\times\mathbf{v}\times\mathbf{w})=(-2t\sin t-t^2\cos t, 48t^3-24t^5, 3t^2\sin t+t^3\cos t)$

3. (1) $\mathbf{r}(t)=\sin t\mathbf{i}+(t+1)\mathbf{j}-3t\mathbf{k},\ t=s^2$

$\frac{d\mathbf{r}}{ds}=\frac{d\mathbf{r}}{dt}\frac{dt}{ds}=\frac{d}{dt}(\sin t, t+1, -3t)\cdot 2s$

$=(\cos t, 1, -3)\cdot 2s$

$=(\cos s^2, 1, -3)\cdot 2s$

$=(2s\cos s^2, 2s, -6s)$

또는 $2s\cos s^2\mathbf{i}+2s\mathbf{j}-6s\mathbf{k}$

(3) $\mathbf{r}(t)=t^2\mathbf{i}+t^3\mathbf{j}+t\mathbf{k},\ t=\tan s$

$\frac{d\mathbf{r}}{ds}=\frac{d\mathbf{r}}{dt}\frac{dt}{ds}=\frac{d}{dt}(t^2, t^3, t)\sec^2 s$

$=(2t, 3t^2, 1)\sec^2 s$

$=(2\tan s, 3\tan^2 s, 1)\sec^2 s$

또는 $2\sec^2 s\tan s\mathbf{i}+3\sec^2 s\tan^2 s\mathbf{j}+\sec^2 s\mathbf{k}$

5. (1) $\mathbf{a}(t)=-3t\mathbf{i},\ \mathbf{v}(0)=2\mathbf{j},\ \mathbf{r}(0)=4\mathbf{i}$

$\mathbf{v}'(t)=\mathbf{a}(t)$이므로, $\mathbf{a}(t)$를 적분하여 $\mathbf{v}(t)$를 구하면

$$\mathbf{v}(t)=\int\mathbf{a}(t)dt+\mathbf{c}=\left(-\frac{3}{2}t^2, 0, 0\right)+(c_1, c_2, c_3)$$

$\mathbf{v}(0)=(0, 2, 0)$이므로

$\mathbf{c}=(c_1, c_2, c_3)=(0, 2, 0)$

$\mathbf{r}'(t)=\mathbf{v}(t)$ 이므로, $\mathbf{v}(t)$를 적분하여 $\mathbf{r}(t)$를 구하면

$\mathbf{r}(t)=\int \mathbf{v}(t)dt+\mathbf{d},\ \mathbf{d}=(d_1,\ d_2,\ d_3)=\left(-\frac{1}{2}t^3,\ 2t,\ 0\right)+(d_1,\ d_2,\ d_3)$

$\mathbf{r}(0)=(0,0,0)+\mathbf{d}$

$\therefore\ \mathbf{d}=(4,0,0)$

$\therefore\ \mathbf{r}(t)=\left(-\frac{1}{2}t^3+4,\ 2t,\ 0\right)$ 또는 $(-\frac{1}{2}t^3+4)\mathbf{i}+2t\mathbf{j}$

(3) $\mathbf{v}'(t)=\mathbf{a}(t)$ 이므로, $\mathbf{a}(t)$를 적분하여 $\mathbf{v}(t)$를 구하면

$\mathbf{v}(t)=\int \mathbf{a}(t)dt+\mathbf{c}=(-e^{-t},\ t^2,\ \sin t)+\mathbf{c}$

$\mathbf{v}(0)=(0,0,1)$ 이므로, $\mathbf{c}=(1,0,1)$

$\mathbf{r}'(t)=\mathbf{v}(t)$이므로, $\mathbf{v}(t)$를 적분하여 $\mathbf{r}(t)$를 구하면

$\mathbf{r}(t)=\int \mathbf{v}(t)dt+\mathbf{d}$

$\mathbf{d}=(d_1,\ d_2,\ d_3)=\left(e^{-t}+t,\ \frac{1}{3}t^3,\ -\cos t+t\right)+(d_1,\ d_2,\ d_3)$

$\mathbf{r}(0)=(1,0,-1)+\mathbf{d}$

$\therefore\ \mathbf{d}=(-2,0,1)$

$\therefore\ \mathbf{r}(t)=\left(e^{-t}+t-2,\ \frac{1}{3}t^3,\ -\cos t+t+1\right)$

$=(e^{-t}+t-2)\mathbf{i}+\frac{1}{3}t^3\mathbf{j}+(-\cos t+t+1)\mathbf{k}$

7. $\mathbf{v}'(t)=\mathbf{a}(t)$이므로, $\mathbf{a}(t)$를 적분하여 $\mathbf{v}(t)$를 구하면

$\mathbf{v}(t)=\int \mathbf{a}(t)dt+\mathbf{c}=(0,\ at)+(d,\ b)$

$\mathbf{r}'(t)=\mathbf{v}(t)$ 이므로, $\mathbf{v}(t)$를 적분하여 $\mathbf{r}(t)$를 구하면

$\mathbf{r}(t)=\int \mathbf{v}(t)dt+\mathbf{d},\ =(dt,\ \frac{at^2}{2}+bt)+(e,\ c)$

$\therefore\ \mathbf{r}(t)=(dt+e,\ \frac{at^2}{2}+bt+c)=(x,\ y)$

따라서, 만약 $d=0$이면, $x=e$로 일정하므로 y축에 평행한 직선이 된다($a=b=0$이면. 움직이지 않는 정점이다). 마찬가지로 $d\neq 0, a=0$이면, 직선이 됨을 쉽게 알 수 있다. 만 $d\neq 0, a\neq 0$이면 y가 x에 대한 이차식이 되므로 경로는 포물선이 된다.

따라서, 이 물체가 움직이는 경로는 포물선 또는 직선이다.

9. $\|\mathbf{r}(t)\|^2=\mathbf{r}(t)\cdot\mathbf{r}(t)$이므로

$\frac{d}{dt}\|\mathbf{r}(t)\|^2=\frac{d}{dt}\mathbf{r}(t)\cdot\mathbf{r}(t)=\mathbf{r}(t)\cdot\frac{d\mathbf{r}}{dt}+\frac{d\mathbf{r}}{dt}\cdot\mathbf{r}(t)=2\mathbf{r}(t)\frac{d\mathbf{r}}{dt}=0$

$\therefore \| \mathbf{r}(t) \|^2$는 상수함수

$\therefore \| \mathbf{r}(t) \|$ 는 상수함수이다.

11. 정리 12.2.3으로부터

$$\begin{aligned}\frac{d}{dt}(\mathbf{u}\cdot\mathbf{v}\times\mathbf{w}) &= \frac{d\mathbf{u}}{dt}\cdot(\mathbf{v}\times\mathbf{w})+\mathbf{u}\cdot\frac{d}{dt}(\mathbf{v}\times\mathbf{w})\\ &= \frac{d\mathbf{u}}{dt}\cdot\mathbf{v}\times\mathbf{w}+\mathbf{u}\cdot\left(\frac{d\mathbf{v}}{dt}\times\mathbf{w}+\mathbf{v}\times\frac{d\mathbf{w}}{dt}\right)\\ &= \frac{d\mathbf{u}}{dt}\cdot\mathbf{v}\times\mathbf{w}+\mathbf{u}\cdot\left(\frac{d\mathbf{v}}{dt}\times\mathbf{w}\right)+\mathbf{u}\cdot\left(\mathbf{v}\times\frac{d\mathbf{w}}{dt}\right)\\ &= \frac{d\mathbf{u}}{dt}\cdot\mathbf{v}\times\mathbf{w}+\mathbf{u}\cdot\frac{d\mathbf{v}}{dt}\times\mathbf{w}+\mathbf{u}\cdot\mathbf{v}\times\frac{d\mathbf{w}}{dt}\end{aligned}$$

$$\therefore \frac{d}{dt}(\mathbf{u}\cdot\mathbf{v}\times\mathbf{w}) = \frac{d\mathbf{u}}{dt}\cdot\mathbf{v}\times\mathbf{w}+\mathbf{u}\cdot\frac{d\mathbf{v}}{dt}\times\mathbf{w}+\mathbf{u}\cdot\mathbf{v}\times\frac{d\mathbf{w}}{dt}$$

13. 연습문제 11번으로부터

$$\begin{aligned}\frac{d}{dt}\left(\mathbf{r}\cdot\frac{d\mathbf{r}}{dt}\times\frac{d^2\mathbf{r}}{dt^2}\right) &= \frac{d\mathbf{r}}{dt}\cdot\left(\frac{d\mathbf{r}}{dt}\times\frac{d^2\mathbf{r}}{dt^2}\right)+\mathbf{r}\cdot\left(\frac{d^2\mathbf{r}}{dt^2}\times\frac{d^2\mathbf{r}}{dt^2}\right)+\mathbf{r}\cdot\left(\frac{d\mathbf{r}}{dt}\times\frac{d^3\mathbf{r}}{dt^3}\right) \quad \because 29\text{번}\\ &= \mathbf{r}\cdot\frac{d\mathbf{r}}{dt}\times\frac{d^3\mathbf{r}}{dt^3}\end{aligned}$$

$\left(\because \frac{d\mathbf{r}}{dt}\times\frac{d^2\mathbf{r}}{dt^2}\right.$과 $\frac{d\mathbf{r}}{dt}$는 서로 수직 & $\left.\frac{d^2\mathbf{r}}{dt^2}\times\frac{d^2\mathbf{r}}{dt^2}=0\right)$

15. 벡터함수 $\mathbf{r}(t)=f_1(t)\mathbf{i}+f_2(t)\mathbf{j}+f_3(t)\mathbf{k}$: c에서 미분가능 $\Leftrightarrow$ 각 성분함수 $f_1(t)$, $f_2(t)$, $f_3(t)$: c에서 미분가능

$$\mathbf{r}'(c)=\lim_{h\to 0}\frac{\mathbf{r}(c+h)-\mathbf{r}(c)}{h}$$

벡터함수 $\mathbf{r}(t)=f_1(t)\mathbf{i}+f_2(t)\mathbf{j}+f_3(t)\mathbf{k}$: c에서 미분가능

$\Leftrightarrow$

$$\begin{aligned}\mathbf{r}'(c) &= \lim_{h\to 0}\frac{\mathbf{r}(c+h)-\mathbf{r}(c)}{h}\\ &= \lim_{h\to 0}\left(\frac{f_1(c+h)-f_1(c)}{h}\mathbf{i}+\frac{f_2(c+h)-f_2(c)}{h}\mathbf{j}+\frac{f_3(c+h)-f_3(c)}{h}\mathbf{k}\right)\\ &= \lim_{h\to 0}\left(\frac{f_1(c+h)-f_1(c)}{h}\right)\mathbf{i}+\lim_{h\to 0}\left(\frac{f_2(c+h)-f_2(c)}{h}\right)\mathbf{j}+\lim_{h\to 0}\left(\frac{f_3(c+h)-f_3(c)}{h}\right)\mathbf{k}\end{aligned}$$

존재

$\Leftrightarrow$ (정리 12.1.1로부터) 각각의 극한 $\lim_{h\to 0}\left(\dfrac{f_i(c+h)-f_i(c)}{h}\right)(i=1,2,3)$ 존재

$\Leftrightarrow$ 각 성분함수 $f_1(t)$, $f_2(t)$, $f_3(t)$: c에서 미분가능

17. 정의 12.2.5로부터

$$\frac{d}{dt}\left[\left(\int f_1(t)dt\right)\mathbf{i}+\left(\int f_2(t)dt\right)\mathbf{j}+\left(\int f_3(t)dt\right)\mathbf{k}+\mathbf{c}\right]=f_1(t)\mathbf{i}+f_2(t)\mathbf{j}+f_3(t)\mathbf{k}$$

임을 보이면 된다. 그런데, 정리 12.2.2로부터

$$\begin{aligned}&\frac{d}{dt}\left[\left(\int f_1(t)dt\right)\mathbf{i}+\left(\int f_2(t)dt\right)\mathbf{j}+\left(\int f_3(t)dt\right)\mathbf{k}+\mathbf{c}\right]\\&=\frac{d}{dt}\left(\int f_1(t)dt+c_1\right)\mathbf{i}+\frac{d}{dt}\left(\int f_2(t)dt+c_2\right)\mathbf{j}+\frac{d}{dt}\left(\int f_3(t)dt+c_3\right)\mathbf{k}\\&=f_1(t)\mathbf{i}+f_2(t)\mathbf{j}+f_3(t)\mathbf{k}\end{aligned}$$

이므로 이것은 자명하다.

12.3 곡선의 길이와 곡률

정리 12.3.1

연속인 미분을 가지는 벡터함수 $\mathbf{r}(t)= x(t)\mathbf{i}+ y(t)\mathbf{j}+ z(t)\mathbf{k}\ (a \le t \le b)$로 표시되는 곡선 C의 길이 L은 다음과 같다.

$$L = \int_a^b \left\| \frac{d\mathbf{r}}{dt} \right\| dt$$

즉,

$$L = \int_a^b \sqrt{\left(\frac{dx}{dt}\right)^2 + \left(\frac{dy}{dt}\right)^2 + \left(\frac{dz}{dt}\right)^2}\, dt$$

정리 12.3.2

벡터함수 $\mathbf{r}(t)= x(t)\mathbf{i}+ y(t)\mathbf{j}+ z(t)\mathbf{k}$ 가 $[a, b]$에서 연속인 미분을 가지면 길이함수 $s = \sigma(t)$ 는 $[a, b]$에서 연속이고 미분가능하며 다음이 성립한다.

$$\frac{ds}{dt} = \left\| \frac{d\mathbf{r}}{dt} \right\|$$

단위접선벡터

벡터함수 $\mathbf{r}(t)= x(t)\mathbf{i}+ y(t)\mathbf{j}+ z(t)\mathbf{k}$로 주어지는 곡선에 대해 단위접선벡터는 다음과 같다.

$$\mathbf{T}(t) = \frac{\mathbf{r}'(t)}{\| \mathbf{r}'(t) \|}$$

정리 12.3.3

곡선 $\mathbf{r}(t)$가 매끈한 곡선이면, 다음이 성립한다.

$$\mathbf{T}(s) = \frac{d\mathbf{r}}{ds}$$

정의 12.3.4

곡선 $\mathbf{r}(t)$의 단위접선벡터 $\mathbf{T}(t)$의 길이변수 s에 대한 변화율의 크기를 **곡률**이라 하고 $\kappa(t)$로 표시한다. 즉

$$\kappa(t) = \left\| \frac{d\mathbf{T}}{ds} \right\|$$

정리 12.3.5

매끈한 곡선 $\mathbf{r}(t)$의 곡률 $\kappa(t)$는 다음과 같다.

$$\kappa(t) = \left\| \frac{d\mathbf{T}}{dt} \right\| \left\| \frac{d\mathbf{r}}{dt} \right\|^{-1}$$

단위법선벡터

곡선 $\mathbf{r}(t)$에서 단위접선벡터 $\mathbf{T}(t)$의 미분 $\frac{d\mathbf{T}}{dt}$와 같은 방향의 단위벡터를 **단위법선벡터**라 하고 $\mathbf{N}(t)$로 표시한다. 즉

$$\mathbf{N}(t) = \left\| \frac{d\mathbf{T}}{dt} \right\|^{-1} \frac{d\mathbf{T}}{dt}$$

정리 12.3.6

매끈한 곡선 $\mathbf{r}(t)$에 대해 다음이 성립한다.

$$\frac{d\mathbf{T}}{ds} = \kappa(t)\mathbf{N}(t)$$

단위종법선벡터

매끈한 곡선 $\mathbf{r}(t)$에 대해 단위접선벡터 $\mathbf{T}(t)$와 단위법선벡터 $\mathbf{N}(t)$에 동시에 수직인 **종법선벡터** $\mathbf{B}(t)$를 다음과 같이 정의한다.

$$\mathbf{B}(t) = \mathbf{T}(t) \times \mathbf{N}(t)$$

정리 12.3.7

매끈한 곡선 $\mathbf{r}(t)$의 곡률 $\kappa(t)$는 다음과 같다.

$$\kappa(t) = \frac{\| \mathbf{r}'(t) \times \mathbf{r}''(t) \|}{\| \mathbf{r}'(t) \|^3}$$

정의 12.3.8

접촉평면 : 벡터함수 $\mathbf{r}(t)$로 주어지는 매끈한 곡선 C의 한 점 $\mathbf{r}(t)$를 지나고 두 벡터 $\mathbf{T}(t)$, $\mathbf{N}(t)$로 만들어지는 평면

곡선 C의 곡률원 : $\kappa(t) > 0$일 때 반지름이 $\rho(t) = \dfrac{1}{\kappa(t)}$, 중심이 $\mathbf{r}(t) + \rho(t)\mathbf{N}(t)$이고 접촉평면 위에 있는 원

곡률반경 : 곡률원의 반지름

곡률중심 : 곡률원의 중심

정리 12.3.9

곡선을 따라 움직이고 있는 동점의 시간 t에서 위치를 $\mathbf{r}(t)$라 할 때 가속도벡터 $\mathbf{a}(t)$에 대하여 다음이 성립한다.

$$\mathbf{a}(t) = a_{\mathrm{T}}(t)\mathbf{T}(t) + a_{\mathrm{N}}(t)\mathbf{N}(t)$$

$$\|\mathbf{a}(t)\|^2 = a_{\mathrm{T}}(t)^2 + a_{\mathrm{N}}(t)^2$$

단, $a_{\mathrm{T}}(t) = \dfrac{d^2 s}{dt^2}$, $a_{\mathrm{N}}(t) = \kappa(t)\left(\dfrac{ds}{dt}\right)^2$

정리 12.3.10

곡선을 따라 움직이고 있는 동점의 시간 t에서 위치를 $\mathbf{r}(t)$라 할 때 곡선의 곡률 $\kappa(t)$는 다음과 같다.

$$\kappa(t) = \frac{\|\mathbf{v}(t) \times \mathbf{a}(t)\|}{\|\mathbf{v}(t)\|^3}$$

1. (1) $\mathbf{r}(t) = 2t^{3/2}\mathbf{i} + (t-3)\mathbf{j} + 3t\mathbf{k},\ (3 \le t \le 6)$

$$\frac{d\mathbf{r}}{dt} = (3\sqrt{t},\ 1,\ 3)$$

$$L = \int_3^6 \left\| \frac{d\mathbf{r}}{dt} \right\| dt = \int_3^6 \sqrt{9t+1+9}\, dt$$

$$= \left[\frac{2}{27}(9t+10)^{\frac{3}{2}} \right]_3^6$$

$$= \frac{2}{27}\left(64^{\frac{3}{2}} - 37^{\frac{3}{2}}\right)$$

$$= \frac{1024 - 74\sqrt{37}}{27}$$

(3) $\mathbf{r}(t) = e^t \cos t\mathbf{i} + e^t \sin t\mathbf{j} + e^t\mathbf{k},\ (0 \le t \le \pi)$

$$\frac{d\mathbf{r}}{dt} = (e^t\cos t - e^t\sin t^t,\ e^t\sin t + e^t\cos t,\ e^t)$$

$$L = \int_0^\pi \left\| \frac{d\mathbf{r}}{dt} \right\| dt = \int_0^\pi \sqrt{3e^{2t}}\, dt$$

$$= \sqrt{3}(e^\pi - 1)$$

3. (1) $\mathbf{r}(t) = (2-t^2)\mathbf{i} + 2t^3\mathbf{j} + t^2\mathbf{k},\ P(1,\ 2,\ 1)$

$t^2 = 1, 2t^3 = 2$이므로 $t = 1$일 때이다.

$$\mathbf{r}'(t) = (-2t,\ 6t^2,\ 2t)$$

$$\mathbf{r}''(t) = (-2,\ 12t,\ 2)$$

$$\mathbf{r}'(t) \times \mathbf{r}''(t) = \begin{vmatrix} \mathbf{i} & \mathbf{j} & \mathbf{k} \\ -2t & 6t^2 & 2t \\ -2 & 12t & 2 \end{vmatrix} = (-12t^2,\ 0,\ -12t^2)$$

정리 12.3.7로부터

$$\kappa(t) = \frac{\| \mathbf{r}'(t) \times \mathbf{r}''(t) \|}{\| \mathbf{r}'(t) \|^3}$$

이므로

$$\kappa(1) = \frac{\| \mathbf{r}'(1) \times \mathbf{r}''(1) \|}{\| \mathbf{r}'(1) \|^3} = \frac{3\sqrt{2}}{22\sqrt{11}}$$

$$\therefore\ \rho(1) = \frac{11\sqrt{22}}{3}$$

$$\mathbf{T}(t) = \frac{\mathbf{r}'(t)}{\| \mathbf{r}'(t) \|} = \frac{1}{\sqrt{9t^2+2}}(-2t,\ 6t^2,\ 2t)$$

$\mathbf{T}(1) = \dfrac{1}{\sqrt{11}}(-2,\ 6,\ 2)$

$\mathbf{T}'(t) = \dfrac{1}{(9t^2+2)^{3/2}}(-4,\ 6t(9t^2+4),\ 4)$

$\mathbf{T}'(1) = \dfrac{1}{11\sqrt{11}}(-4,\ 78,\ 4)$

$\mathbf{N}(1)$은 $\mathbf{T}'(1)$과 같은 방향의 단위벡터이므로

$\mathbf{N}(1) = \dfrac{1}{\sqrt{(-4)^2+78^2+4^2}}(-4,\ 78,\ 4) = \dfrac{1}{\sqrt{1529}}(-2,\ 39,\ 2)$

$(-1,3,1)\times(-2,39,2) = (-33,0,-33)$이고, $\mathbf{B}(1)$은 $(-33,0,-33)$과 같은 방향의 단위벡터이므로

$\mathbf{B}(1) = \dfrac{1}{\sqrt{2}}(-1,\ 0,\ -1)$

$\therefore$ 접촉평면: $-(x-1)+0(y-2)-1(z-1)=0$

즉, $x+z=2$

$\therefore$ 곡률중심 : $\mathbf{r}(1)+\rho(1)\mathbf{N}(1)$

$\qquad = (1,\ 2,\ 1) + \dfrac{11\sqrt{2}}{3\sqrt{139}}(-2,\ 39,\ 2)$

(3) $\mathbf{r}(t) = (t^2-t)\mathbf{i}+(t^2+t)\mathbf{j}+t^2\mathbf{k},\ P(6,\ 2,\ 4)$

$t^2=4,\ t^2+t=2$이므로 $t=-2$일 때이다.

$\mathbf{r}'(t) = (2t-1,\ 2t+1,\ 2t)$

$\mathbf{r}''(t) = (2,\ 2,\ 2)$

$\mathbf{r}'(t)\times\mathbf{r}''(t) = \begin{vmatrix} \mathbf{i} & \mathbf{j} & \mathbf{k} \\ 2t-1 & 2t+1 & 2t \\ 2 & 2 & 2 \end{vmatrix} = (2,\ 2,\ -4)$

$\kappa(t) = \dfrac{\|\mathbf{r}'(t)\times\mathbf{r}''(t)\|}{\|\mathbf{r}'(t)\|^3}$

이므로

$\kappa(1) = \dfrac{\|\mathbf{r}'(1)\times\mathbf{r}''(1)\|}{\|\mathbf{r}'(1)\|^3} = \dfrac{\sqrt{24}}{14\sqrt{14}}$

$\therefore\ \rho(1) = \dfrac{7\sqrt{21}}{3}$

$\mathbf{T}(t) = \dfrac{\mathbf{r}'(t)}{\|\mathbf{r}'(t)\|} = \dfrac{1}{\sqrt{12t^2+2}}(2t-1,\ 2t+1,\ 2t)$

$\mathbf{T}'(t) = \dfrac{1}{(12t^2+2)^{3/2}}(12t+4,\ -12t+4,\ 4)$

$\mathbf{N}(t)$은 $\mathbf{T}'(\mathrm{t})$과 같은 방향의 단위벡터이므로

$$\mathbf{N}(t) = \frac{1}{\sqrt{18t^2+3}}(3t+1,\ -3t+1,\ 1)$$

$$\mathbf{T}(1) = \frac{1}{\sqrt{14}}(1,\ 3,\ 2)$$

$$\mathbf{N}(1) = \frac{1}{\sqrt{21}}(4,\ -2,\ 1)$$

$$\mathbf{B}(1) = \mathbf{T}(1) \times \mathbf{N}(1) = \frac{1}{\sqrt{6}}(1,\ 1,\ -2)$$

∴ 접촉평면 : $(x-6)+(y-2)-2(z-4)=0$

즉, $x+y-2z=0$

∴ 곡률중심 : $\mathbf{r}(1)+\rho(1)\mathbf{N}(1) = (6,\ 2,\ 4) + \frac{7}{3}(4, -2, 1) = \left(\frac{46}{3}, -\frac{8}{3}, \frac{19}{3}\right)$

5. 11.4절로부터 모든 직선은 적당한 영벡터가 아닌 벡터 (a,b,c)와 점 (x_0,y_0,z_0)가 있어서, 벡터함수 $\mathbf{r}(t) = (at+x_0, bt+y_0, ct+z_0)$로 나타낼 수 있다.

$\Rightarrow \mathbf{r}'(t) = (a,\ b,\ c)$이므로 단위접선벡터

$$\mathbf{T} = \left(\frac{a}{\sqrt{a^2+b^2+c^2}}, \frac{b}{\sqrt{a^2+b^2+c^2}}, \frac{c}{\sqrt{a^2+b^2+c^2}}\right)$$

를 얻는다. 이것은 t에 대한 상수벡터함수이므로 정리 12.3.5로부터 곡률 $\kappa(t)=0$이다.

7. 본문으로부터 물체의 속도벡터 $\mathbf{v}(t)$와 가속도벡터 $\mathbf{a}(t)$는 다음을 만족함을 안다.

$$\mathbf{a}(t) = \frac{d\mathbf{v}}{dt}$$

그리고 속력이 일정하므로 $\|\mathbf{v}\| = c$(상수)이다. 따라서, $\mathbf{v}\cdot\mathbf{v} = c^2$(상수)이다. 양변을 미분하면 정리 12.2.3으로부터

$$\frac{d}{dt}(\mathbf{v}\cdot\mathbf{v}) = \frac{d\mathbf{v}}{dt}\cdot\mathbf{v} + \mathbf{v}\cdot\frac{d\mathbf{v}}{dt} = 2\mathbf{v}\cdot\frac{d\mathbf{v}}{dt} = 0$$

따라서 $\mathbf{v}(t)\cdot\mathbf{a}(t)=0$, 즉, 속도벡터와 가속도벡터는 서로 수직이다.

12.4 심화학습

정의 12.4.1

벡터함수 $\mathbf{r}(t)$ 와 실수 c 가 주어졌다. 임의의 양수 ϵ에 대하여 적당한 양수 δ가 존재하여 $0 < |t-c| < \delta$인 t에 대하여 $|\mathbf{r}(t) - L| < \varepsilon$가 성립할 때 L을 c 에서 $\mathbf{r}(t)$ 의 극한이라 하고 다음과 같은 기호로 나타낸다.

$$\lim_{t \to c} \mathbf{r}(t) = \mathbf{L}$$

정의 12.4.2(방향각)

xy평면에 있는 평면곡선 위의 한 점 $\mathbf{r}(t)$에서 그은 접선이 x축과 만나서 생기는 각을 $\mathbf{r}(t)$에서의 곡선의 **방향각**이라 하고 $\phi(t)$로 표시

정리 12.4.3

xy평면에 있는 평면곡선의 곡률은 다음과 같다.

$$\kappa = \left| \frac{d\phi}{ds} \right|$$

정리 12.4.4

xy평면에 있는 평면곡선 $x = x(t),\ y = y(t)$ 의 곡률은 다음과 같다.

$$\kappa(t) = \frac{|\dot{x}\ddot{y} - \ddot{x}\dot{y}|}{[\dot{x}^2 + \dot{y}^2]^{\frac{3}{2}}}$$

정리 12.4.5

함수 $y = f(x)$, $(a \leqq x \leqq b)$의 그래프로 주어지는 평면곡선의 곡률은 다음과 같다.

$$\kappa = \frac{|f''(x)|}{[1 + (f'(x))^2]^{3/2}}$$

1. (1) 임의의 $\varepsilon > 0$에 대해서 그에 대응하는 δ가 존재하여서 $|t-2| < \delta$를 만족하는 모든 t에 대해 $\| (t+3, t-5, t) - (5, -3, 2) \| < \varepsilon$가 성립하도록 δ를 잡아줘야 해야 한다. 우선 $\| (t+3, t-5, 5) - (5, -3, 2) \| < \varepsilon$ 식부터 정리해 보면 $\| (t-2, t-2, t-2) \| < \varepsilon$ 이므로 $\sqrt{3}\,|t-2| < \varepsilon$됨을 확인할 수 있다. 따라서 우리가 찾아주는 δ는 $\dfrac{\varepsilon}{\sqrt{3}}$이 된다.

(완성된 증명)

임의의 $\varepsilon > 0$에 대해서 $\delta = \dfrac{\varepsilon}{\sqrt{3}}$으로 존재하여 $|t-2| < \delta$를 만족하는 모든 t에 대해 $\| (t+3, t-5, 5) - (5, -3, 2) \| < \varepsilon$가 성립하게 된다.

따라서 $\lim_{t \to 2}(t+3, t-5, t) = (5, -3, 2)$ 이다.

3. (1) $x^{2/3} + y^{2/3} = 1, \quad P\left(\dfrac{1}{8}, \dfrac{3\sqrt{3}}{8}\right)$

$y^{2/3} \geq 0$이므로 $0 \leq x^{2/3} \leq 1$

따라서

$x = \cos^3\theta$

$y = \sin^3\theta\,(0 \leq \theta \leq 2\pi)$

로 놓을 수 있다.

이때,

$(\cos^3\theta, \sin^3\theta) = \left(\dfrac{1}{8}, \dfrac{3\sqrt{3}}{8}\right) \Rightarrow (\cos\theta, \sin\theta) = (\dfrac{1}{2}, \dfrac{\sqrt{3}}{2})$

이므로

$\theta = \pi/3$

$\dot{x} = 3\cos^2\theta(-\sin\theta) = -3\cos^2\theta\sin\theta$

$\ddot{x} = -6\cos\theta(-\sin^2\theta) - 3\cos^3\theta = 6\cos\theta\sin^2\theta - 3\cos^3\theta$

$\dot{y} = 3\sin^2\theta\cos\theta$

$\ddot{y} = 6\sin\theta\cos^2\theta - 3\sin^3\theta$

정리 12.4.5로부터

$$\kappa(t) = \frac{|\dot{x}\ddot{y} - \ddot{x}\dot{y}|}{[\dot{x}^2 + \dot{y}^2]^{\frac{3}{2}}} = \frac{1}{3\sin\theta\cos\theta}$$

$$\therefore\ \kappa(\pi/3) = \frac{1}{3 \cdot \dfrac{\sqrt{3}}{2} \cdot \dfrac{1}{2}} = \frac{4}{3\sqrt{3}}$$

(3) $x(x+y)^2 = 9 + (x+y)^2, \quad P(2, 1)$

$t = x + y$로 놓으면

$t^2 x = t^2 + 9$

$\therefore\ x = 1 + \dfrac{9}{t^2},\ y = t - 1 - \dfrac{9}{t^2}\,(t \neq 0)$

$(x,\ y) = (2,\ 1)$로부터 $t = x + y = 3$

$\dot{x} = -18t^{-3},\ \ddot{x} = 54t^{-4}$

$\dot{y} = 1 + 18t^{-3},\ \ddot{y} = -54t^{-4}$

정리 12.4.5로부터

$$\kappa(t) = \frac{|\dot{x}\ddot{y} - \ddot{x}\dot{y}|}{[\dot{x}^2 + \dot{y}^2]^{\frac{3}{2}}} = \frac{54t^{-4}}{(648t^{-6} + 36t^{-3} + 1)^{3/2}}$$

$$\therefore\ \kappa(3) = \frac{54 \cdot 3^{-4}}{(648 \cdot 3^{-6} + 36 \cdot 3^{-3} + 1)^{3/2}} = \frac{18}{29\sqrt{29}}$$

5. 함수의 그래프는 $x = x,\ y = f(x)$를 매개방정식으로 갖는다. 즉, $\mathbf{r}(t) = (x, f(x)) = (x, y)$ 라 하면, $\mathbf{r}'(t) = (1, f'(x)) = (1, \dot{y})$

따라서,

$$\mathbf{T}(t) = \frac{1}{\sqrt{1 + \dot{y}^2}}(1, \dot{y})$$

이므로

$$\mathbf{T}'(t) = \left(-\frac{\dot{y}\ddot{y}}{(1 + \dot{y}^2)\sqrt{1 + \dot{y}^2}},\ \frac{\ddot{y}}{(1 + \dot{y}^2)\sqrt{1 + \dot{y}^2}}\right)$$

$\ddot{y} > 0$이므로 $\mathbf{N}(t)$는 $(-\dot{y},\ 1)$과 같은 방향의 단위벡터이다. 즉,

$$\mathbf{N}(t) = \frac{1}{\sqrt{1 + \dot{y}^2}}(-\dot{y},\ 1)$$

이다. 곡률은 정리12.4.6으로부터

$$\kappa(t) = \frac{|\ddot{y}|}{(1 + \dot{y}^2)^{3/2}} = \frac{\ddot{y}}{(1 + \dot{y}^2)^{3/2}}$$

이므로 정의 12.3.8로부터 곡률중심은

$$\begin{aligned}
\mathbf{r}(t) + \rho(t)\mathbf{N}(t) &= (x,\ y) + \frac{(1 + \dot{y}^2)^{3/2}}{\ddot{y}} \cdot \frac{1}{\sqrt{1 + \dot{y}^2}}(-\dot{y},\ 1) \\
&= (x,\ y) + \frac{(1 + \dot{y}^2)}{\ddot{y}}(-\dot{y},\ 1) \\
&= \left(x - \frac{\dot{y}(1 + \dot{y}^2)}{\ddot{y}},\ y + \frac{1 + \dot{y}^2}{\ddot{y}}\right)
\end{aligned}$$

을 얻는다.

제 13 장 편도함수

13.1 다변수함수

정리 13.1.1

함수 f, g가 점 (a, b)에서 극한을 갖는다고 하자.

$$\lim_{(x,\,y)\to(a,\,b)} f(x,\,y) = A, \quad \lim_{(x,\,y)\to(a,\,b)} g(x,y) = B$$

라 하면 다음 식이 성립한다.

(1) $\displaystyle\lim_{(x,\,y)\to(a,\,b)} kf(x,\,y) = kA$ (k는 상수)

(2) $\displaystyle\lim_{(x,\,y)\to(a,\,b)} (f(x,\,y)+g(x,\,y)) = A+B$

(3) $\displaystyle\lim_{(x,\,y)\to(a,\,b)} (f(x,\,y)-g(x,\,y)) = A-B$

(4) $\displaystyle\lim_{(x,\,y)\to(a,\,b)} f(x,\,y)g(x,\,y) = AB$

(5) $\displaystyle\lim_{(x,\,y)\to(a,\,b)} \frac{f(x,\,y)}{g(x,\,y)} = \frac{A}{B}$ (단, $B \neq 0$)

(6) $\displaystyle\lim_{(x,\,y)\to(a,\,b)} \sqrt{f(x,\,y)} = \sqrt{A}$ (단, $A \geqq 0$)

(7) $\displaystyle\lim_{(x,\,y)\to(a,\,b)} |f(x,\,y)| = |A|$

(8) $\displaystyle\lim_{(x,\,y)\to(a,\,b)} x = a, \quad \lim_{(x,\,y)\to(a,\,b)} y = b$

(9) $\displaystyle\lim_{(x,\,y)\to(a,\,b)} k = k$ (k는 상수)

정리 13.1.2

(1) $\displaystyle\lim_{(x,\,y)\to(a,\,b)} |f(x,\,y)| = 0$이면 $\displaystyle\lim_{(x,\,y)\to(a,\,b)} f(x,\,y) = 0$이다.

(2) 점 $(a,\,b)$의 근방의 $(x,\,y) \neq (a,\,b)$에 대하여 $f(x,\,y) \leqq g(x,\,y)$이면 다음이 성립한다.

$$\lim_{(x,\,y)\to(a,\,b)} f(x,\,y) \leqq \lim_{(x,\,y)\to(a,\,b)} g(x,\,y)$$

정의 13.1.3

함수 $f(x, y)$가 점 (a, b)를 포함하는 근방에서 정의되고 다음 식을 만족할 때 점 (a, b)에서 연속이라고 한다.

$$\lim_{(x, y) \to (a, b)} f(x, y) = f(a, b)$$

함수 $f(x, y)$가 영역 $D \subset \mathbb{R}^2$의 각 점에서 연속일 때 $f(x, y)$는 영역 D에서 **연속**이라고 한다.

정리 13.1.4

이변수함수 $f(x, y)$와 $g(x, y)$가 평면영역 $D \subset \mathbb{R}^2$에서 연속이면

(1) $f(x, y) + g(x, y)$는 D에서 연속이다.

(2) $f(x, y) - g(x, y)$는 D에서 연속이다.

(3) $f(x, y)g(x, y)$는 D에서 연속이다.

(4) $|f(x, y)|$는 D에서 연속이다.

(5) $f(x, y) \geqq 0$이면 $\sqrt{f(x,y)}$는 D에서 연속이다.

(6) D에서 $g(x, y) \neq 0$ 이면 $\dfrac{f(x, y)}{g(x, y)}$는 D에서 연속이다.

정리 13.1.5

이변수함수 $z = f(x, y)$가 D에서 연속이고 $w = g(z)$가 f의 치역에서 연속이면 합성함수 $w = g(f(x, y))$도 D에서 연속이다.

2. $f(x, y) = x^2 + y^2 - 4xy + 7y + 5$

(1) $f(1, 0) = 6$ (3) $f(0, 5) = 65$

4. $f(x, y) = \dfrac{2x - 3y}{x^2 + y^2 + 2}$

(1) $f(1, 0) = \dfrac{2}{3}$ (3) $f(-3, 2) = -\dfrac{4}{5}$

6. (1) $f(x, y) = 2x^2 + y^2 - 3$

정의역 : R^2

치역 : $x^2, y^2 \geq 0$이므로 $f(x, y) \geq -3$ 또는 $[-3, \infty)$

(3) $f(x, y) = \dfrac{1}{x+y}$

정의역 : 분모가 0이 아닌 점들이므로 $(\mathrm{x}, \mathrm{y}) | \mathrm{x} + \mathrm{y} \neq 0$

치역 : $y = \dfrac{1}{x}$ 의 치역과 같으므로 $f(x, y) \neq 0$ 또는 $R - \{0\}$

8. (1) $f(x, y, z) = -x^2 - y^2 - z^2$

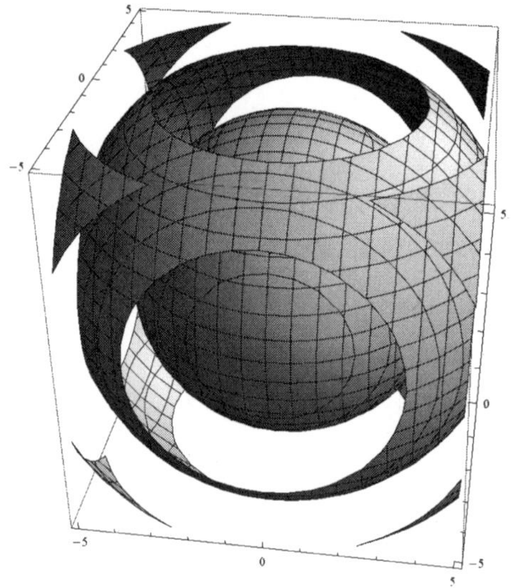

(3) $f(x, y, z) = x^2 + y^2$

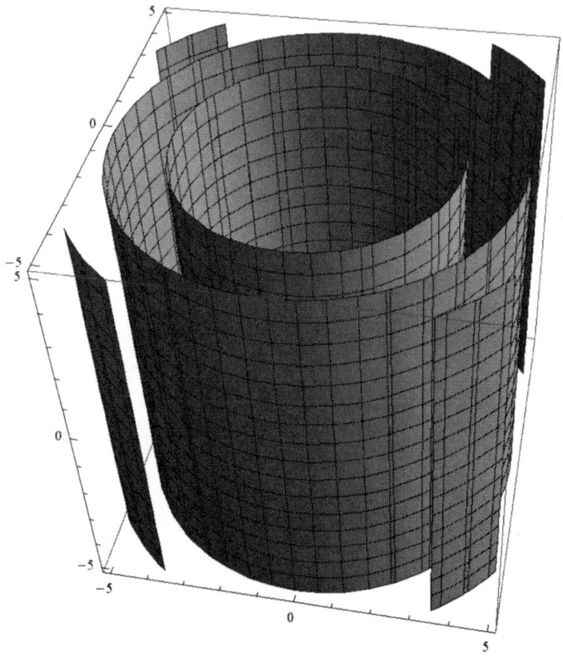

10. (1) $\displaystyle\lim_{(x,\,y)\to(0,\,0)} \frac{\sin(2x+y)}{2x-y}$

만약 극한이 존재한다면 원점으로 x축을 따라 극한을 구하거나 y축을 따라 극한을 구해도 존재하고 같아야 한다.

$(x,\,y)$가 x축을 따라 원점 $(0,\,0)$에 접근하는 경우 : $y=0$이므로

$$\begin{aligned}\lim_{\substack{(x,\,y)\to(0,\,0)\\ x\text{축}}} \frac{\sin(2x+y)}{2x-y} &= \lim_{\substack{(x,\,y)\to(0,\,0)\\ y=0}} \frac{\sin(2x+y)}{2x-y}\\ &= \lim_{x\to0}\frac{\sin 2x}{2x}\\ &=1\end{aligned}$$

$(x,\,y)$가 y축을 따라 원점 $(0,\,0)$에 접근하는 경우 : $x=0$이므로

$$\begin{aligned}\lim_{\substack{(x,\,y)\to(0,\,0)\\ y\text{축}}} \frac{\sin(2x+y)}{2x-y} &= \lim_{\substack{(x,\,y)\to(0,\,0)\\ x=0}} \frac{\sin(2x+y)}{2x-y}\\ &= \lim_{y\to0}\frac{\sin y}{-y}\\ &=-1\end{aligned}$$

원점 접근하는 방법에 따라 그 극한이 다르므로 극한은 존재하지 않는다.

(3) $\displaystyle\lim_{(x,\,y)\to(0,\,0)} \frac{(x+y)^2}{x^2+y^2}$

만약 극한이 존재한다면 원점으로어떻게 접근하더라도 극한이 존재하고 같아야 한다.

$(x,\,y)$가 x축을 따라 원점 $(0,0)$에 접근하는 경우 : $y=0$이므로

$$\begin{aligned}\lim_{\substack{(x,\,y)\to(0,\,0)\\ x\text{축}}} \frac{(x+y)^2}{x^2+y^2} &= \lim_{\substack{(x,\,y)\to(0,\,0)\\ y=0}} \frac{(x+y)^2}{x^2+y^2}\\ &= \lim_{x\to0}\frac{x^2}{x^2}\\ &=1\end{aligned}$$

$(x,\,y)$가 직선 $y=x$를 따라 원점 $(0,\,0)$에 접근하는 경우 : $y=x$이므로

$$\begin{aligned}\lim_{\substack{(x,\,y)\to(0,\,0)\\ y=x}} \frac{(x+y)^2}{x^2+y^2} &= \lim_{\substack{(x,\,y)\to(0,\,0)\\ y=x}} \frac{(x+y)^2}{x^2+y^2}\\ &= \lim_{x\to0}\frac{4x^2}{2x^2}\\ &=2\end{aligned}$$

원점에 접근하는 방법에 따라 그 극한이 다르므로 극한은 존재하지 않는다.

12. 가정으로부터 $(a,\,b)\in D$에 대해, $\displaystyle\lim_{(x,y)\to(a,b)} f(x,\,y)=f(a,\,b)$, $\displaystyle\lim_{(x,\,y)\to(a,\,b)} g(x,\,y)=g(a,\,b)$

이다.

(1), (2) $(a, b) \in D$에 대해, 정리 13.1.1(2),(3)으로부터

$$\begin{aligned}\lim_{(x,y)\to(a,b)} (f(x, y) \pm g(x, y)) &= \lim_{(x,y)\to(a,b)} f(x, y) \pm \lim_{(x,y)\to(a,b)} g(x, y)\\ &= f(a, b) \pm g(a, b)\end{aligned}$$

이다. 따라서 $f(x,y) \pm g(x,y)$는 D에서 연속이다.

(3) $(a, b) \in D$에 대해, 정리 13.1.1(4)으로부터

$$\lim_{(x,y)\to(a,b)} f(x, y)g(x, y) = \lim_{(x,y)\to(a,b)} f(x, y) \lim_{(x,y)\to(a,b)} g(x, y) = f(a, b)g(a, b)$$

이므로 $f(x,y)g(x,y)$는 D에서 연속이다.

(4) $(a, b) \in D$에 대해, 정리 13.1.1(7)으로부터

$$\lim_{(x,y)\to(a,b)} |f(x, y)| = |\lim_{(x,y)\to(a,b)} f(x, y)| = |f(a, b)|$$

이므로 $|f(x, y)|$는 D에서 연속이다.

(5) $(a, b) \in D$에 대해, 정리 13.1.1(6)으로부터

$$\lim_{(x,y)\to(a,b)} \sqrt{f(x, y)} = \sqrt{\lim_{(x,y)\to(a,b)} f(x, y)} = \sqrt{f(a, b)}$$

이므로 $\sqrt{f(x, y)}$는 D에서 연속이다.

(6) D에서 $g(x, y) \neq 0$이면, $(a, b) \in D$에 대해, 정리 13.1.1(5)으로부터

$$\lim_{(x,y)\to(a,b)} \frac{f(x, y)}{g(x, y)} = \frac{\displaystyle\lim_{(x,y)\to(a,b)} f(x, y)}{\displaystyle\lim_{(x,y)\to(a,b)} g(x, y)} = \frac{f(a, b)}{g(a, b)}$$

이므로 $\dfrac{f(x, y)}{g(x, y)}$는 D에서 연속이다.

13.2 편도함수

정의 13.2.1

점 (a, b)에서 함수 $z=f(x, y)$의 x에 대한 편미분계수, $\dfrac{\partial f}{\partial x}(a, b)$

$$\frac{\partial f}{\partial x}(a, b)=\lim_{\triangle x \to 0}\frac{f(a+\triangle x, b)-f(a, b)}{\triangle x}$$

점 (a, b)에서 함수 $z=f(x, y)$의 y에 대한 편미분계수, $\dfrac{\partial f}{\partial y}(a, b)$

$$\frac{\partial f}{\partial y}(a, b)=\lim_{\triangle y \to 0}\frac{f(a, b+\triangle y)-f(a, b)}{\triangle y}$$

정리 13.2.2

이변수함수 $z=f(x, y)$가 점 (a, b)에서 편미분가능하면 함수 f의 그래프 위의 점 $P(a,b,f(a,b))$에서 그래프의 접선에 대하여 다음이 성립한다.

점 P에서 x축 방향의 접선의 기울기 $= f_x(a, b)$

점 P에서 y축 방향의 접선의 기울기 $= f_y(a, b)$

정리 13.2.3

이변수함수 $z=f(x, y)$의 2계 편도함수 $f_{xy}(x, y)$, $f_{yx}(x, y)$가 xy평면의 영역 D에서 연속이면 영역 D 내부의 모든 점 (a, b)에서 다음이 성립한다.

$$f_{xy}(a, b)=f_{yx}(a, b)$$

1. (1) $f(x, y)=2+2xy^2-y$, $P(1, 2)$

$g(x)=f(x, 2)=8x$

$h(y)=f(1, y)=2y^2-y+2$

$g'(x)=8$, $g'(1)=8$, $f_x(x, y)=2y^2$, $f_x(1, 2)=8$

$h'(y) = 4y - 1,\ h'(2) = 7,\ f_y(x,\ y) = 4xy - 1,\ f_y(1,\ 2) = 7$

$\therefore\ g'(1) = f_x(1,\ 2)\ h'(2) = f_y(1,\ 2)$

(3) $f(x,\ y) = xy\ln(xy),\ P(2,\ e)$

$g(x) = f(x,\ e) = ex\ln(ex) = ex\ln x + ex$

$h(y) = f(2,\ y) = 2y\ln(2y)$

$f_x(x,\ y) = y\ln(xy) + xy\dfrac{y}{xy} = y\ln(xy) + y$

$f_y(x,\ y) = x\ln(xy) + x$

$g'(x) = e\ln x + 2e$

$h'(y) = 2\ln(2y) + 2$

$f_x(2,\ e) = e\ln(2e) + e = e\ln 2 + 2e$

$g'(2) = e\ln 2 + 2e$

$f_y(2,\ e) = 2\ln(2e) + 2 = 2\ln 2 + 4$

$h'(e) = 2\ln(2e) + 2 = 2\ln 2 + 4$

$\therefore\ g'(2) = f_x(2,\ e),\ h'(e) = f_y(2,\ e)$

3. (1) $f(x,\ y) = \sin^2 x\cos y$

$f_x = 2\sin x\cos x\cos y$

$f_{xy} = -2\sin x\cos x\sin y$

$f_y = -\sin^2 x\sin y$

$f_{yx} = -2\sin x\cos x\sin y$

$\therefore\ f_{xy} = f_{yx}$

(3) $f(x,\ y) = \tan(x^2 + y^2)$

$f_x = 2x\sec^2(x^2 + y^2)$

$\dfrac{d}{dx}(\sec x) = \sec x\tan x$ 이므로

$f_{xy} = 8xy\sec^2(x^2 + y^2)\tan(x^2 + y^2)$

$f_y = 2y\sec(x^2 + y^2)$

$f_{yx} = 8xy\sec^2(x^2 + y^2)\tan(x^2 + y^2)$

$\therefore\ f_{xy} = f_{yx}$

5. (1) $f(x,\ y) = \dfrac{1}{9}x^2 + \dfrac{1}{4}y^2,\ x = 1,\ P(1,\ 2,\ f(1,\ 2))$

$f(1,\ y) = \dfrac{1}{9} + \dfrac{y^2}{4}$이므로 $y = t$라 하면 $z = \dfrac{t^2}{4} + \dfrac{1}{9}$

따라서 매개방정식은

$x = 1,\ y = t,\ z = \dfrac{t^2}{4} + \dfrac{1}{9}$

이를 그려보면 다음을 얻는다.

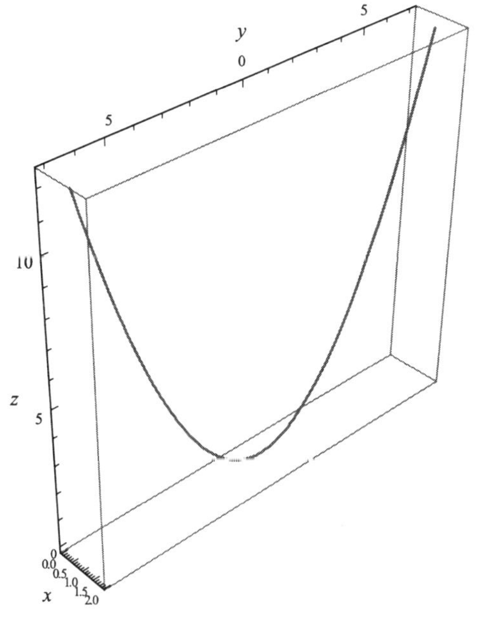

구하는 접선의 기울기는 정리 13.2.2로부터

$f_y(1,\ 2) = \left[\dfrac{2y}{4}\right]_{(x,\ y)\ =\ (1,\ 2)} = 1$

(3) $f(x,\ y) = x^2 + 4y^2,\ x = 2,\ P(2, 1,\ f(2, 1))$

$f(2,y) = 4 + 4y^2$이므로 $y = t$로 놓으면 $z = 4t^2 + 4$

따라서 매개방정식은

$x = 2,\ y = t,\ z = 4t^2 + 4$

이를 그려보면

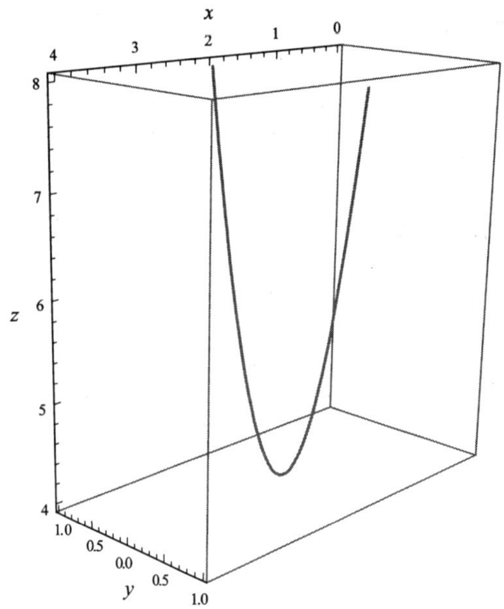

를 얻는다.

구하는 접선의 기울기는 정리 13.2.2로부터

$f_y(2, 1) = [8y]_{(x, y) = (2, 1)} = 8$

7. (1) $u(x, y) = x^2 - y^2$

$\dfrac{\partial^2 u}{\partial x^2} = 2, \ \dfrac{\partial^2 u}{\partial y^2} = -2$

$\therefore \ \dfrac{\partial^2 u}{\partial x^2} + \dfrac{\partial^2 u}{\partial y^2} = 0$

따라서 $x^2 - y^2$는 조화함수이다.

(3) $u(x,y) = e^x \cos y$

$\dfrac{\partial^2 u}{\partial x^2} = e^x \cos y, \ \dfrac{\partial^2 u}{\partial y^2} = -e^x \cos y$

$\therefore \ \dfrac{\partial^2 u}{\partial x^2} + \dfrac{\partial^2 u}{\partial y^2} = 0$

따라서 $e^x \cos y$는 조화함수이다.

9. $f(x, y) = \begin{cases} \dfrac{xy(x^2 - y^2)}{x^2 + y^2} & (x, y) \neq (0, 0) \\ 0 & (x, y) = (0, 0) \end{cases}$

(1) $f_x(x, y) = \dfrac{y(x^4 + 4x^2y^2 - y^4)}{(x^2 + y^2)^2}$,

$f_y(x, y) = \dfrac{x^5 - 4x^3y^2 - xy^4}{(x^2 + y^2)^2}$

(2) $f_x(0, 0) = \lim_{h \to 0} \dfrac{f(h, 0) - f(0, 0)}{h} = \lim_{h \to 0} \dfrac{0}{h} = 0$

마찬가지로하면 $f_y(0, 0) = 0$을 얻는다.

(3) 편미분계수의 정의로부터

$$f_{xy}(0, 0) = \lim_{h \to 0} \frac{f_x(0, h) - f_x(0, 0)}{h}$$

인데, (1)로부터 $f_x(0, h) = -\dfrac{h^5}{h^4}$, (2)로부터 $f_x(0, 0) = 0$이므로

$$f_{xy}(0, 0) = \lim_{h \to 0} \frac{-\dfrac{h^5}{h^4}}{h} = \lim_{h \to 0} -1 = -1$$ 이다.

마찬가지로 (1), (2)로부터 $f_y(h, 0) = \dfrac{h^5}{h^4} = h$, $f_y(0, 0) = 0$이므로

$$f_{yx}(0, 0) = \lim_{h \to 0} \frac{f_y(h, 0) - f_y(0, 0)}{h} = \lim_{h \to 0} 1 = 1$$ 이다.

13.3 연쇄법칙

정리 13.3.1

이변수함수 $z=f(x, y)$가 미분가능하고, 두 함수

$$x=x(s),\ y=y(s)$$

가 각각 s에 대해 미분가능한 함수이면 일변수함수 $z=f(x(s), y(s))$도 s에 대해 미분가능하고 다음이 성립한다.

$$\frac{dz}{ds}=\frac{\partial z}{\partial x}\frac{dx}{ds}+\frac{\partial z}{\partial y}\frac{dy}{ds}$$

정리 13.3.2

이변수함수 $z=f(x, y)$가 미분가능하고, 두 함수

$$x=x(s, t),\ y=y(s, t)$$

가 각각 미분가능하면 s, t에 대한 이변수함수 $z=f(x(s, t), y(s, t))$도 미분가능하며 다음 식이 성립한다.

$$\frac{\partial z}{\partial s}=\frac{\partial z}{\partial x}\frac{\partial x}{\partial s}+\frac{\partial z}{\partial y}\frac{\partial y}{\partial s}$$

$$\frac{\partial z}{\partial t}=\frac{\partial z}{\partial x}\frac{\partial x}{\partial t}+\frac{\partial z}{\partial y}\frac{\partial y}{\partial t}$$

정리 13.3.3

n변수함수 $w=f(x_1, x_2, \cdots, x_n)$가 미분가능하다.

(1) 함수

$$x_1=x_1(t), x_2=x_2(t), \cdots, x_n=x_n(t)$$

가 각각 미분가능하면 t에 대한 일변수함수 $f(x_1(t), x_2(t), \cdots, x_n(t))$는 미분가능하며 다음이 성립한다.

$$\frac{dw}{dt} = \frac{\partial w}{\partial x_1}\frac{dx_1}{dt} + \frac{\partial w}{\partial x_2}\frac{dx_2}{dt} + \cdots + \frac{\partial w}{\partial x_n}\frac{dx_n}{dt}$$

(2) 함수

$$x_1 = x_1(t_1, t_2, \cdots, t_m),\ x_2 = x_2(t_1, t_2, \cdots, t_m),\ \cdots,\ x_n = x_n(t_1, t_2, \cdots, t_m)$$

가 각각 미분가능하면 $t_1, t_2, \cdots, t_m$에 대한 m변수함수

$$f(x_1(t_1, t_2, \cdots, t_m),\ x_2(t_1, t_2, \cdots, t_m),\ \cdots,\ x_n(t_1, t_2, \cdots, t_m))$$

도 미분가능하며 다음의 식이 성립한다.

$$\frac{\partial w}{\partial t_1} = \frac{\partial w}{\partial x_1}\frac{\partial x_1}{\partial t_1} + \frac{\partial w}{\partial x_2}\frac{\partial x_2}{\partial t_1} + \cdots + \frac{\partial w}{\partial x_n}\frac{\partial x_n}{\partial t_1}$$

$$\frac{\partial w}{\partial t_2} = \frac{\partial w}{\partial x_1}\frac{\partial x_1}{\partial t_2} + \frac{\partial w}{\partial x_2}\frac{\partial x_2}{\partial t_2} + \cdots + \frac{\partial w}{\partial x_n}\frac{\partial x_n}{\partial t_2}$$

$$\cdots$$

$$\frac{\partial w}{\partial t_m} = \frac{\partial w}{\partial x_1}\frac{\partial x_1}{\partial t_m} + \frac{\partial w}{\partial x_2}\frac{\partial x_2}{\partial t_m} + \cdots + \frac{\partial w}{\partial x_n}\frac{\partial x_n}{\partial t_m}$$

정리 13.3.4

미분가능한 삼변수함수 $F(x, y, z)$와 다음 식이 주어졌다.

$$F(x, y, z) = 0$$

점 $P_0(x_0, y_0, z_0)$가 위의 방정식이 나타내는 곡면 S 위의 한 점일 때

(1) $F_z(x_0, y_0, z_0) \neq 0$이면 점 P_0 근방의 곡면 S의 일부분은 적당한 이변수함수 $z = f(x, y)$의 그래프가 된다. 즉, $F(x, y, z) = 0$는 점 P_0에서 z를 x, y의 함수로 음함수적으로 정의한다.

(2) $F_x(x_0, y_0, z_0) \neq 0$이면 $F(x, y, z) = 0$는 점 P_0에서 x를 y, z의 함수로 음함수적으로 정의한다.

(3) $F_y(x_0, y_0, z_0) \neq 0$이면 $F(x, y, z) = 0$는 점 P_0에서 y를 x, z의 함수로 음함수적으로 정의한다.

정리 13.3.5

$F(x, y, z)$가 미분가능하고 점 $P_0(x_0, y_0, z_0)$가 방정식

$$F(x,y,z)=0$$

을 만족한다. $F_z(x_0, y_0, z_0) \neq 0$이면 $P_0(x_0, y_0, z_0)$에서 다음이 성립한다.

$$\frac{\partial z}{\partial x} = -\frac{\dfrac{\partial F}{\partial x}}{\dfrac{\partial F}{\partial z}}, \quad \frac{\partial z}{\partial y} = -\frac{\dfrac{\partial F}{\partial y}}{\dfrac{\partial F}{\partial z}}$$

1. (1) $z = xy^2 + x^2y, \quad x = 1 + 2t^2, \ y = 1 - 2t^2$

정리 13.3.1로부터

$$\begin{aligned}
\frac{dz}{dt} &= \frac{\partial z}{\partial x}\frac{dx}{dt} + \frac{\partial z}{\partial y}\frac{dy}{dt} \\
&= (y^2 + 2xy)4t + (2xy + x^2)(-4t) \\
&= [(1-2t^2)^2 + 2(1+2t^2)(1-2t^2)]4t + [2(1+2t^2)(1-2t^2) + (1+2t^2)^2](-4t) \\
&= -32t^3
\end{aligned}$$

또는 다음과 같이 정리해서 구해도 된다.

$$\begin{aligned}
(y^2 + 2xy)4t + (2xy + x^2)(-4t) &= 4t(y^2 + 2xy - (2xy + x^2)) \\
&= 4t(y^2 - x^2) = 4t(y + x)(y - x) \\
&= 4t(2)(-4t^2) = -32t^3
\end{aligned}$$

(3) $z = \ln(x^2 + 2y^2), \quad x = \sqrt{1 + t^2}, \quad y = 1 - t^2$

$$\begin{aligned}
\frac{dz}{dt} &= \frac{\partial z}{\partial x}\frac{dx}{dt} + \frac{\partial z}{\partial y}\frac{dy}{dt} \\
&= \frac{2x}{x^2 + 2y^2}\left(\frac{1}{2}\right)\left(\frac{2t}{(1+t^2)^{1/2}}\right) + \frac{4y}{x^2 + 2y^2}(-2t) \\
&= \frac{1}{x^2 + 2y^2}\left(\frac{2tx}{(1+t^2)^{1/2}} - 8ty\right) \\
&= \frac{1}{2t^4 - 3t^2 + 3}(2t - 8(t - t^3)) \\
&= \frac{8t^3 - 6t}{2t^4 - 3t^2 + 3}
\end{aligned}$$

이 경우에는 직접 대입하여 $z = \ln(2t^4 - 3t^2 + 3)$를 t에 대해 미분하는 것이 더 간단하다.

(5) $w = x^3 + y^3 + z^3 + 4z + 4, \quad x = 2t, \ y = t - 1, \ z = t^2$

$$\frac{dw}{dt} = \frac{\partial w}{\partial x}\frac{dx}{dt} + \frac{\partial w}{\partial y}\frac{dy}{dt} + \frac{\partial w}{\partial z}\frac{dz}{dt}$$
$$= (3x^2)2 + (3y^2)1 + (3z^2+4)(2t)$$
$$= 6(2t)^2 + 3(t-1)^2 + (3t^4+4)(2t)$$
$$= 6t^5 + 27t^2 + 2t + 3$$

3. (1) $w = x^2 + y^2 + z^2 - 2x,\ x = st,\ y = \sin t,\ z = \cos t\ :\ \frac{\partial w}{\partial s},\ \frac{\partial w}{\partial t},\ (s,t) = \left(2, \frac{2\pi}{3}\right)$

$$\frac{\partial w}{\partial s} = \frac{\partial w}{\partial x}\frac{\partial x}{\partial s} + \frac{\partial w}{\partial y}\frac{\partial y}{\partial s} + \frac{\partial w}{\partial z}\frac{\partial z}{\partial s}$$
$$= (2x-2)t + 0 + 0$$
$$= 2st^2 - 2t$$
$$\therefore\ \frac{\partial w}{\partial s}\left(2, \frac{2\pi}{3}\right) = \frac{16\pi^2}{9} - \frac{4}{3}\pi$$
$$\frac{\partial w}{\partial t} = \frac{\partial w}{\partial x}\frac{\partial x}{\partial t} + \frac{\partial w}{\partial y}\frac{\partial y}{\partial t} + \frac{\partial w}{\partial z}\frac{\partial z}{\partial t}$$
$$= (2x-2)s + 2y\cos t + 2z(-\sin t)$$
$$= (2st-2)s + 2\sin t\cos t + 2\cos t(-\sin t)$$
$$= 2s^2t - 2s$$
$$\therefore\ \frac{\partial w}{\partial t}\left(2, \frac{2\pi}{3}\right) = 2(2)^2\frac{2\pi}{3} - 2(2) = \frac{16}{3}\pi - 4$$

(3) $w = xy + yz + zx,\ x = e^{st},\ y = s^2 + t^2,\ z = \ln st\ :\ \frac{\partial z}{\partial s},\ \frac{\partial z}{\partial t},\ (s,t) = (-1, -2)$

$$w_s = \frac{\partial w}{\partial x}\frac{\partial x}{\partial s} + \frac{\partial w}{\partial y}\frac{\partial y}{\partial s} + \frac{\partial w}{\partial z}\frac{\partial z}{\partial s} = (y+z)e^{st}t + (x+z)2s + (x+y)\frac{t}{st}$$
$$\therefore\ w_s(-1, -2) = -13e^2 - 2\ln 2 - 2e^2\ln 2 - 5$$
$$w_t = \frac{\partial w}{\partial x}\frac{\partial x}{\partial t} + \frac{\partial w}{\partial y}\frac{\partial y}{\partial t} + \frac{\partial w}{\partial z}\frac{\partial z}{\partial t} = (y+z)e^{st}s + (x+z)2t + (x+y)\frac{s}{st}$$
$$\therefore\ w_t(-1,-2) = -\frac{19}{2}e^2 - e^2\ln 2 - 4\ln 2 - \frac{5}{2}$$

5. (1) $\frac{\partial z}{\partial r} = \frac{\partial z}{\partial x}\frac{\partial x}{\partial r} + \frac{\partial z}{\partial y}\frac{\partial y}{\partial r} = \frac{\partial z}{\partial x}\cos\theta + \frac{\partial z}{\partial y}\sin\theta$

$$\frac{\partial z}{\partial \theta} = \frac{\partial z}{\partial x}\frac{\partial x}{\partial \theta} + \frac{\partial z}{\partial y}\frac{\partial y}{\partial \theta} = \frac{\partial z}{\partial x}(-r\sin\theta) + \frac{\partial z}{\partial y}(r\cos\theta)$$

이므로

$$\left(\frac{\partial z}{\partial r}\right)^2 + \frac{1}{r^2}\left(\frac{\partial z}{\partial \theta}\right)^2 = \left(\frac{\partial z}{\partial x}\cos\theta + \frac{\partial z}{\partial y}\sin\theta\right)^2 + \left(\frac{\partial z}{\partial x}\sin\theta - \frac{\partial z}{\partial y}\cos\theta\right)^2$$

$$=\left(\frac{\partial z}{\partial x}\right)^2+\left(\frac{\partial z}{\partial y}\right)^2$$

(3) $\frac{\partial z}{\partial s}=\frac{\partial z}{\partial x}\frac{\partial x}{\partial s}+\frac{\partial z}{\partial y}\frac{\partial y}{\partial s}=\frac{\partial z}{\partial x}+\frac{\partial z}{\partial y}$

$\frac{\partial z}{\partial t}=\frac{\partial z}{\partial x}\frac{\partial x}{\partial t}+\frac{\partial z}{\partial y}\frac{\partial y}{\partial t}=\frac{\partial z}{\partial x}-\frac{\partial z}{\partial y}$

이므로

$$\frac{\partial z}{\partial s}\frac{\partial z}{\partial t}=\left(\frac{\partial z}{\partial x}+\frac{\partial z}{\partial y}\right)\left(\frac{\partial z}{\partial x}-\frac{\partial z}{\partial y}\right)=\left(\frac{\partial z}{\partial x}\right)^2-\left(\frac{\partial z}{\partial y}\right)^2$$

(5) $\frac{\partial f}{\partial s}=\frac{\partial f}{\partial x}\frac{\partial x}{\partial s}+\frac{\partial f}{\partial y}\frac{\partial y}{\partial s}$

$=\frac{\partial f}{\partial x}3x^2+\frac{\partial f}{\partial y}(-3s^2)$

$\frac{\partial f}{\partial t}=\frac{\partial f}{\partial x}\frac{\partial x}{\partial t}+\frac{\partial f}{\partial y}\frac{\partial y}{\partial t}$

$=\frac{\partial f}{\partial x}(-3t^2)+\frac{\partial f}{\partial y}(3t^2)$

따라서 $t^2\frac{\partial f}{\partial s}+s^2\frac{\partial f}{\partial t}=0$임을 알 수 있다.

13.4 방향도함수와 그래디언트

정의 13.4.1

단위벡터 $\mathbf{u}=(a,\ b)$에 대해 점 $P(x_0,\ y_0)$에서 함수 $z=f(x,\ y)$의 $\mathbf{u}$ 방향으로의 **방향도함수** $D_{\mathrm{u}}f(x_{0,}\ y_0)$를 다음과 같이 정의한다.

$$D_{\mathrm{u}}f(x_0,\ y_0)=\lim_{t\to 0}\frac{f(x_0+ta,\ y_0+tb)-f\ (x_0,\ y_0)}{t}$$

정리 13.4.2

함수 $z=f(x,\ y)$가 연속인 편도함수를 가지면 점 $P(x_0,\ y_0)$에서 단위벡터 $\mathbf{u}=(a,\ b)$ 방향으로 f의 방향도함수는 다음과 같다.

$$D_{\mathrm{u}}f(x_0,y_0)=\mathbf{u}\cdot(f_x(x_0,\ y_0),\ f_y(x_0,\ y_0))=af_x(x_0,\ y_0)+bf_y(x_0,\ y_0)$$

정의 13.4.3

편도함수가 존재하는 이변수함수 $z=f(x,\ y)$에 대하여 f의 **그래디언트**란 다음과 같이 정의되는 벡터함수 $\nabla f(x,\ y)$

$$\nabla f(x,\ y)=(f_x(x,\ y),\ f_y(x,\ y))=f_x(x,\ y)\mathrm{i}+f_y(x,\ y)\mathrm{j}$$

∇f는 "del f"로 읽는다. grad$(f)(x,y)$로도 표기

그래디언트를 사용하면 방향도함수를 다음과 같이 나타낼 수 있다.

$$D_{\mathrm{u}}f(x,\ y)=\mathbf{u}\cdot(f_x(x,\ y),\ f_y(x,\ y))=\mathbf{u}\cdot\nabla f(x,\ y)$$

정리 13.4.4

삼변수함수 $w=f(x,y,z)$가 연속인 편도함수를 가지면 점 P에서 단위벡터 $\mathbf{u}\in\mathbb{R}^3$의 방향으로 f의 방향도함수는 다음과 같다.

$$D_{\mathbf{u}}f(P)=\mathbf{u}\cdot(f_x(P),f_y(P),f_z(P))=\mathbf{u}\cdot\nabla f(P)$$

n변수함수 $y=f(x_1,x_2,\cdots,x_n)$가 연속인 편도함수를 가지면 점 P에서 단위벡터 $\mathbf{u}\in\mathbb{R}^n$의 방향으로 f의 방향도함수는 다음과 같다.

$$D_{\mathbf{u}}f(P)=\mathbf{u}\cdot(f_{x_1}(P),f_{x_2}(P),\cdots,f_{x_n}(P))=\mathbf{u}\cdot\nabla f(P)$$

정리 13.4.5

함수 f가 연속인 편도함수를 가지면 f의 정의역의 점 P에서 f의 방향도함수의 최댓값, 최솟값은 다음과 같다.

(1) 방향도함수의 최댓값 $=\nabla f(P)$방향으로의 방향도함수 $=\|\nabla f(P)\|$

(2) 방향도함수의 최솟값 $=-\nabla f(P)$방향으로의 방향도함수 $=-\|\nabla f(P)\|$

정리 13.4.6

$z=f(x,y)$의 정의역의 한 점 $P(x_0,y_0)$을 지나는 등고선을 L이라하면 점 $P(x_0,y_0)$에서 등고선 L의 접선과 f의 그래디언트 $\nabla f(x_0,y_0)$은 서로 수직이다.

1. (1) $f(x,y)=x^2y-y^3x,\ P(2,-3),\ \mathbf{u}=(-3/5,4/5)$

$$\begin{aligned}D_{\mathbf{u}}f(x,y)&=\nabla f(x,y)\cdot\mathbf{u}\\&=(2xy-y^3,\ x^2-3y^2x)\cdot\left(-\frac{3}{5},\frac{4}{5}\right)\\&=-\frac{3}{5}(2xy-y^3)+\frac{4}{5}(x^2-3y^2x)\end{aligned}$$

$\therefore\ D_uf(2,-3)=-49$

(3) $f(x,y)=\cos(x^2-y^2),\ P(\sqrt{\pi},\sqrt{\pi}/2),\ \mathbf{u}=(1/\sqrt{2},-1/\sqrt{2})$

$$\begin{aligned}D_{\mathbf{u}}f(x,y)&=\nabla f(x,y)\cdot\mathbf{u}\\&=(-2x\sin(x^2-y^2),\ 2y\sin(x^2-y^2))\cdot\left(\frac{1}{\sqrt{2}},-\frac{1}{\sqrt{2}}\right)\end{aligned}$$

$$\therefore D_{\mathbf{u}}f(\sqrt{\pi},\sqrt{\pi}/2)=\left(-\sqrt{2\pi},\frac{\sqrt{2\pi}}{2}\right)\cdot\left(\frac{1}{\sqrt{2}},-\frac{1}{\sqrt{2}}\right)=-\frac{3\sqrt{\pi}}{2}$$

3. (1) $f(x,y)=x^3y^2-xy,\ P(2,1)$

$\nabla f(x,y)=(3x^2y^2-y, 2x^3y-x)$

$\therefore\ \nabla f(2,1)=(11,14)$

정리 13.4.5로부터 방향도함수가 최대가 되는 방향은 $\nabla f(2,1)$방향, 즉, $(11,14)$이고 최댓값은 $\sqrt{317}$ 이고 최소가 되는 방향은 $(-11,-14)$이고 최솟값은 $-\sqrt{317}$ 이다.

(3) $f(x,y)=e^x\cos y,\ P(1,\pi)$

$\nabla f(x,y)=(e^x\cos y,\ -e^x\sin y)$

$\therefore\ \nabla f(1,\pi)=(-e,0)$

정리 13.4.5로부터 방향도함수가 최대가 되는 방향은 $\nabla f(1,\pi)$방향, 즉, $(-1,0)$이고 최댓값은 e이고 최소가 되는 방향은 $(1,0)$이고 최솟값은 $-e$이다.

5. (1) $f(x,y,z)=x^3y^2-yz^3,\ P(2,-1,1)$

$\nabla f(x,y,z)=(3x^2y^2, 2x^3y-z^3, -3yz^2)$

$\therefore\ \nabla f(2,-1,1)=(12,-17,3)$

정리 13.4.5로부터 방향도함수가 최대가 되는 방향은 $\nabla f(2,-1,1)$방향, 즉, $(12,-17,3)$이고 최댓값은 $\sqrt{442}$ 이고 최소가 되는 방향은 $(-12,17,-3)$이고 최솟값은 $-\sqrt{442}$ 이다.

(3) $f(x,y)=e^x\cos y\sin z,\ P(1,\pi/3,\pi/6)$

$\nabla f(x,y,z)=(e^x\cos y\sin z, -e^x\sin y\sin z, e^x\cos y\cos z)$

$\therefore\ \nabla f(1,\pi/3,\pi/6)=\left(\frac{e}{4}, -\frac{\sqrt{3}\,e}{4}, \frac{\sqrt{3}\,e}{4}\right)$

정리 13.4.5로부터 방향도함수가 최대가 되는 방향은 $\nabla f(1,\pi/3,\pi/6)$방향, 즉, $(1,-\sqrt{3},\sqrt{3})$이고 최댓값은 $\frac{\sqrt{7}\,e}{4}$이고 최소가 되는 방향은 $(-1,\sqrt{3},-\sqrt{3})$이고 최솟값은 $-\frac{\sqrt{7}\,e}{4}$이다.

7. xy평면과 평면 $x+2y=2$가 만나는 직선을 매개방정식으로 표현하면 $x=2-2t,\ y=t$로 놓을 수 있다. 즉 직선의 방향벡터는 $(-2,1)$이다. 방향도함수의 정의로부터 구하는 곡선의 접선의 기울기는 $D_{\mathbf{u}}f(-2,2)$임을 알 수 있다. 여기서 $f(x,y)=x^2+y^2$, $\mathbf{u}=\left(-\frac{2}{\sqrt{5}}, \frac{1}{\sqrt{5}}\right)$이다. $\nabla f(x,y)=(2x,2y)$이므로 $D_{\mathbf{u}}f(-2,2)=(-4,4)\cdot\left(-\frac{2}{\sqrt{5}}, \frac{1}{\sqrt{5}}\right)=\frac{12}{\sqrt{5}}$이다.

접선을 반대방향을 따라 (즉, $\mathbf{u}=\left(\frac{2}{\sqrt{5}}, -\frac{1}{\sqrt{5}}\right)$로 잡으면) 기울기를 볼 수도 있으므로 답은 $\frac{12}{\sqrt{5}}$ 또는 $-\frac{12}{\sqrt{5}}$이다.

9. 구하는 답은 $f(x, y) = x^2y + 2xy^2$이라고 할 때 $D_{\mathrm{u}}f(2, -1)$가 최대가 되는 방향이다. $\nabla f(x, y) = (2xy + 2y^2, x^2 + 4xy)$이므로 $\nabla f(2, -1) = (-2, -4)$이다. 따라서 정리 13.4.5로부터 $D_{\mathrm{u}}f(2, -1)$가 최대가 되는 방향은 $(-1, -2)$이다.

11. 만약 $\mathbf{u}$, $\mathbf{v}$가 서로 평행이 아니라면

$\mathbf{w} = \mathbf{v} - (\frac{\mathbf{v} \cdot \mathbf{u}}{\mathbf{u} \cdot \mathbf{u}})\mathbf{u}$로 놓으면 $\mathbf{u}, \frac{\mathbf{w}}{|\mathbf{w}|}$는 서로 수직이 된다.

따라서 $\mathbf{u}$, $\mathbf{v}$가 서로 수직이라고 가정해도 무방하다. 만약 점 P에서 $\mathrm{D}_{\mathrm{u}}f(p)$, $\mathrm{D}_{\mathrm{v}}f(p)$가 주어진다면

$\mathrm{D}_{\mathrm{u}}f(p) = \nabla f(p) \cdot \mathbf{u}$, $\mathrm{D}_{\mathrm{v}}f(p) = \nabla f(p) \cdot \mathbf{v}$

임을 이용하여 $\nabla f(p)$를 다음과 같이 구할 수 있다.

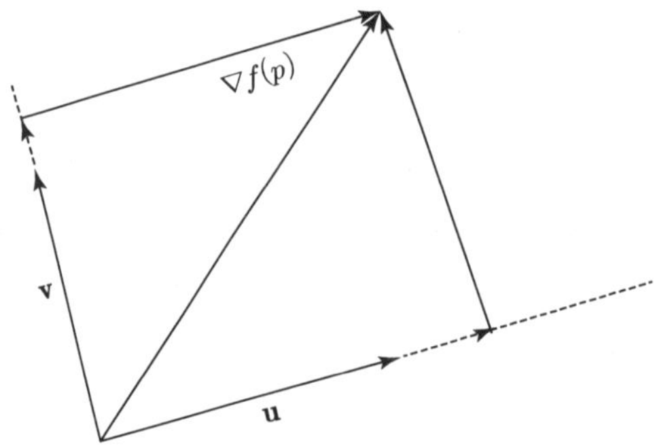

위의 그림과 같이 $\nabla f(p)$를 $\mathbf{u}$ 위로의 정사영 벡터가 $(\nabla f(p) \cdot \mathbf{u})\mathbf{u}$이고 $\nabla f(p)$를 $\mathbf{v}$ 위로의 정사영 벡터가 $(\nabla f(p) \cdot \mathbf{v})\mathbf{v}$이므로

$$\begin{aligned}\nabla f(p) &= (\nabla f(p) \cdot \mathbf{u})\mathbf{u} + (\nabla \mathrm{f}(\mathrm{p}) \cdot \mathbf{v})\mathbf{v} \\ &= (\mathrm{D}_{\mathrm{u}}f(p))\mathbf{u} + (\mathrm{D}_{\mathrm{v}}f(p))\mathbf{v}\end{aligned}$$

13.5 접평면과 전미분

정리 13.5.1

미분가능한 함수 $F(x, y, z)$에 대해, 곡선 $\mathbf{r}(t)$가 곡면 $F(x, y, z)=0$ 위에 있는 곡선이고 점 $P=\mathbf{r}(t_0)$를 지나면 점 P에서 F의 그래디언트는 곡선의 접선에 수직하다. 즉

$$\nabla F(P)\cdot \mathbf{r}'(t_0)=0$$

정의 13.5.2

공간에 있는 곡면 S의 방정식이 $F(x, y, z)=0$일 때 곡면 S위의 점 $P(a, b, c)$에서곡면 S의 **접평면**은 점 P를 지나고 $\nabla F(a, b, c)$ 에 수직인 평면이다. 즉, 접평면의 방정식은 다음과 같다.

$$F_x(a, b, c)(x-a)+F_y(a, b, c)(y-b)+F_z(a, b, c)(z-c)=0$$

정리 13.5.3

함수 $z=f(x, y)$의 그래프 위의 점 $P(a, b, c)$에서 접평면의 방정식

$$f_x(a, b)(x-a)+f_y(a, b)(y-b)-(z-c)=0$$

단, $c=f(a, b)$

정의 13.5.4(전미분)

점 (a, b)에서 함수 $f(x, y)$의 **전미분**

$$dz=f_x(a, b)dx+f_y(a, b)dy$$

1. (1) $x^2+y^2+z^2=16$, $P(2, 3, \sqrt{3})$

$F(x, y, z)=x^2+y^2+z^2-16$라 하면 구하는 접평면의 법선벡터는 $\nabla F(2, 3, \sqrt{3})$이다. $\nabla F(x, y, z)=(2x, 2y, 2z)$이므로 $\nabla F(2, 3, \sqrt{3})=(4, 6, 2\sqrt{3})$.

따라서 구하는 접평면의 방정식은 $(4, 6, 2\sqrt{3}) \cdot (x-2, y-3, z-\sqrt{3}) = 0$

$\therefore\ 2x+3y+\sqrt{3}z-16=0$

(3) $x^2+y^2-z^2-2xy+4xz=4,\ P(1,0,1)$

$F(x, y, z) = x^2+y^2-z^2-2xy+4xz-4$라 하면 구하는 접평면의 법선벡터는 $\nabla F(1, 0, 1)$이다. $\nabla F(x, y, z) = (2x-2y+4z, 2y-2x, -2z+4x)$이므로 $\nabla F(1, 0, 1) = (6, -2, 2)$.

따라서 구하는 접평면의 방정식은 $(6, -2, 2) \cdot (x-1, y, z-1) = 0$

$\therefore\ 3x-y+z-4=0$

3. (1) $f(x, y) = x^2+4y^2,\ P(2, 3),\ Q(2.02, 2.98)$

전미분은 $dz = f_x(a, b)dx + f_y(a, b)dy$이므로 각각을 구하면

$f_x(x, y) = 2x,\ f_y(x, y) = 8y$

$\therefore\ f_x(2, 3) = 4,\ f_y(2, 3) = 24$

$dx = 2.02-2 = 0.02,\ dy = 2.98-3 = -0.02$

$\therefore\ dz = 4(0.02)+24(-0.02) = -0.4$

(3) $f(x, y) = \dfrac{x}{\sqrt{1+x^2+y^2}},\ P(2, 2),\ Q(1.9, 2.1)$

전미분은 $dz = f_x(a, b)dx + f_y(a, b)dy$이므로 각각을 구하면

$dx = -0.1,\ dy = 0.1$

$$f_x(x, y) = \frac{1+y^2}{(1+x^2+y^2)^{\frac{3}{2}}}$$

$$f_x(2, 2) = \frac{5}{27}$$

$$f_y(x, y) = -\frac{xy}{(1+x^2+y^2)^{\frac{3}{2}}}$$

$$f_y(2, 2) = -\frac{4}{27}$$

$$\therefore\ df = \frac{5}{27}(-0.1) - \frac{4}{27}(0.1) = -\frac{9}{270} = -\frac{1}{30}$$

5. 원통의 반지름을 r, 높이를 h라 하면 부피 V는 $V=\pi r^2 h$을 만족한다. V를 r, h의 함수로 보고 V의 전미분을 구하면 $dV = V_r(a, b)dr + V_h(a, b)dh$이다. 편의상 현재 상태, 즉, 점 (a,b)는 표시하지 않도록 하겠다. $V_r = 2\pi rh,\ V_h = \pi r^2$이고 $|dr| = 0.01r,\ |dh| = 0.02h$이므로

$$|dV| = |V_r dr + V_h dh| \le |V_r||dr| + |V_h||d_h|$$
$$= (2\pi rh)(0.01r) + (\pi r^2)(0.02h)$$
$$= 0.04\pi r^2 h$$

따라서, 부피를 계산하는데 발생하는 최대 오차의 근사값은 0.04, 즉 4%이다.

7. 먼저 $1^2 + 4 \cdot 2 + 2^2 - 13 = 0$, $1^2 + 2^2 + 2^2 - 9 = 0$이므로 두 곡면은 점 (1, 2, 2)에서 만난다. $f(x, y, z) = x^2 + 4y + z^2 - 13$, $g(x, y, z) = x^2 + y^2 + z^2 - 9$라 하면

$\nabla f(x, y, z) = (2x, 4, 2z)$, $\nabla g(x, y, z) = (2x, 2y, 2z)$이므로

$\nabla f(1, 2, 2) = (2, 4, 4)$, $\nabla g(1, 2, 2) = (2, 4, 4)$이므로

$\nabla f(1,2,2) // \nabla g(1,2,2)$

두 그래디언트 벡터가 평행하고 주어진 점에서 각 곡면을 정의하는 식의 그래디언트 벡터가 접평면의 법선벡터이므로 주어진 점에서 각 곡면에 대한 접평면이 일치한다. 따라서, 두 곡면이 점 (1, 2, 2)에서 접한다.

9. $f(x, y, z) = 9x^2 + 4y^2 + 4z^2 - 41$, $g(x, y, z) = 2x^2 - y^2 + 3z^2 - 10$라 하면

$f(1,2,2) = 0$, $g(1,2,2) = 0$

따라서 두 곡면은 (1, 2, 2)에서 만난다. 두 평면의 사이각은 각각의 법선벡터의 사이각과 같거나 합이 π이고(11.4절의 예제 3번 참조) 접평면의 법선벡터는 곡면의 방정식의 그래디언트(정의 13.5.2)이므로

$\nabla f(x, y, z) = (18x, 8y, 8z)$, $\nabla g(x, y, z) = (4x, -2y, 6z)$

$\nabla f(1, 2, 2) = (18, 16, 16)$, $\nabla g(1, 2, 2) = (4, -8, 12)$

$\nabla f(1, 2, 2) \cdot \nabla g(1, 2, 2) = 8 \times 17$

$\| \nabla f(1, 2, 2) \| = 2\sqrt{209}$, $\| \nabla g(1, 2, 2) \| = 4\sqrt{14}$이므로

$$\cos\theta = \frac{\nabla f \cdot \nabla g}{\| \nabla f \| \, \| \nabla g \|} = \frac{17}{\sqrt{209 \times 14}}$$

$$\therefore \theta = \cos^{-1} \frac{17}{\sqrt{2926}}$$

11. $f(x,y,z) = x^2 + y^2 + z^2 - 25$

$g: x = 3t + 6,\ y = 4t + 8,\ z = 5t + 5$

$(3t+6)^2 + (4t+8)^2 + (5t+5)^2 - 25 = 50t^2 + 150t + 100 = 0$

$\therefore t^2 + 3t + 2 = (t+1)(t+2) = 0 \Rightarrow t = -1, -2$

$(x, y, z) = (3, 4, 0)$ or $(0, 0, -5)$

(1) $(x, y, z) = (3, 4, 0)$인 경우 직선의 방향벡터는 $\mathbf{v} = (3, 4, 5)$

$\nabla f(3, 4, 0) = (6, 8, 0) = 2(3, 4, 0)$, $\nabla f(3, 4, 0) \cdot \mathbf{v} = 50$

$\| \nabla f(3,4,0) \| = \sqrt{50}$, $\| \mathbf{v} \| = 10$

$$\cos\theta = \frac{\nabla f \cdot \mathbf{v}}{\| \nabla f \| \ \| \mathbf{v} \|} = \frac{1}{\sqrt{2}}$$

$$\therefore \ \theta = \frac{\pi}{4}$$

접평면의 법선벡터와 직선의 방향벡터의 사이각이 $\frac{\pi}{4}$ 이므로 곡면과 직선의 사이각은 $\frac{\pi}{4}$

(2) $(x, y, z) = (0, 0, -5)$인 경우

$\nabla f(0, 0, -5) = (0, 0, -10)$, $\nabla f(0, 0, -5) \cdot \mathbf{v} = -50$

$\| \nabla f(0, 0, -5) \| = 10$

$$\cos\theta = \frac{\nabla f \cdot \mathbf{v}}{\| \nabla f \| \ \| \mathbf{v} \|} = -\frac{1}{2}$$

$$\therefore \ \theta = \frac{2\pi}{3}$$

접평면의 법선벡터와 직선의 방향벡터의 사이각이 $\frac{2\pi}{3}$ 이므로 곡면과 직선의 사이각은 $\frac{\pi}{6}$

13.6 극댓값과 극솟값

정의 13.6.1

이변수함수 $z=f(x, y)$가 xy 평면의 부분집합 D를 정의역으로 하고 (a, b)가 정의역 D의 한 점이라 하자. $f(a, b)$가 정의역 D에서 함수 f의 가장 큰 함수값일 때 즉,

$$f(a, b) \geqq f(x, y),\ (x, y) \in D$$

$f(a, b)$를 함수 f의 **최댓값**이라 한다. 반대로 $f(a, b)$가 정의역 D에서 함수 f의 가장 작은 함수값일 때 즉,

$$f(a, b) \leqq f(x, y),\ (x, y) \in D$$

$f(a, b)$를 함수 f의 **최솟값**이라 한다.

$f(a, b)$가 점 (a, b)의 적당한 근방과 정의역의 교집합 N에서 함수 f의 최댓값이 될 때 즉,

$$f(a, b) \geqq f(x, y),\ (x, y) \in N$$

일 때 $f(a,b)$를 함수 f의 **극댓값**, 점 (a,b)를 **극대점**이라 한다.

$f(a, b)$가 점 (a, b)의 적당한 근방과 정의역의 교집합 N에서 함수 f의 최솟값이 될 때 즉,

$$f(a, b) \leqq f(x, y),\ (x, y) \in N$$

일 때 $f(a, b)$를 함수 f의 **극솟값**, 점 (a, b)를 **극소점**이라 한다.

그리고 극댓값, 극솟값을 **극값**, 극대점, 극소점을 **극점**이라 한다.

정리 13.6.2

함수 $z=f(x, y)$가 (x_0, y_0)에서 편미분가능하고 극값을 가지면

$$f_x(x_0, y_0)=f_y(x_0, y_0)=0$$

정의 13.6.3

이변수함수 $z=f(x, y)$에 대하여 점 $P_0(x_0, y_0)$에서

(1) **정점** : $f_x(P_0)=0,\ f_y(P_0)=0$인 점 P_0

(2) **특이점** : $f_x(P_0)$ 또는 $f_y(P_0)$가 존재하지 않는 점 P_0

임계점 : 정점이거나 특이점인 점

정의 13.6.4

이변수함수 $z=f(x,y)$가 점 P_0에서 연속인 2계 편도함수를 가질 때 f의 판별식 $D(f, P_0)$을 다음과 같이 정의한다.

$$\begin{aligned} D(f, P_0) &= \begin{vmatrix} f_{xx}(P_0) & f_{xy}(P_0) \\ f_{xy}(P_0) & f_{yy}(P_0) \end{vmatrix} \\ &= f_{xx}(P_0)f_{yy}(P_0) - (f_{xy}(P_0))^2 \end{aligned}$$

정리 13.6.5

이변수함수 $z=f(x,y)$가 점 P_0의 근방에서 연속인 2계 편도함수를 가지고 $f_x(P_0)=f_y(P_0)=0$이면 다음이 성립한다.

(1) $D(f, P_0)>0$, $f_{xx}(P_0)<0$이면 $f(P_0)$는 극댓값이다.

(2) $D(f, P_0)>0$, $f_{xx}(P_0)>0$이면 $f(P_0)$는 극솟값이다.

(3) $D(f, P_0)<0$이면 점 P_0는 안장점이 된다.

(4) $D(f, P_0)=0$이면 판정할 수 없다.

1. (1) $f(x,y)=-2x^2-2y^2+4x+8y+7$

$f_x(x,y)=-4x+4$, $f_y(x,y)=-4y+8$

극점을 구하기 위해서는 먼저 정점을 구해야 한다. $f_x(x,y)=f_y(x,y)=0$을 만족하는 (x,y)는 $P_0(1,2)$이다. $D=\begin{vmatrix} -4 & 0 \\ 0 & -4 \end{vmatrix}=16>0$ 이고 $f_{xx}(P_0)=-4<0$이므로 $f(x,y)$는 $(1,2)$에서 극댓값 $f(1,2)=9$를 갖는다. 따라서 극대점 $(1,2)$

(3) $f(x,y)=x^3-y^3-6xy+8$

$f_x(x,y)=3x^2-6y$, $f_{xx}=6x$

$f_{xy}=-6$, $f_y(x,y)=-3y^2-6x$

$f_{yx}=-6$, $f_{yy}=-6y$

$f_x(x,y)=f_y(x,y)=0$를 풀면 $(x,y)=(-2,2), (0,0)$

$$D=\begin{vmatrix} 6x & -6 \\ -6 & -6x \end{vmatrix}=-36xy-36$$

1) $P_1(0,0)$, $D(f, P_1)=-36<0$이므로 $(0,0)$은 안장점이다.

2) $P_2(-2,2)$, $D(f, P_2)=144-36>0$, $f_{xx}(P_2)=-12<0$

$(-2, 2)$는 극대점이다.

(5) $f(x, y) = \dfrac{-5x}{x^2+y^2+1}$

$$f_x(x, y) = \frac{5(x^2-y^2-1)}{(x^2+y^2+1)^2}$$

$$f_y(x, y) = \frac{10xy}{(x^2+y^2+1)^2}$$

$f_x(x, y) = 0 = f_y(x, y)$ 되게 하는 (x, y)는 $(\pm 1, 0)$

$f_x(x, y) = 0 = f_y(x, y)$ 되게 하는 (x, y)는 $(\pm 1, 0)$

$$f_{xx}(x, y) = \frac{10x(-x^2+3y^2+3)}{(x^2+y^2+1)^3}$$

$$f_{xy}(x, y) = \frac{10y(-3x^2+y^2+1)}{(x^2+y^2+1)^3}$$

$$f_{yy}(x, y) = \frac{10x(x^2-3y^2+1)}{(x^2+y^2+1)^3}$$

1) $P_1(1, 0)$, $f_{xx}(P_1) = f_{yy}(P_1) = 2.5 > 0$, $f_{xy}(P_1) = 0$

$$\therefore D(f, P_1) = \begin{vmatrix} f_{xx} & f_{xy} \\ f_{yx} & f_{yy} \end{vmatrix} = 6.25 > 0$$

$f_{xx}(P_1) > 0$이므로 $(1, 0)$은 극소점이다.

2) $P_2(-1, 0)$, $f_{xx}(P_2) = f_{yy}(P_2) = -2.5 < 0$, $f_{xy}(P_2) = 0$

$\therefore D(f, P_2) = 6.25 > 0$

$f_{xx}(P_2) < 0$ 따라서 $(-1, 0)$은 극대점이다.

(7) $f(x, y) = (x-2)(y+1)x$

$f_x(x, y) = (2x-2)(y+1)$

$f_y(x, y) = x(x-2)$

$f_{xx} = 2(y+1)$

$f_{xy} = 2x-2 = f_{yx}$

$f_{yy} = 0$

$f_x = f_y = 0$되는 점을 찾으면 $(x, y) = (0, -1)$, $(2, -1)$

1) $P_1(0, -1)$

$$D = \begin{vmatrix} 2(y+1) & 2x-2 \\ 2x-2 & 0 \end{vmatrix} = -(2x-2)^2$$

$D(f, P_1) = -4 < 0$, $(0, -1)$은 안장점이다.

2) $P_2(0, -1)$

$P_2(f, P_2) = -4 < 0$, $(2, -1)$은 안장점이다.

(9) $f(x, y) = \sin x + \cos y$

$f_x(x, y) = \cos x$

$f_y(x, y) = -\sin y$

$f_{xx} = -\sin x$

$f_{xy} = 0 = f_{yx}$

$f_{yy} = -\cos y$

$f_x = f_y = 0$되게 하는 점을 찾으면 $(x,y) = \left(\frac{\pi}{2} + n\pi,\ m\pi\right) n,\ m \in Z \}$

$\begin{vmatrix} f_{xx} & f_{xy} \\ f_{yx} & f_{yy} \end{vmatrix} = \sin x \cos y$

$\sin x \cos y > 0 \Leftrightarrow n, m$: 짝수 또는 n, m : 홀수

$f_{xx}\left(\frac{\pi}{2} + n\pi,\ m\pi\right) > 0 \Leftrightarrow n$: 홀수, $f_{xx}\left(\frac{\pi}{2} + n\pi,\ m\pi\right) < 0 \Leftrightarrow n$: 짝수

이므로

극대점 $\left(n\pi + \frac{\pi}{2},\ m\pi\right)$, n, m이 짝수일 때

극소점 $\left(n\pi + \frac{\pi}{2},\ m\pi\right)$, n, m이 홀수일 때

안장점 $\left(n\pi + \frac{\pi}{2},\ m\pi\right)$ n, m이 하나는 홀수 하나는 짝수

3. $3x + 2y + z = 6$

원점에서 거리가 최소인 점 (x, y, z)는 $x^2 + y^2 + z^2$을 최소화해야 한다. 평면 위의 점이므로 $z = 6 - 3x - 2y$를 대입하고 $f(x,y)$라 하자. 즉,

$$f(x, y) = x^2 + y^2 + (6 - 3x - 2y)^2$$

정리하면

$$f(x, y) = 10x^2 + 12xy + 5y^2 - 36x - 24y + 36$$

이고 (x, y)는 좌표평면 위의 모든 점을 만족한다.

$$f_x(x, y) = 20x + 12y - 36,\ f_y(x, y) = 12x + 10y - 24$$

$f_x(x, y) = f_y(x, y) = 0$으로부터 $(x, y) = \left(\frac{9}{7},\ \frac{6}{7}\right)$이다. (이때, $z = \frac{3}{7}$이다)

$f_{xx}(x, y) = 20$, $f_{xy}(x, y) = 12$, $f_{yy}(x, y) = 10$이므로

$D\left(f, \left(\frac{9}{7}, \frac{6}{7}\right)\right) = 20 \cdot 10 - 12^2 > 0$이고 $f_{xx}\left(\frac{9}{7}, \frac{6}{7}\right) > 0$이므로 $(x, y) = \left(\frac{9}{7}, \frac{6}{7}\right)$는 극소점이고 결국 최소점이 된다.

$\therefore (x, y, z) = \left(\frac{9}{7}, \frac{6}{7}, \frac{3}{7}\right)$

[별해]

$d = \sqrt{x^2 + y^2 + z^2}$ 라 하자.

$d^2 = x^2 + y^2 + z^2$

$(3x + 2y + z)^2 \le (x^2 + y^2 + z^2)(3^2 + 2^2 + 1^2)$ ($\because$ 코시슈바르츠 부등식)

$\frac{18}{7} \le x^2 + y^2 + z^2$

등호 성립 조건은 $\frac{x}{3} = \frac{y}{2} = z$

결국 $x = 3t,\ y = 2t,\ z = t$라 하고 $3x + 2y + z = 6$에 대입하면

$\therefore (x, y, z) = \left(\frac{9}{7}, \frac{6}{7}, \frac{3}{7}\right)$

5. $(x-4)^2 + (y-2)^2 + (z-3)^2 = 1$

원점에서 거리가 최소인 점 (x, y, z)는 $x^2 + y^2 + z^2$을 최소화해야 한다. 구면 위의 점이므로 $z = 3 \pm \sqrt{1 - (x-4)^2 - (y-2)^2}$ 를 대입하고 $f(x, y)$라 하자. 즉,

$$f(x, y) = x^2 + y^2 + \left(3 \pm \sqrt{1 - (x-4)^2 - (y-2)^2}\right)^2$$

정리하면

$$f(x, y) = \pm 6\sqrt{1 - (x-4)^2 - (y-2)^2} + 8x + 4y - 10$$

따라서,

$$f_x(x, y) = 8 \mp \frac{6(x-4)}{\sqrt{1 - (x-4)^2 - (y-2)^2}},\ f_y(x, y) = 4 \mp \frac{6(y-2)}{\sqrt{1 - (x-4)^2 - (y-2)^2}}$$

$f_x(x,y) = f_y(x,y) = 0$으로부터

$$\sqrt{1 - (x-4)^2 - (y-2)^2} = \pm\frac{3(x-4)}{4},\ \sqrt{1 - (x-4)^2 - (y-2)^2} = \pm\frac{3(y-2)}{2}$$

$\therefore x - 4 = 2(y-2)$을 얻고 두 번째 식에 대입하면

$$y = 2 \pm \frac{2}{\sqrt{29}}$$

이때, $x=4\pm\frac{4}{\sqrt{29}}$, $z=3\pm\frac{3}{\sqrt{29}}$

여기서 부호가 +이면 $f(x, y)$의 식도 +이고 −이면 $f(x, y)$의 식도 −이다.

$$f_{xx}(x, y)=\pm\frac{6((y-2)^2-1)}{[1-(x-4)^2-(y-2)^2]^{\frac{3}{2}}}$$

$$f_{xy}(x, y)=\pm\frac{6(x-4)(y-2)}{[1-(x-4)^2-(y-2)^2]^{\frac{3}{2}}}$$

$$f_{yy}(x, y)=\pm\frac{6((x-4)^2-1)}{[1-(x-4)^2-(y-2)^2]^{\frac{3}{2}}}$$

판별식에서 공통으로 곱해지는 값들은 제외하고 계산하면 $\left(\frac{4}{29}-1\right)\left(\frac{16}{29}-1\right)-\left(\frac{8}{29}\right)^2>0$ 이므로 극소점 또는 극대점이다. $P=\left(4+\frac{4}{\sqrt{29}}, 2+\frac{2}{\sqrt{29}}\right)$일때는 $f_{xx}(P)<0$이므로 극대점이고 $P=\left(4-\frac{4}{\sqrt{29}}, 2-\frac{2}{\sqrt{29}}\right)$일때는 $f_{xx}(P)>0$이므로 극소점이다.

따라서 $(x, y, z)=\left(4-\frac{4}{\sqrt{29}}, 2-\frac{2}{\sqrt{29}}, 3-\frac{3}{\sqrt{29}}\right)$이 최소점이 된다.

※ 이 문제의 경우 다음 절의 라그랑주 상수를 이용하거나 아래의 풀이처럼 구의 성질을 이용하는 것이 더욱 쉽다.

[별해]

$d^2 = x^2+y^2+z^2$

원점에서 중심까지의 방향이기 때문에 $(4, 2, 3)t$의 꼴로 존재하는 점 중 원점에 가장 가까운 점을 찾자.

$(4t-4)^2+(2t-2)^2+(3t-3)^2=1$

$\therefore\ t=1\pm\frac{1}{\sqrt{29}}$

두 점 중 원점에 가장 가까운 점은 $t=1-\frac{1}{\sqrt{29}}$일 때이다.

$\therefore (x, y, z)=\left(4-\frac{4}{\sqrt{29}}, 2-\frac{2}{\sqrt{29}}, 3-\frac{3}{\sqrt{29}}\right)$

7. $4x^2+9y^2+36z^2=36$

(x, y, z)를 $4x^2+9y^2+36z^2=36$을 만족하고 제일팔분공간의 점 (즉, $x, y, z>0$인 점)이라 하자. 이때 직육면체의 부피는 $8xyz$이므로 $8xyz$의 최댓값을 구해야 한다. 여기에

$z=\sqrt{1-x^2/9-y^2/4}$ 를 대입해서 $f(x,y)$라 하면 $f(x,y)=8xy\sqrt{1-x^2/9-y^2/4}$ 이다.
이때,

$$f_x(x,\ y)=-\frac{4y(8x^2+9(y^2-4))}{3\sqrt{-4x^2-9y^2+36}},\ f_y(x,\ y)=-\frac{8x(2x^2+9(y^2-2))}{3\sqrt{-4x^2-9y^2+36}}$$

$f_x(x,\ y)=f_y(x,\ y)=0$으로부터 (x 또는 y가 0이면 부피가 0이 되어 자명하게 최솟값이 되므로)

$$8x^2+9y^2=36,\ 2x^2+9y^2=18$$

$$\therefore\ x^2=3\ \Rightarrow x=\sqrt{3},y=\frac{2\sqrt{3}}{3}$$

$$f_{xx}(x,\ y)=-\frac{16xy(8x^2+27(y^2-4))}{3\sqrt{-4x^2-9y^2+36}\,(4x^2+9(y^2-4))}$$

$$f_{xy}(x,\ y)=-\frac{8(16x^4+54x^2(y^2-4)+81(y^4-6y^2+8))}{3\sqrt{-4x^2-9y^2+36}\,(4x^2+9(y^2-4))}$$

$$f_{yy}(x,\ y)=-\frac{72xy(2x^2+3(y^2-6))}{\sqrt{-4x^2-9y^2+36}\,(4x^2+9(y^2-4))}$$

판별식에서 공통으로 곱해지는 값들은$(1/\sqrt{-4x^2-9y^2+36}\,(4x^2+9(y^2-4)))$ 제외하고 계산하면

$$-\frac{16xy(8x^2+27(y^2-4))}{3}\Rightarrow\frac{512}{3}$$

$$-\frac{8(16x^4+54x^2(y^2-4)+81(y^4-6y^2+8))}{3}\Rightarrow 384$$

$$-72xy(2x^2+3(y^2-6))\Rightarrow 1152$$

$\therefore\ D\left(f,\left(\sqrt{3},\ \frac{2\sqrt{3}}{3}\right)\right)>0$이고 $f_{xx}(\sqrt{3},\frac{2\sqrt{3}}{3})<0$

(왜냐하면 $1/\sqrt{-4x^2-9y^2+36}\,(4x^2+9(y^2-4))$이 $(x,\ y)=\left(\sqrt{3},\ \frac{2\sqrt{3}}{3}\right)$에서 음수가 된다)

따라서 $(x,\ y)=\left(\sqrt{3},\ \frac{2\sqrt{3}}{3}\right)$은 극대점이 되고 결국 최댓값을 주는 점이 된다.

※ 이 문제의 경우 다음 절의 라그랑주 상수를 이용하거나 아래의 풀이처럼 산술기하평균을 이용하는 것이 더욱 쉽다.

[별해]

(x,y,z)를 $4x^2+9y^2+36z^2=36$을 만족하고 제일팔분공간의 점 (즉, $x,\ y,\ z>0$인 점)이라 하자. 이때 직육면체의 부피는 $8xyz$이므로 $8xyz$의 최댓값을 구해야 한다. 산술기하평균을 이용하면

$3\sqrt[3]{4x^2 9y^2 36z^2} \le 4x^2 + 9y^2 + 36z^2$

$6^{\frac{4}{3}}\sqrt[3]{x^2y^2z^2} \le 12$

양변을 3제곱 하면

$6^4x^2y^2z^2 \le 12^3$

$x^2y^2z^2 \le \dfrac{4}{3}$

$xyz \le \dfrac{2\sqrt{3}}{3}$

등호는 $4x^2 = 9y^2 = 36z^2$일 때이다. 즉, $4x^2 = 9y^2 = 36z^2 = 12$

따라서 $(x,\ y,\ z) = \left(\sqrt{3},\ \dfrac{2\sqrt{3}}{3},\ \dfrac{\sqrt{3}}{3}\right)$

13.7 Lagrnage 승수

정리 13.7.1

함수 $z = f(x, y)$가 닫힌 유계집합 D에서 연속이면 D에서 최댓값과 최솟값을 갖는다.

최대/최소 찾기

닫힌 유계집합 D에서 연속인 함수 f의 최댓값과 최솟값 찾기

(1) 영역 D의 내부에서 함수 f의 임계점(정점 또는 특이점)을 모두 찾는다.

(2) 영역 D의 경계에서 함수 f의 극점을 모두 찾는다.

(3) (1), (2)의 과정에서 찾은 임계점과 극점에서의 함수값 중에서 가장 큰 값이 최댓값이고 가장 작은 값이 최솟값이다.

정리 13.7.2

함수 $f(x, y)$와 $g(x, y)$가 미분가능한 함수이다. 함수 f가 제약조건 $g(x, y) = 0$하에 점 P_0에서 극값을 가진다면 적당한 상수 λ가 존재하여 다음이 성립한다.

$$\nabla f(P_0) = \lambda \nabla g(P_0), \quad g(P_0) = 0$$

이 때 λ를 **라그랑주 승수**라 한다.

정리 13.7.3

함수 $f(x, y, z)$와 $g(x, y, z)$가 미분가능한 함수이다. 함수 f가 제약조건 $g(x, y, z) = 0$ 하에 점 P_0에서 극값을 가진다면 적당한 상수 λ가 존재하여 다음이 성립한다.

$$\nabla f(P_0) = \lambda \nabla g(P_0), \quad g(P_0) = 0$$

이 때 λ를 **라그랑즈 승수**라 한다.

정리 13.7.4

함수 $f(x, y, z)$, $g(x, y, z)$, $h(x, y, z)$가 미분가능한 함수이다. 함수 f가 두 제약조건

$$g(x, y, z) = 0, \quad h(x, y, z) = 0$$

하에 점 P_0에서 극값을 가진다면 적당한 상수 λ, μ가 존재하여 다음이 성립한다.

$$\nabla f(P_0) = \lambda \nabla g(P_0) + \mu \nabla h(P_0), \quad g(P_0) = 0, \quad h(P_0) = 0$$

이 때 λ, μ를 **라그랑주 승수**라 한다.

1. (1) $f(x, y) = 9 - x^2 - y^2$, $g(x, y) = x + 3y - 12$

정리 13.7.2로부터 $\nabla f(x, y) = \lambda \nabla g(x, y)$가 성립한다.

$(-2x, -2y) = \lambda(1, 3)$

$\therefore (x, y) = \left(-\dfrac{\lambda}{2}, -\dfrac{3\lambda}{2}\right)$

$g(x, y) = x + 3y - 12 = 0$에 대입하면 $\lambda = -\dfrac{12}{5}$이고 이때 $x = \dfrac{6}{5}$, $y = \dfrac{18}{5}$

$(x, y) = (12 - t, t)$라 하면 $f(x, y) = -10t^2 + 72t - 135$이므로 이 값을 한없이 작아질 수 있다. 따라서 구한 값은 최댓값이다.

$\therefore$ 극댓값은 $f(x, y) = -\dfrac{27}{5}$

(3) $f(x, y) = \sin^2 x + \sin^2 y$, $g(x,y) = x + y - \pi$

정리 13.7.2로부터

$\nabla f(x, y) = \lambda \nabla g(x, y)$

$(2\sin x \cos x, 2\sin y \cos y) = \lambda(1, 1)$

$2\sin x \cos x = \sin 2x = \lambda$

$2\sin y \cos y = \sin 2y = \lambda$

$\therefore \sin 2x = \sin 2y \Rightarrow x = y$ 또는 $x = \left(\dfrac{2k+1}{2}\right)\pi - y$

$g(x, y) = x + y - \pi = 0$에 대입하면 (두번째 경우는 만족 못함)

$(x, y) = \left(\dfrac{\pi}{2}, \dfrac{\pi}{2}\right)$

$\therefore f\left(\dfrac{\pi}{2}, \dfrac{\pi}{2}\right) = 2$

$f(x, y)$로부터 이 값이 극댓값임을 쉽게 알 수 있다.

3. (1) $f(x,\ y,\ z)=2x+6y+10z,\ \ g(x,\ y,\ z)=x^2+y^2+z^2-35$

제약조건 $g(x,\ y,\ z)=0\ \nabla f(x,\ y,\ z)=\lambda\nabla g(x,\ y,\ z)$로부터

$(2,\ 6,\ 10)=\lambda(2x,\ 2y,\ 2z)$

$x=\dfrac{1}{\lambda},\ y=\dfrac{3}{\lambda},\ z=\dfrac{5}{\lambda}$

$\dfrac{1}{\lambda^2}+\dfrac{9}{\lambda^2}+\dfrac{25}{\lambda^2}=35$

$\lambda=\pm 1$

1) $\lambda=1,\ \ x=1, y=3, z=5$

$f(1,3,5)=70$

2) $\lambda=-1, x=-1,\ y=-3,\ z=-5$

$f(-1,\ -3,\ -5)=-70$

∴ 최댓값은 70, 최솟값은 70

(3) $f(x,\ y,\ z)=x^2+y^2+z^2,\ \ g(x,\ y,\ z)=x^4+y^4+z^4-1$

제약조건이 $g(x, y, z)=0$이므로

$\nabla f(x,\ y,\ z)=\lambda\nabla g(x,\ y,\ z),\ \ x^4+y^4+z^4-1=0$

을 풀어야 한다.

$(2x,\ 2y,\ 2z)=\lambda(4x^3,\ 4y^3,\ 4z^3)$로부터

$x=2\lambda x^3,\ \ y=2\lambda y^3,\ \ z=2\lambda z^3$

1) $x,\ y,\ z$ 모두 0이 아닌 경우 : $x^2=y^2=z^2=\dfrac{1}{2\lambda}$

$g(x,\ y,\ z)=0$에 대입하면

$\lambda=\pm\sqrt{\dfrac{3}{4}}$

$x^2=y^2=z^2=\dfrac{1}{2\lambda}$로부터 $\lambda>0$이므로 $\lambda=\dfrac{\sqrt{3}}{2}$

$x^2=y^2=z^2=\dfrac{1}{\sqrt{3}}$

$f\left(\dfrac{1}{\sqrt[4]{3}},\ \dfrac{1}{\sqrt[4]{3}},\ \dfrac{1}{\sqrt[4]{3}}\right)=\dfrac{3}{\sqrt{3}}=\sqrt{3}$

2) $x,\ y,\ z$ 중 어느 하나만 0인 경우 : $f(x,\ y,\ z),\ g(x,\ y,\ z)$ 모두 $x,\ y,\ z$에 대칭식이므로 $x=0$이고 $y,\ z$는 0이 아니라고 가정해도 된다. 이 경우

$x^2=0,\ y^2=z^2=\dfrac{1}{2\lambda}$

$g(x,\ y,\ z)=0$에 대입하면

$\lambda^2=\dfrac{1}{2}\Rightarrow\lambda=\dfrac{\sqrt{2}}{2}$

이때 $x^2=0,\ y^2=\dfrac{1}{\sqrt{2}}=z^2$

f에 대입하면 $\sqrt{2}$가 된다.

3) $x,\ y,\ z$ 중 어느 두 값만 0인 경우 : $f(x,\ y,\ z),\ g(x,\ y,\ z)$ 모두 x,y,z에 대칭식이므로 $x=y=0$이고 z는 0이 아니라고 가정해도 된다. 이 경우

$g(x,\ y,\ z)=0+0+z^4=1$

$\therefore\ z^2=1$

f에 대입하면 1이 된다.

1), 2), 3)으로부터 ($x,\ y,\ z$ 모두 0일 수는 없으므로)

$\therefore$ 극댓값은 $\sqrt{3}$, 극솟값은 1

5. (1) $f(x,\ y)=2x^2+3y^2-2x+3y+5,\ D:2x^2+3y^2\leqq 25$

1) 영역내부 : $f_x(x,\ y)=4x-2,\ f_y(x,\ y)=6y+3$

$f_x=f_y=0$을 만족시키는 순서쌍은 $\left(\dfrac{1}{2},\ -\dfrac{1}{2}\right)$이다.

$D=\begin{vmatrix}4 & 0\\ 0 & 6\end{vmatrix}=24>0$

$f_{xx}(x,\ y)=4>0$

$\therefore\ \left(\dfrac{1}{2},\ -\dfrac{1}{2}\right)$은 극소점이고 $f\left(\dfrac{1}{2},\ -\dfrac{1}{2}\right)=\dfrac{15}{4}\Big\}$

2) 경계 : 라그랑주 승수법을 이용하자.

$g(x,\ y)=2x^2+3y^2-25$라 하면 $\nabla f(x,\ y)=\lambda\nabla g(x,\ y)$로부터

$(4x-2,\ 6y+3)=\lambda(4x,\ 6y)$

$\therefore\ x=-\dfrac{1}{2(\lambda-1)},\ y=\dfrac{1}{2(\lambda-1)}$

$g(x,\ y)=0$에 대입하면

$\dfrac{1}{2(\lambda-1)^2}+\dfrac{3}{4(\lambda-1)^2}=25$

정리하면

$\lambda=1\pm\dfrac{1}{2\sqrt{5}}$

$\therefore\ x=\mp\sqrt{5},\ y=\pm\sqrt{5}$

$f(\mp\sqrt{5},\ \pm\sqrt{5})=30\pm5\sqrt{5}$

1), 2)를 비교하면

최댓값 : $f(-\sqrt{5},\ \sqrt{5})=30+5\sqrt{5}$

최솟값 : $f\left(\frac{1}{2}, -\frac{1}{2}\right) = \frac{15}{4}\}$

(3) $f(x, y) = x^2 + 2y^2$, $D : x^2 + 4y^2 \leq 1$

1) 내부 : $f_x(x, y) = 2x$, $f_y(x, y) = 4y$이므로 영역 내부에서는 (0, 0)에서만 극점의 가능성이 있다.

$f_{xx}(x, y) = 2, f_{yy}(x, y) = 4, f_{xy}(x, y) = 0$

이므로

$D(f, (0, 0)) = 2 \cdot 4 - 0^2 = 8 > 0$

$f_{xx}(0, 0) = 2 > 0$이므로 (0, 0)에서 극솟값 $f(0, 0) = 0$을 갖는다.

2) 경계 : $g(x, y) = x^2 + 4y^2 - 1$이라고 하면 (x, y)가 극점이라고 하면 정리 13.7.2로부터

$\nabla f(x, y) = \lambda \nabla g(x, y)$을 만족해야 한다.

$\therefore (2x, 4y) = \lambda(2x, 8y)$

즉,

$x(\lambda - 1) = 0$, $y(2\lambda - 1) = 0$

만약 $x = 0$이면 $g(x, y) = x^2 + 4y^2 - 1 = 0$으로부터 $y^2 = \frac{1}{4}$

이때, f는 $\frac{1}{2}$이다. 만약 $x \neq 0$이면 $\lambda = 1$이고 $y = 0$

$g(x, y) = x^2 + 4y^2 - 1 = 0$으로부터 $x^2 = 1$

이때, f는 1이다.

1), 2)로부터

최댓값 : $f(\pm 1, 0) = 1$, 최솟값 : $f(0,0) = 0$

7. $x^2 + xy + y^2 = 1$

$g(x, y) = x^2 + xy + y^2 - 1$, $f(x, y) = x^2 + y^2$이라 하자. (x, y)가 극점이라고 하면 정리 13.7.2로부터 $\nabla f(x, y) = \lambda \nabla g(x, y)$을 만족해야 한다.

$\therefore (2x, 2y) = \lambda(2x + y, x + 2y)$

즉,

$2x(1 - \lambda) = \lambda y, 2y(1 - \lambda) = \lambda x$

(1) 만약 λ 또는 $1 - \lambda$가 0이면 x또는 y가 0이 된다. 일반성을 잃지 않고 $x = 0$이라고 해도 된다. 이때, $g(x, y) = 0$으로부터 $y^2 = 1$이고 $f(x, y) = 1$이 된다. 이제 x, y 둘 다 0이 아니라고 가정하자. 위의 두 식을 나누면

$\frac{x}{y} = \frac{y}{x}$

즉, $y = \pm x$

(2) $y=x$인 경우 : $g(x, y)=0$으로부터 $3x^2=1$이 되어 $f(x, y)=\frac{2}{3}$이 된다.

(3) $y=-x$인 경우 : $g(x, y)=0$으로부터 $x^2=1$이 되어 $f(x, y)=2$이 된다.

(1), (2), (3)으로부터 최솟값은 $3x^2=1$일 때, 즉, $x=y=\pm\frac{1}{\sqrt{3}}$일 때이고 최댓값은 $x=-y=\pm 1$일 때이다.

$\therefore$ 원점에서 가장 가까이 있는 점 : $\left(\pm\frac{1}{\sqrt{3}}, \pm\frac{1}{\sqrt{3}}\right)$, 원점에서 가장 멀리 있는 점 : $(\pm 1, \mp 1)$

9. $\frac{x^2}{16}+\frac{y^2}{9}=1$

각 변이 좌표축에 평행한 직사각형의 일사분면의 점을 (x, y), $x, y \geq 0$라 하면 직사각형의 면적은 $4xy$가 된다. $g(x, y)=\frac{x^2}{16}+\frac{y^2}{9}-1$, $f(x, y)=4xy$라 하자. (x, y)가 극점이라고 하면 정리 13.7.2로부터 $\nabla f(x, y)=\lambda\nabla g(x, y)$을 만족해야 한다.

$\therefore (4y, 4x)=\lambda\left(\frac{x}{8}, \frac{2y}{9}\right)$

즉,

$4y=\frac{\lambda x}{8}$, $4x=\frac{2\lambda y}{9}$

x, y, λ 중 어느 하나라도 0이면 $x=y=0$이 된다. 하지만 (0, 0)은 타원 위의 점이 아니므로 x, y, λ는 모두 0이 아니다. 이제 바로 위에서 첫 번째 식을 두 번째 식으로 나누면

$\frac{y}{x}=\frac{9x}{16y}$ 또는 $\frac{x^2}{16}=\frac{y^2}{9}$

$g(x,y)=\frac{x^2}{16}+\frac{y^2}{9}-1=0$을 만족하므로

$\frac{x^2}{16}=\frac{y^2}{9}=\frac{1}{2}$

$\therefore x=2\sqrt{2}$, $y=\frac{3\sqrt{2}}{2}$ $(\because x, y>0)$

이 경우 극대점이 되고 결국 최대점이 됨을 쉽게 알 수 있다. 따라서, 면적이 최대가 되는 경우는 일사분면에 있는 꼭지점이 $\left(2\sqrt{2}, \frac{3\sqrt{2}}{2}\right)$인 직사각형이다.

11. 평면 $x+2y+3z=13$, 점 (1, 1, 1)

$g(x, y, z)=x+2y+3z-13$, $f(x, y, z)=(x-1)^2+(y-1)^2+(z-1)^2$라 하자.

(x, y, z)가 극점이라고 하면 정리 13.7.3으로부터 $\nabla f(x, y, z) = \lambda \nabla g(x, y, z)$를 만족해야 한다.

$\therefore\ (2(x-1), 2(y-1), 2(z-1)) = \lambda(1, 2, 3)$

$\therefore\ x = 1 + \dfrac{\lambda}{2},\ y = 1 + \lambda,\ z = 1 + \dfrac{3}{2}\lambda$

이를 $g(x, y, z) = 0$에 대입하면

$\left(1 + \dfrac{\lambda}{2}\right) + 2(1+\lambda) + 3\left(1 + \dfrac{3}{2}\lambda\right) - 13 = 7\lambda - 7 = 0$

$\therefore\ \lambda = 1$

이때

$(x, y, z) = \left(\dfrac{3}{2}, 2, \dfrac{5}{2}\right)$

평면 위의 점에서 고정된 한 점까지의 거리는 최솟값만 있고 무한히 커질 수 있으므로 이 값이 최솟값이 됨을 알 수 있다. 따라서, (1, 1, 1)에서 가장 가까운 점은 $\left(\dfrac{3}{2}, 2, \dfrac{5}{2}\right)$이다.

13. 단위구 $x^2 + y^2 + z^2 = 1$, $T(x, y, z) = 400xyz^2$의 최소점/최대점

$g(x, y, z) = x^2 + y^2 + z^2 - 1$이라 하자. (x, y, z)가 극점이라고 하면 정리 13.7.3으로부터 $\nabla T(x, y, z) = \lambda \nabla g(x, y, z)$를 만족해야 한다.

$\therefore\ (400yz^2, 400xz^2, 800xyz) = \lambda(2x, 2y, 2z)$

$\therefore\ \boldsymbol{400yz^2 = 2\lambda x,\ 400xz^2 = 2\lambda y,\ 800xyz = 2\lambda z}$

x, y, z 중 하나라도 0인 경우, $T(x, y, z) = 0$이 된다. 따라서 x, y, z 모두 0이 아니라고 가정하자. 이때, λ 역시 0이 아니므로 위에서 첫 번째 식을 두 번째 식으로 나누면

$\dfrac{y}{x} = \dfrac{x}{y}$

즉,

$x^2 = y^2$

(1) $y = x$인 경우 : 위의 굵은 글씨체의 식에 대입해서 정리하면

$400z^2 = 2\lambda, 800x^2 = 2\lambda$

즉,

$z^2 = 2x^2$

$g(x, y, z) = x^2 + y^2 + z^2 - 1 = 0$에 대입하면

$x^2 = \dfrac{1}{4}, z^2 = \dfrac{1}{2}$

이때, $T(x, y, z) = 400xyz^2 = 400 \cdot \dfrac{1}{4} \cdot \dfrac{1}{2} = 50$

(2) $y = -x$인 경우 : 위의 굵은 글씨체의 식에 대입해서 정리하면

$400z^2 = -2\lambda, -800x^2 = 2\lambda$

즉,

$z^2 = 2x^2$

$g(x, y, z) = x^2 + y^2 + z^2 - 1 = 0$에 대입하면

$x^2 = \frac{1}{4},\ z^2 = \frac{1}{2}$

이때, $T(x, y, z) = 400xyz^2 = 400 \cdot \left(-\frac{1}{4}\right) \cdot \frac{1}{2} = -50$

따라서,

온도가 가장 높은 점 : $T\left(\pm\frac{1}{2}, \pm\frac{1}{2}, \frac{1}{\sqrt{2}}\right) = T\left(\pm\frac{1}{2}, \pm\frac{1}{2}, -\frac{1}{\sqrt{2}}\right) = 50$

온도가 가장 낮은 점 : $T\left(\pm\frac{1}{2}, \mp\frac{1}{2}, \frac{1}{\sqrt{2}}\right) = T\left(\pm\frac{1}{2}, \mp\frac{1}{2}, -\frac{1}{\sqrt{2}}\right) = -50$

이다.

15. $x^2 + y^2 + z = 1,\ x - y + 2z = 1$

점 (x, y, z)와 x축 사이의 거리는 $\sqrt{y^2 + z^2}$이므로

$f(x, y, z) = y^2 + z^2,\ g(x, y, z) = x^2 + y^2 + z - 1,\ h(x, y, z) = x - y + 2z - 1$

라 하자. 점 (x, y, z)가 극점이라고 하면 정리 13.7.4로부터

$\nabla f(x, y, z) = \lambda \nabla g(x, y, z) + \mu \nabla h(x, y, z)$

즉,

$(0, 2y, 2z) = \lambda(2x, 2y, 1) + \mu(1, -1, 2)$

$\therefore\ 2\lambda x + \mu = 0,\ 2y + 2\lambda y - \mu = 0,\ 2z + \lambda + 2\mu = 0$

첫 번째 식에서 $\mu = -2\lambda x$로 정리해서 두 번째, 세 번째 식에 대입하면

$2y + 2\lambda y + 2\lambda x = 0, 2z + \lambda - 4\lambda x = 0$

을 얻는다. 정리하면,

$y = -\frac{\lambda}{\lambda+1}x,\ z = \frac{(4x-1)}{2}\lambda$

이를 $h(x, y, z) = 0$에 대입해서 정리하면

$x = \frac{(\lambda+1)^2}{4\lambda^2+6\lambda+1}$

이를 $g(x, y, z) = 0$에 대입해서 정리하면

$-\frac{(\lambda(20\lambda^3 + 60\lambda^2 + 54\lambda + 13))}{(2(4\lambda^2 + 6\lambda + 1)^2)}$

그런데 $A(\lambda) = 20\lambda^3 + 60\lambda^2 + 54\lambda + 13$는 도함수 $60\lambda^2 + 120\lambda + 54$의 두 근이 모두 음수이고 $A(0) = 13 > 0$이므로 $A(\lambda)$의 실근은 모두 음수이다.

따라서, 만약 λ가 $A(\lambda) = 20\lambda^3 + 60\lambda^2 + 54\lambda + 13 = 0$의 근이면 y, z가 동시에 0이 될 수 없다. 즉, $f(x, y, z) > 0$이 된다. $\lambda = 0$이면 위의 굵은 글씨체의 식에서 $x = 1$, $y = z = 0$을 얻고 이때 $f(x, y, z) = 0$이 되어 최솟값이 된다. 따라서, 구하는 점은 $(1, 0, 0)$이다.

13.8 심화학습

정의 13.8.1

이변수함수 $f(x, y)$와 점 (a, b)가 주어졌다. 임의의 $\epsilon > 0$에 대하여 적당한 $\delta > 0$ 존재하여 $0 < \sqrt{(x-a)^2+(y-b)^2} < \delta$인 모든 (x, y)에 대하여 $|f(x, y)-L| < \varepsilon$가 성립할 때 함수 f는 (a, b)에서 극한 L을 가진다 하고 다음과 같이 나타낸다.

$$\lim_{(x, y)\to(a, b)} f(x, y) = L$$

정리 13.8.2

함수 f, g가 점 (a, b)에서 극한을 갖는다고 하자.

$\lim_{(x, y)\to(a, b)} f(x, y) = A$, $\lim_{(x, y)\to(a, b)} g(x, y) = B$라 하면 다음 식이 성립한다.

(1) $\lim_{(x, y)\to(a, b)} kf(x, y) = kA$ (k는 상수)

(2) $\lim_{(x, y)\to(a, b)} (f(x, y)+g(x, y)) = A+B$

(3) $\lim_{(x, y)\to(a, b)} (f(x, y)-g(x, y)) = A-B$

(4) $\lim_{(x, y)\to(a, b)} f(x, y)g(x, y) = AB$

(5) $\lim_{(x, y)\to(a, b)} \dfrac{f(x, y)}{g(x, y)} = \dfrac{A}{B}$ (단, $B \neq 0$)

(6) $\lim_{(x,y)\to(a,b)} \sqrt{f(x,y)} = \sqrt{A}$ (단, $A \geqq 0$)

(7) $\lim_{(x, y)\to(a, b)} |f(x, y)| = |A|$

(8) $\lim_{(x, y)\to(a, b)} x = a$, $\lim_{(x, y)\to(a, b)} y = b$

(9) $\lim_{(x, y)\to(a, b)} k = k$ (k는 상수)

정리 13.8.3

함수 f, g는 각각 점 (a, b)에서 극한을 갖는다고 하자.

(1) $\lim_{(x,y)\to(a,b)} |f(x, y)| = 0$ 이면 $\lim_{(x,y)\to(a,b)} f(x, y) = 0$ 이다.

(2) 점 (a, b)의 근방의 $(x, y) \neq (a, b)$에 대하여 $f(x, y) \geqq 0$이면

$$\lim_{(x,y)\to(a,b)} f(x, y) \geqq 0$$

(3) 점 (a, b)의 근방의 $(x, y) \neq (a, b)$에 대하여 $f(x, y) \leqq g(x, y)$이면

$$\lim_{(x,y)\to(a,b)} f(x, y) \leqq \lim_{(x,y)\to(a,b)} g(x, y)$$

정리 13.8.4

이변수함수 $z = f(x, y)$가 D에서 연속이고 $w = g(z)$가 f의 치역에서 연속이면 합성함수 $w = g(f(x, y))$도 D에서 연속이다.

정리 13.8.5

이변수함수 $z = f(x, y)$의 2계 편도함수 $f_{xy}(x, y)$, $f_{yx}(x, y)$가 xy평면의 영역 D에서 연속이면 영역 D 내부의 모든 점에서 다음이 성립한다.

$$f_{xy}(x, y) = f_{yx}(x, y)$$

정의 13.8.6

이변수함수 $f(x, y)$가 점 (x_0, y_0)의 근방 D에서 정의되고 다음 성질이 성립할 때 점 (x_0, y_0)에서 **미분가능**하다고 한다.

(1) 함수 f는 점 (x_0, y_0)에서 편미분가능하다.

(2) 점 (x_0, y_0) 근방의 점 $(x_0 + \Delta x, y_0 + \Delta y)$에 대하여 다음이 성립한다.

$$f(x_0 + \Delta x, y_0 + \Delta y) = f(x_0, y_0) + f_x(x_0, y_0)\Delta x + f_y(x_0, y_0)\Delta y + \varepsilon_1 \Delta x + \varepsilon_2 \Delta y$$

단, $\lim_{(x,y)\to(x_0,y_0)} \varepsilon_1 = 0$, $\lim_{(x,y)\to(x_0,y_0)} \varepsilon_2 = 0$

또한, 이변수함수 $f(x, y)$가 영역 D의 모든 점에서 미분가능하면 함수 $f(x, y)$는 D에서 미분가능하다고 한다.

정리 13.8.7

함수 $f(x, y)$가 점 $P_0(x_0, y_0)$에서 미분가능하면 함수 f는 점 $P_0(x_0, y_0)$에서 연속이다.

정리 13.8.8

함수 $f(x, y)$가 점 $P_0(x_0, y_0)$에서 연속인 편미분을 가지면 함수 f는 점 $P_0(x_0, y_0)$에서 미분가능하다.

정리 13.8.9

이변수함수 $z = f(x, y)$가 미분가능하고, 두 함수

$$x = x(s),\ y = y(s)$$

가 각각 s에 대해 미분가능한 함수이면 일변수함수 $z = f(x(s), y(s))$도 s에 대해 미분가능하고 다음이 성립한다.

$$\frac{dz}{ds} = \frac{\partial z}{\partial x}\frac{dx}{ds} + \frac{\partial z}{\partial y}\frac{dy}{ds}$$

정리 13.8.10

이변수함수 $z = f(x, y)$가 미분가능하고, 두 함수

$$x = x(s, t),\ y = y(s, t)$$

가 각각 미분가능하면 s, t에 대한 이변수함수 $z = f(x(s, t), y(s, t))$도 미분가능하며 다음 식이 성립한다.

$$\frac{\partial z}{\partial s} = \frac{\partial z}{\partial x}\frac{\partial x}{\partial s} + \frac{\partial z}{\partial y}\frac{\partial y}{\partial s}$$

$$\frac{\partial z}{\partial t} = \frac{\partial z}{\partial x}\frac{\partial x}{\partial t} + \frac{\partial z}{\partial y}\frac{\partial y}{\partial t}$$

정리 13.8.11

한 직선 위에 있지 않은 평면 위의 $n \geq 3$개의 점

$$(x_1, y_1),\ (x_2, y_2),\ \cdots\ (x_n, y_n)$$

에 대한 최소제곱직선은 $y = m_0 x + b_0$이다.

$$m_0 = \frac{\mathbf{x} \cdot \mathbf{y} - n\overline{x}\,\overline{y}}{\mathbf{x} \cdot \mathbf{x} - n\overline{x}\,\overline{x}},\quad b_0 = \frac{\overline{y}(\mathbf{x} \cdot \mathbf{x}) - \overline{x}(\mathbf{x} \cdot \mathbf{y})}{\mathbf{x} \cdot \mathbf{x} - n\overline{x}\,\overline{x}}$$

정리 13.8.12

함수 $f(x, y, z)$와 $g(x, y, z)$가 미분가능한 함수이다. 함수 f가 제약조건 $g(x, y, z) = 0$ 하에 점 P_0에서 극값을 가진다면 적당한 상수 λ가 존재하여 다음이 성립한다.

$$\nabla f(P_0) = \lambda \nabla g(P_0),\quad g(P_0) = 0$$

이 때 λ를 **라그랑주 승수**라 한다.

1. (1) $f(x, y) = \dfrac{2xy}{(x^2 + y^2)^2}$

먼저 f의 정의역은 $R^2 - (0, 0)$이다. f의 편도함수를 구해보면

$$f_x(x, y) = \frac{2y^3 - 6x^2 y}{(x^2 + y^2)^3},\quad f_y(x, y) = \frac{2x^3 - 6y^2 x}{(x^2 + y^2)^3}$$

$\therefore\ f_x(x, y),\ f_y(x, y)$는 정의역에서 연속

따라서 정리 13.8.8로부터 f는 정의역에서 미분가능한 함수이다.

(3) $f(x, y) = \dfrac{x^2 y}{x^4 + y^2}$

먼저 f의 정의역은 $R^2 - (0, 0)$이다. f의 편도함수를 구해보면

$$f_x(x, y) = \frac{2xy^3 - 2x^5 y}{(x^4 + y^2)^2},\quad f_y(x, y) = \frac{x^6 - x^2 y^2}{(x^4 + y^2)^2}$$

$f_x(x, y),\ f_y(x, y)$는 정의역에서 연속

따라서 정리 13.8.8로부터 f는 정의역에서 미분가능한 함수이다.

(5) $f(x, y, z) = xe^{-x^2 - y^2 - z^2}$

먼저 f의 정의역은 R^3이다. f의 편도함수를 구해보면

$$f_x(x, y, z) = e^{-x^2 - y^2 - z^2} - 2x^2 e^{-x^2 - y^2 - z^2}$$

$f_y(x, y, z) = -2xye^{-x^2-y^2-z^2}$

$f_z(x, y, z) = -2xze^{-x^2-y^2-z^2}$

$f_x(x, y, z)$, $f_y(x, y, z)$, $f_z(x, y, z)$는 정의역에서 연속

따라서 정리 13.8.8로부터 f는 정의역에서 미분가능한 함수이다.

(7) $f(x,y,z) = z^2e^x\cos y$

먼저 f의 정의역은 R^3이다. f의 편도함수를 구해보면

$f_x(x, y, z) = z^2e^x\cos y$

$f_y(x, y, z) = -z^2e^x\sin y$

$f_z(x, y, z) = 2ze^x\cos y$

$f_x(x, y, z)$, $f_y(x, y, z)$, $f_z(x, y, z)$는 정의역에서 연속

따라서 정리 13.8.8로부터 f는 정의역에서 미분가능한 함수이다.

제 14 장 중적분

14.1 반복적분

정리 14.1.1

x축 위의 점 $x, a \leqq x \leqq b$에서 x축에 수직인 평면으로 자른 단면적이 $A(x)$인 입체 도형의 부피는 $\int_a^b A(x)\,dx$이다.

정리 14.1.2

이변수함수 $f(x, y)$가 $R=[a, b]\times[c, d]$에서 연속이고 $f(x, y) \geqq 0$이면

$$\iint_R f(x, y)dx\,dy = \int_a^b\int_c^d f(x, y)dy\,dx = \int_c^d\int_a^b f(x, y)\,dx\,dy$$

1. (1) $\int_0^1\int_2^3 e^{x+y}dxdy = \int_0^1 [e^{x+y}]_2^3 dy$

$= \int_0^1 e^{3+y} - e^{2+y}dy$

$= [e^{3+y} - e^{2+y}]_0^1$

$= e^4 - 2e^3 + e^2$

(3) $\int_{-2}^2\int_0^1 (4-2x-3y^2)dydx = \int_{-2}^2 [4y-2xy-y^3]_0^1 dx$

$= \int_{-2}^2 (4-2x-1)dx$

$= [3x-x^2]_{-2}^2 = 12$

(5) $\int_{-1}^1\int_0^2 (1-3x^2y)dxdy = \int_{-1}^1 [x-x^3y]_0^2 dy$

$= \int_{-1}^1 (2-8y)dy$

$= [2y-4y^2]_{-1}^1 = 4$

(7) $\int_1^2 \int_{-1}^0 (-x\ln y)dxdy = \int_1^2 [-\frac{1}{2}x^2\ln y]_{-1}^0 dy$

$$= \int_1^2 \frac{1}{2}\ln y\, dy$$

$$= \frac{1}{2}\int_1^2 \ln y dy$$

$$= \frac{1}{2}[y\ln y - y]_1^2$$

$$= \frac{1}{2}(2\ln 2 - 1) = \ln 2 - \frac{1}{2}$$

3. (1) 함수 $f(x, y) = 1 + 2x + 3y$, $R = [0, 1] \times [0, 2]$

$$\int_0^2 \int_0^1 f(x, y)dxdy = \int_0^2 \int_0^1 (1 + 2x + 3y)dxdy$$

$$= \int_0^2 [x + \frac{2}{2}x^2 + 3xy]_0^1 dy$$

$$= \int_0^2 (2 + 3y)dy$$

$$= [2y + \frac{3}{2}y^2]_0^2 = 10$$

(3) $f(x, y) = x^4 + y^2$, $R = [-1, 1] \times [-3, -2]$

$$\int_{-3}^{-2} \int_{-1}^1 f(x, y)\, dxdy = \int_{-3}^{-2} \int_{-1}^1 x^4 + y^2 dxdy$$

$$= \int_{-3}^{-2} [\frac{1}{5}x^5 + xy^2]_{-1}^1 dy$$

$$= \int_{-3}^{-2} (\frac{2}{5} + 2y^2)dy$$

$$= \left[\frac{2}{5}y + \frac{2}{3}y^3\right]_{-3}^{-2} = \frac{196}{15}$$

14.2 이중적분

정의 14.2.1

영역 $R=[a,\ b]\times[c,\ d]$에서 정의되는 유계함수 $z=f(x,\ y)$에 대하여 분할의 크기가 0으로 접근할 때 표본점의 선택에 무관하게 리만합의 극한

$$\lim_{\|P\|\to 0}\sum_{i=1}^{m}\sum_{j=1}^{n}f(\overline{x_{i,j}},\ \overline{y_{i,j}})\Delta x_i\Delta y_j$$

이 존재할 때 함수 f는 영역 R에서 **적분가능**하다고 하고 이 때 극한값을 R에서의 f의 **이중적분**이라 하며,

$$\iint_R f(x,\ y)dA \text{ 또는 } \iint_R f(x,\ y)dxdy$$

로 표시

정리 14.2.2

함수 $z=f(x,\ y)$가 영역 $R=[a,\ b]\times[c,\ d]$에서 적분가능하고 $f(x,\ y)\geq 0$이면 영역 R 위에서 함수 $f(x,\ y)$의 그래프로 만들어지는 입체의 부피 V는

$$V=\iint_R f(x,\ y)dA$$

정리 14.2.3(정칙분할)

함수 $z=f(x,\ y)$가 영역 $R=[a,\ b]\times[c,\ d]$에서 적분가능하면

$$\iint_R f(x,\ y)dA=\lim_{\substack{m\to\infty\\ n\to\infty}}\sum_{i=1}^{m}\sum_{j=1}^{n}f\left(a+\frac{b-a}{m}i,\ c+\frac{d-c}{n}j\right)\frac{b-a}{m}\frac{d-c}{n}$$

정리 14.2.4

함수 $z=f(x,\ y)$는 직사각형 영역 R에서 정의된 유계함수이다. 함수 f의 불연속점들의 집합이 유한개의 연속인 일변수함수의 그래프에 포함되면 함수 f는 영역 R에서 적분가능

정리 14.2.5

(1) 함수 $f(x, y)$, $g(x, y)$가 직사각형 영역 R에서 적분가능한 함수이고 k가 상수이면 $f+g$, kf도 적분가능하고 다음이 성립한다.

(a) $\displaystyle\iint_R [f(x, y)+g(x, y)]dA = \iint_R f(x, y)dA + \iint_R g(x, y)dA$

(b) $\displaystyle\iint_R kf(x, y)dA = k\iint_R f(x, y)dA$

(c) 영역 R에서 $f(x, y) \leqq g(x, y)$이면

$$\iint_R f(x, y)dA \leqq \iint_R g(x, y)dA$$

(2) 직사각형 영역 R이 여러 개의 직사각형 영역 $R_i(i=1, 2, \cdots, n)$로 나누어져 있다. 즉 $R=\bigcup_{i=1}^{n} R_i$이고 각 $R_i \cap R_j$는 R_i의 경계의 일부이다. 함수 $f(x, y)$가 각각의 식사각형 영역 R_i에서 적분가능하면 함수 f는 영역 R에서도 적분가능하며 그 적분값은 각각의 직사각형 영역에서의 적분값의 합이다. 즉

$$\iint_R f(x, y)dA = \sum_{i=1}^{n}\iint_{R_i} f(x, y)dA$$

정리 14.2.6(Fubini 정리)

함수 $f(x, y)$가 영역 $R=[a, b]\times[c, d]$에서 연속이면

$$\iint_R f(x, y)dx\,dy = \int_a^b\int_c^d f(x, y)dy\,dx = \int_c^d\int_a^b f(x, y)\,dx\,dy$$

정리 14.2.7

함수 $g(x)$가 $[a, b]$에서 연속이고, $h(x)$가 $[c, d]$에서 적분가능이면

$$\iint_R g(x)h(y)dx\,dy = \int_a^b g(x)\,dx\int_c^d h(y)dy$$

단, $R=[a, b]\times[c, d]$.

정의 14.2.8

닫힌 기본영역 D에서 연속인 함수 $z=f(x,\ y)$의 이중적분을 다음과 같이 정의한다.

$$\iint_D f(x,\ y)dx\,dy = \iint_R f^*(x,\ y)dx\,dy$$

여기서 R은 영역 D를 포함하는 직사각형 영역이고 함수 f^*는 다음과 같은 함수

$$f^*(x,\ y) = \begin{cases} f(x,\ y) & (x,y)\in D \\ 0 & (x,y)\in R-D \end{cases}$$

정리 14.2.9

함수 $f(x,\ y)$가 기본영역 D에서 연속이면 다음이 성립한다.

(1) D가 y-단순영역 즉, $D=(x,\ y)|x\in[a,\ b],\ \phi_1(x)\leq y\leq\phi_2(x)$이면

$$\iint_D f(x,\ y)dx\,dy = \int_a^b\int_{\phi_1(x)}^{\phi_2(x)} f(x,\ y)dy\,dx$$

(2) D가 x-단순영역 즉, $D=(x,\ y)|\psi_1(y)\leq x\leq\psi_2(y),\ y\in[c,\ d]$이면

$$\iint_D f(x,y)dx\,dy = \int_c^d\int_{\psi_1(y)}^{\psi_2(y)} f(x,\ y)dx\,dy$$

1. (1) $$\int_0^\pi\int_0^{\sin x} ydydx = \int_0^\pi\left[\frac{1}{2}y^2\right]_0^{\sin x}dx$$
$$=\int_0^\pi\frac{1}{2}\sin^2 xdx$$
$$=\frac{1}{2}\int_0^\pi\frac{1-\cos 2x}{2}dx$$
$$=\frac{1}{2}\left[\frac{1}{2}x-\frac{1}{4}\sin 2x\right]_0^\pi$$
$$=\frac{1}{2}\left(\frac{1}{2}\pi-\frac{1}{4}\sin 2\pi\right)=\frac{\pi}{4}$$

(3) $$\int_{-3}^3\int_{-x}^x(e^x+e^y)dydx = \int_{-3}^3[e^xy+e^y]_{-x}^x dx$$
$$=\int_{-3}^3(2e^x x+e^x-e^{-x})dx$$

$$= [2(xe^{x} - e^{x}) + e^{x} + e^{-x}]_{-3}^{3}$$

$$= 6e^{3} - e^{3} + e^{-3} + (6e^{-3} + e^{-3} - e^{3})$$

$$= 4e^{3} + 8e^{-3}$$

(5) $\int_{-1}^{1}\int_{(x+1)^2}^{8-(x+1)^2} 3x\,dydx = \int_{-1}^{1} 3x \int_{(x+1)^2}^{8-(x+1)^2} dydx$

$$= \int_{-1}^{1} 3x[y]_{(x+1)^2}^{8-(x+1)^2} dx$$

$$= \int_{-1}^{1} 28x - 6x^3 - 12x - 6x\,dx = -8$$

(7) $\int_{0}^{2}\int_{\frac{x}{4}}^{4x} (2x-1)y^{\frac{1}{2}}\,dydx = \int_{0}^{2}(2x-1)dx\int_{\frac{x}{4}}^{4x} y^{\frac{1}{2}}\,dy = \frac{78}{5}\sqrt{2}$

(9) $\int_{\frac{\pi}{2}}^{\pi}\int_{0}^{\sin x} 4x\,dydx = \int_{\frac{\pi}{2}}^{\pi} 4x\int_{0}^{\sin x} 1\,dydx = 4(\pi - 1)$

3. (1) $z = x^2 + y^2,\ z = 0,\ y = x^2,\ x = y^2$

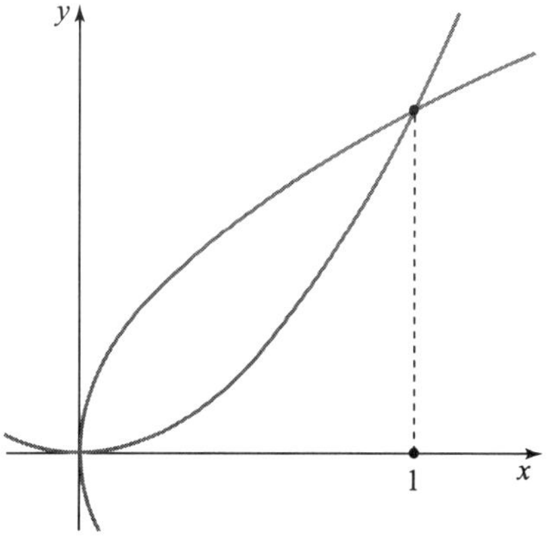

$y = x^2,\ x = y^2$의 교점은 (0, 0), (1, 1)이고 xy평면에서 이 두 곡선으로 둘러싸인 영역은 $(x, y)|0 \le x \le 1,\ x^2 \le y \le \sqrt{x}$로 y-단순영역으로 나타낼 수 있으므로 구하는 부피는 다음의 반복적분이다.

$$\int_{0}^{1}\int_{x^2}^{\sqrt{x}} x^2 + y^2\,dydx = \int_{0}^{1}(x^2y + \frac{1}{3}y^3)_{x^2}^{\sqrt{x}}dx$$

$$= \int_{0}^{1} x^{\frac{5}{2}} - x^4 + \frac{1}{3}x^{\frac{3}{2}} - \frac{1}{3}x^6\,dx = \frac{6}{35}$$

(3) $z=x^2+y^2+2,\ x=0,\ y=0,\ z=0,\ x+y=1$

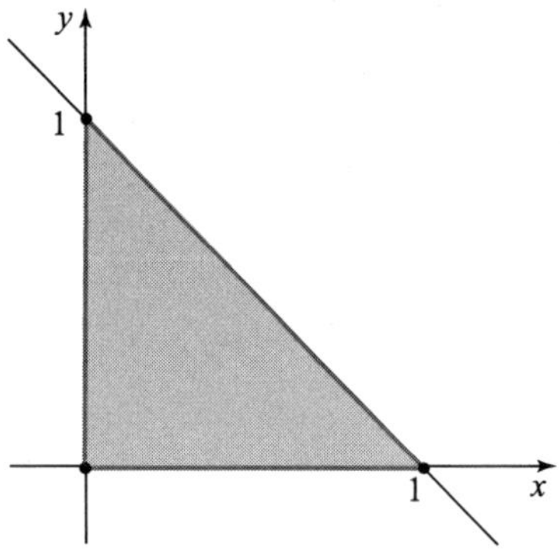

따라서 구하는 부피는 다음 적분이다.

$$\int_0^1\int_0^{1-x} x^2+y^2+2\,dydx=\int_0^1 -\frac{4}{3}x^3+2x^2-3x+\frac{7}{3}dx$$

$$=\frac{7}{6}$$

(5) $z=y-x^2,\ z=0,\ y=1$

$z=y-x^2,\ z=0$의 교선은 xy평면에서 $y=x^2$의 포물선이다.

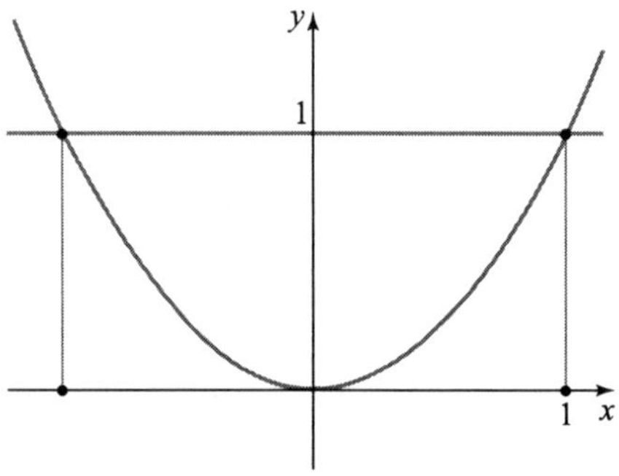

따라서 구하는 부피는 다음 적분이다.

$$\int_{-1}^1\int_{x^2}^1 (y-x^2)dydx=\int_{-1}^1 \left(\frac{1}{2}-x^2-\frac{x^4}{2}\right)dx=\frac{8}{15}$$

(7) $z=4-x^2-y,\ y=0,\ z=0$

$z=4-x^2-y,\ z=0$의 교선은 xy평면의 곡선 $y=4-x^2$이므로 xy평면에서 $y=0$과 둘러싸는 영역은 다음 그림과 같다.

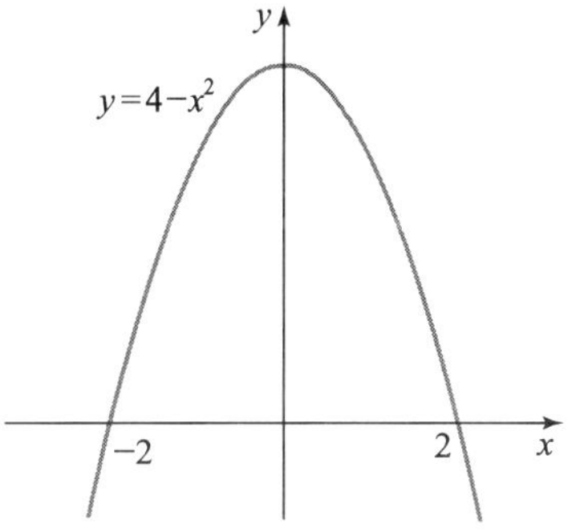

따라서 구하는 부피는 다음 적분이다.

$$\int_{-2}^{2}\int_{0}^{4-x^2}(4-x^2-y)\,dydx = \int_{-2}^{2}\frac{1}{2}x^4-4x^2+8\,dx = \frac{256}{15}$$

5. (1)

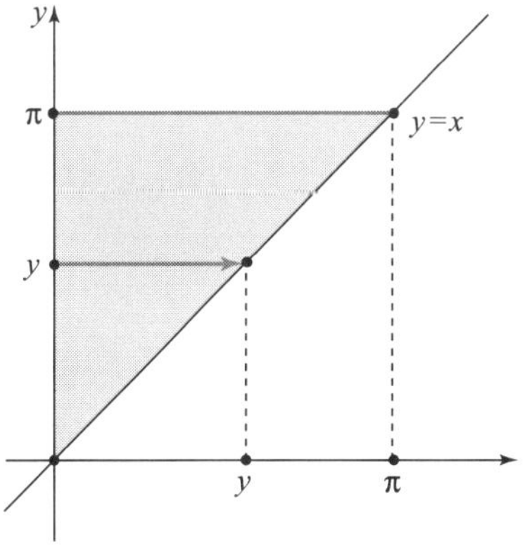

위의 그림으로부터

$$\int_{0}^{\pi}\int_{x}^{\pi}\frac{\sin y}{y}dydx = \int_{0}^{\pi}\int_{0}^{y}\frac{\sin y}{y}dxdy = \int_{0}^{\pi}\sin y\,dy = 2$$

(3)

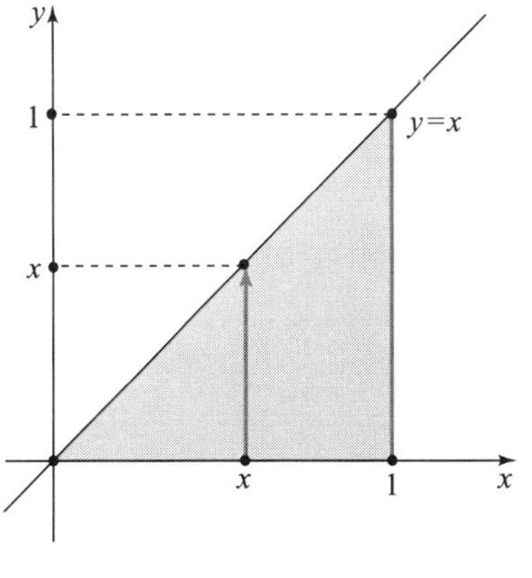

위의 그림으로부터

$$\int_0^1 \int_y^1 \frac{1}{\sqrt{x^2+1}} dxdy = \int_0^1 \int_0^x \frac{1}{\sqrt{x^2+1}} dydx$$

$$= \int_0^1 \frac{x}{\sqrt{x^2+1}} dx$$

$$= \left[\sqrt{x^2+1}\right]_0^1 = \sqrt{2}-1$$

14.3 삼중적분

정의 14.3.1

영역 $B=[a, b]\times[c, d]\times[p, q]$에서 정의되는 유계함수 $w=f(x, y, z)$에 대하여 분할의 크기가 0으로 접근할 때 표본점의 선택에 무관하게 리만합의 극한

$$\lim_{\|P\|\to 0}\sum_{i=1}^{l}\sum_{j=1}^{m}\sum_{k=1}^{n} f(\overline{x_{i,j,k}},\ \overline{y_{i,j,k}},\ \overline{z_{i,j,k}})\triangle x_i\triangle y_j\triangle z_k$$

이 존재할 때 함수 f는 영역 B에서 적분가능하다고 한다. 이 때 극한값을 B에서 f의 삼중적분이라 하며,

$$\iiint_B f(x, y, z)dV \text{ 또는 } \iiint_B f(x, y, z)dxdydz$$

로 표시

정리 14.3.2

함수 $w=f(x, y, z)$는 직육면체 영역 B에서 정의된 유계함수이다. 함수 f의 불연속점들의 집합이 유한개의 연속인 이변수함수의 그래프에 포함되면 함수 f는 영역 B에서 적분가능하다.

정리 14.3.3

(1) 함수 $f(x, y, z)$, $g(x, y, z)$가 직사각형 영역 B에서 적분가능한 함수이고 k가 상수이면 $f+g$, kf도 적분가능하고 다음이 성립한다.

(a) $\iiint_B [f(x, y, z)+g(x, y, z)]dV=\iiint_B f(x, y, z)dV+\iint_B g(x, y, z)dV$

(b) $\iiint_B kf(x, y, z)dV=k\iiint_B f(x, y, z)dV$

(c) 영역 B에서 $f(x, y, z)\leq g(x, y, z)$이면

$$\iiint_B f(x, y, z)dV\leq\iiint_B g(x, y, z)dV$$

(2) 직사각형 영역 B이 여러 개의 직육면체 영역 $B_i, (i=1, 2, \cdots, n)$로 나누어져있다.

즉 $B=\bigcup_{i=1}^{n} B_i$이고 $B_i \cap B_j$는 B_i의 경계의 일부이다.

함수 $f(x, y, z)$가 각각의 직사각형 영역 B_i에서 적분가능하면 함수 f는 영역 B에서도 적분가능하며 다음 식이 성립한다.

$$\iiint_B f(x, y, z)dV = \sum_{i=1}^{n} \iiint_{B_i} f(x, y, z)dV$$

정리 14.3.4

함수 $w=f(x, y, z)$가 영역 $B=[a, b]\times[c, d]\times[p, q]$에서 연속이면

$$\begin{aligned}\iiint_B f(x,y,z)dx\,dy\,dz &= \int_a^b \int_c^d \int_p^q f(x, y, z)dz\,dy\,dx \\ &= \int_p^q \int_c^d \int_a^b f(x, y, z)dx\,dy\,dz\end{aligned}$$

정리 14.3.5

닫힌 기본영역 W에서 연속인 함수 $w=f(x, y, z)$의 삼중적분을 다음과 같이 정의한다.

$$\iiint_W f(x, y, z)dx\,dy\,dz = \iiint_B f^*(x, y, z)dx\,dy\,dz$$

여기서, B는 영역 W를 포함하는 직육면체 영역이고 함수 f^*는 다음과 같이 정의된다.

$$f^*(x, y, z) = \begin{cases} f(x, y, z) & (x, y, z)\in W \\ 0 & (x, y, z)\in B-W \end{cases}$$

정리 14.3.6

W가 z-단순영역 즉,

$$W=(x, y, z) \mid (x, y)\in D,\ \phi_1(x, y) \leqq z \leqq \phi_2(x, y)$$

이고 함수 $f(x, y, z)$가 W에서 연속이면 함수 $f(x, y, z)$의 삼중적분은 다음과 같이 이중적분과 정적분의 반복적분으로 분해된다.

$$\iiint_W f(x, y, z)dx\,dy\,dz = \iint_D \int_{\phi_1(x,y)}^{\phi_2(x,y)} f(x, y, z)dzdy\,dx$$

W가 y-단순영역W 또는 x-단순영역일 때도 비슷한 방법으로 이중적분과 정적분의 반복적분으로 분해된다.

1. (1) $\int_0^1\int_0^1\int_0^1(x+2y+3z)dzdydx$ 먼저 z에 대하여 적분해주면

$=\int_0^1\int_0^1(x+2y+\frac{3}{2})dydx$ 다음으로는 y에 대하여 적분해주면

$=\int_0^1(x+\frac{5}{2})dx$ 마지막으로 x에 대하여 적분해주면

$=3$

(3) $\int_4^2\int_x^{x+1}\int_x^{x+y}(6x-3z)dzdydx=\int_4^2\int_x^{x+1}(3xy-\frac{3}{2}y^2)dydx$

$$=\int_4^2(\frac{3}{2}x^2-\frac{1}{2})dx=-27$$

(5) $\int_1^4\int_{-z}^{z}\int_{y-z}^{y+z}(x+3)dxdydz=\int_1^4\int_{-z}^{z}(2yz+6z)dydz$

$$=\int_1^4 12z^2dz=252$$

(7) $\int_e^{e^2}\int_{\frac{1}{2y}}^{\frac{1}{y}}\int_1^y(\frac{4}{z})dxdydz=\int_e^{e^2}\int_{\frac{1}{2y}}^{\frac{1}{y}}(4\ln y)dydz$

$$=2\int_e^{e^2}\frac{1}{y}\ln ydy$$

$$=2\int_1^2 tdt=3$$

3. (1) $\iiint_W(x+2y)dV=\int_0^1\int_{x^2}^{x}\int_0^x(x+2y)dzdydx$

$$=\int_0^1\int_{x^2}^{x}(x^2+2xy)dydx$$

$$=\int_0^1(-5x^5-x^4+2x^3)dx=\frac{2}{15}$$

(3) $$\iiint_W (xy+z)dV = \int_{-2}^{0}\int_{0}^{4-x^2}\int_{0}^{2+7x}(xy+z)dzdydx$$
$$= \int_{-2}^{0}\int_{0}^{4-x^2}\frac{1}{2}(7x+2)(2xy+7x+2)dydx$$
$$= \int_{-2}^{0}\left(7x^6+2x^5-105x^4-44x^3+304x^2+144x+16\right)dx$$
$$= \frac{496}{3}$$

5. (1)

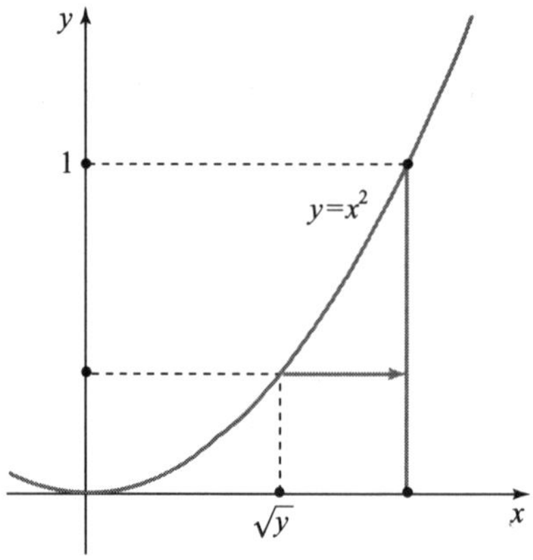

$$\int_0^1\int_0^{x^2}\int_0^y f(x,y,z)dzdydx = \int_0^1\int_{\sqrt{y}}^1\int_0^y f(x,y,z)dzdxdy \quad \sqrt{1-x^2}\,\sqrt{1-y^2}$$

(3)

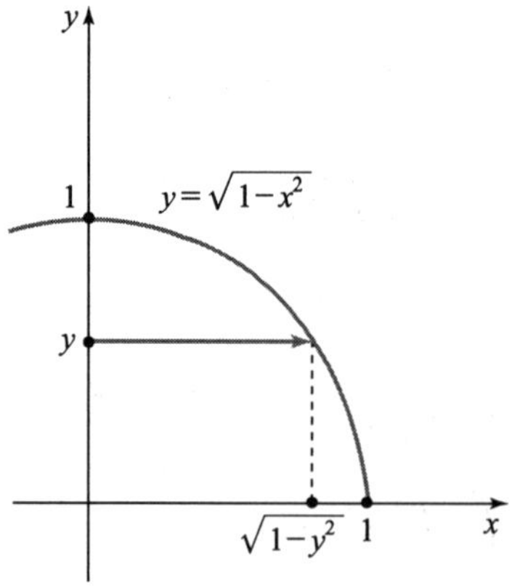

$$\int_0^1\int_0^{\sqrt{1-x^2}}\int_0^{1-x^2-y^2} f(x,y,z)dzdydx = \int_0^1\int_0^{\sqrt{1-y^2}}\int_0^{1-x^2-y^2} f(x,y,z)dzdxdy$$

14.4 중적분과 좌표변환

정리 14.4.1

$E, D \subset \mathbb{R}^2$가 기본영역이고 일대일대응 $T : E \to D$가 연속인 편미분을 가진다. 함수 f가 D에서 적분가능하면 다음이 성립한다.

$$\iint_D f(x, y)dx\,dy = \iint_E f(x(u, v), y(u, v))\left|\frac{\partial(x, y)}{\partial(u, v)}\right|dudv$$

즉

$$\iint_D f(x, y)dx\,dy = \iint_E (f \circ T)(u, v)\left|\frac{\partial(x, y)}{\partial(u, v)}\right|dudv$$

여기서 $T(u, v) = (x(u, v), y(u, v))$이고 $\dfrac{\partial(x, y)}{\partial(u, v)} = \begin{vmatrix} \dfrac{\partial x}{\partial u} & \dfrac{\partial x}{\partial v} \\ \dfrac{\partial y}{\partial u} & \dfrac{\partial y}{\partial v} \end{vmatrix}$

정리 14.4.2

극좌표변환에 의하여 $r\theta$평면(극좌표계)의 영역 E가 xy평면(직교좌표계)의 영역 D로 일대일대응되고 함수 f가 D에서 미분가능하면 다음이 성립한다.

$$\iint_D f(x, y)dx\,dy = \iint_E f(r\cos\theta, r\sin\theta)rdrd\theta$$

정리 14.4.3

$E, W \subset \mathbb{R}^3$가 기본영역이고 일대일대응 $T : E \to W$이 연속인 편미분을 가진다. 함수 f가 W에서 적분가능하면 다음이 성립한다.

$$\iiint_W f(x, y, z)dx\,dy\,dz$$
$$= \iiint_E f(x(u, v, w), y(u, v, w), y(u, v, w))\left|\frac{\partial(x, y, z)}{\partial(u, v, w)}\right|dudvdw$$

여기서 $T(u, v, w)=(x(u, v, w), y(u, v, w), z(u, v, w))$이고

$$\frac{\partial(x, y, z)}{\partial(u, v, w)}=\begin{vmatrix} \frac{\partial x}{\partial u} & \frac{\partial x}{\partial v} & \frac{\partial x}{\partial w} \\ \frac{\partial y}{\partial u} & \frac{\partial y}{\partial v} & \frac{\partial y}{\partial w} \\ \frac{\partial z}{\partial u} & \frac{\partial z}{\partial v} & \frac{\partial z}{\partial w} \end{vmatrix}$$

정리 14.4.4

원기둥좌표계로의 변환에 의하여 xyz공간(직교좌표계)의 영역 W와 $r\theta z$공간(원기둥좌표계)의 영역 E가 일대일대응하고 함수 f가 W에서 미분가능하면 다음이 성립한다.

$$\iiint_W f(x, y, z)dx\,dy\,dz=\iiint_E f(r\cos\theta, r\sin\theta, z)r dr d\theta dz$$

정리 14.4.5

구면좌표계로의 변환에 의하여 xyz공간(직교좌표계)의 영역 W와 $\rho\phi\theta$공간(구면좌표계) 영역 E가 일대일대응하고 함수 f가 W에서 미분가능하면 다음이 성립한다.

$$\iiint_W f(x, y, z)dx\,dy\,dz$$
$$=\iiint_E f((\rho\sin\phi\cos\theta, \rho\sin\phi\sin\theta, \rho\cos\phi))\rho^2\sin\phi\, d\rho\, d\phi\, d\theta$$

1. (1) 적분영역 :

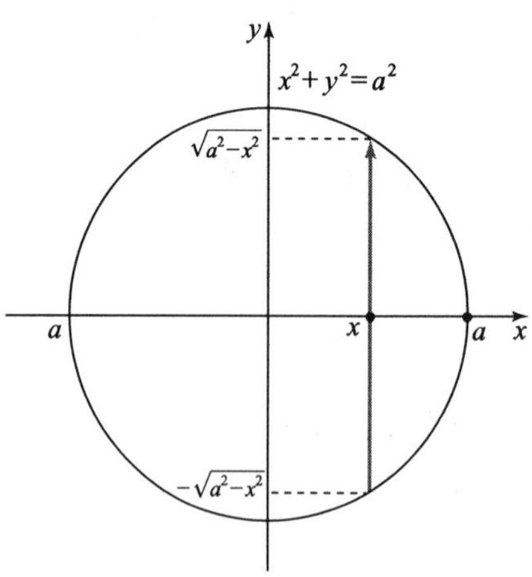

$\int_{-a}^{a}\int_{-\sqrt{a^2-x^2}}^{\sqrt{a^2-x^2}}(x^2+y^2)dydx$ 이 값을 극좌표로 변환하여 풀어보자. 위의 영역을 극좌표로 변환하여 표현하면

$E=\{(r,\theta)|\, 0\le r\le a,\, 0\le\theta\le 2\pi\}$

$x=r\cos\theta$, $y=r\sin\theta$ $dxdy=rdrd\theta$ 이므로 이중적분을 극좌표로 변수변환하여 계산하면

$$\int_{-a}^{a}\int_{-\sqrt{a^2-x^2}}^{\sqrt{a^2-x^2}}(x^2+y^2)dydx=\int_0^{2\pi}\int_0^a r^2 rdrd\theta=\frac{a^4}{2}\pi$$

(3) 적분영역 :

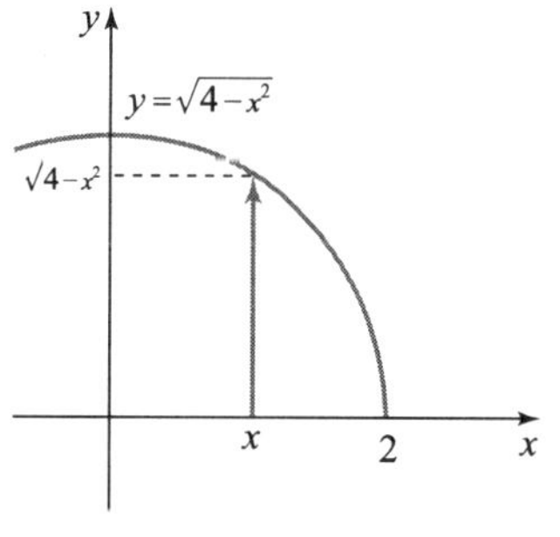

$\int_0^2\int_0^{\sqrt{4-x^2}}\frac{xy}{\sqrt{x^2+y^2}}dydx$ 이 값을 극좌표로 변환하여 풀어보자. 위의 영역을 극좌표로 변환하여 표현하면

$E=\left\{(r,\theta)|\, 0\le r\le 2,\ 0\le\theta\le\frac{\pi}{2}\right\}$

$x=r\cos\theta$, $y=r\sin\theta$ $dxdy=rdrd\theta$ 이므로 이중적분을 극좌표로 변수변환하여 계산하면

$$\begin{aligned}\int_0^2\int_0^{\sqrt{4-x^2}}\frac{xy}{\sqrt{x^2+y^2}}dydx&=\int_0^{\frac{\pi}{2}}\int_0^2\frac{r^2\sin\theta\cos\theta}{r}rdrd\theta\\&=\int_0^{\frac{\pi}{2}}\int_0^2\frac{r^2\sin2\theta}{2}drd\theta\\&=\int_0^{\frac{\pi}{2}}\left[\frac{r^3\sin2\theta}{6}\right]_0^2d\theta\\&=\int_0^{\frac{\pi}{2}}\frac{4}{3}sin2\theta\, d\theta\\&=\left[-\frac{2}{3}\cos2\theta\right]_0^{\frac{\pi}{2}}=\frac{4}{3}\end{aligned}$$

(5) 적분영역 :

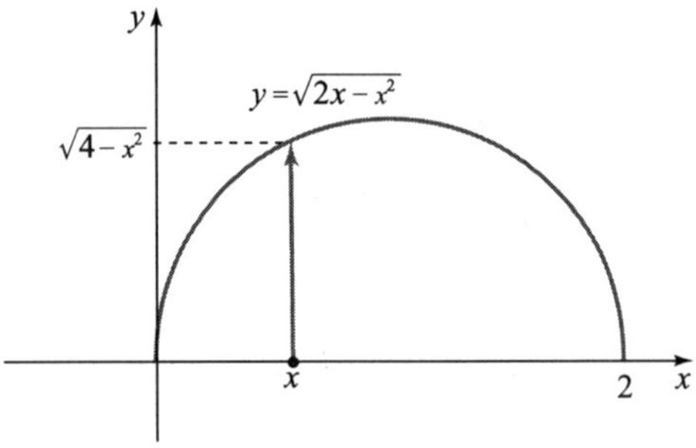

$\int_0^2 \int_0^{\sqrt{2x-x^2}} \sqrt{x^2+y^2}\,dydx$ 이 값을 극좌표로 변환하여 풀어보자.

정의 구간이 $\sqrt{2x-x^2} = y \Rightarrow (x-1)^2 + y^2 = 1$의 윗부분이므로

이 식에 $x = r\cos\theta,\ y = r\sin\theta$를 대입하면

$(r\cos\theta - 1)^2 + r^2\sin^2\theta = 1$

$\therefore\ r^2 - 2r\cos\theta = 0 \Rightarrow r = 2\cos\theta$

따라서, 적분영역을 극좌표로 변환하여 표현하면

$E = \{(r,\theta) \mid 0 \le r \le 2\cos\theta,\ 0 \le \theta \le \frac{\pi}{2}\}$

$dxdy = rdrd\theta$ 이므로 이중적분을 극좌표로 변수변환하여 계산하면

$$\int_0^2 \int_0^{\sqrt{2x-x^2}} \sqrt{x^2+y^2}\,dydx = \int_0^{\frac{\pi}{2}} \int_0^{2\cos\theta} r^2\,drd\theta$$

$$= \int_0^{\frac{\pi}{2}} \frac{8}{3}\cos^3\theta\,d\theta = \frac{16}{9}$$

3. (1)

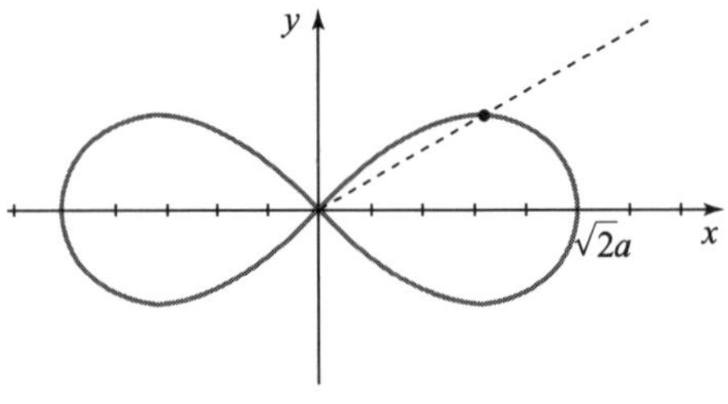

$$4\int_0^{\frac{\pi}{4}} \int_0^{\sqrt{2}\,a\sqrt{\cos 2\theta}} rdrd\theta = 4\int_0^{\frac{\pi}{4}} a^2\cos 2\theta d\theta = 2a^2$$

(3)

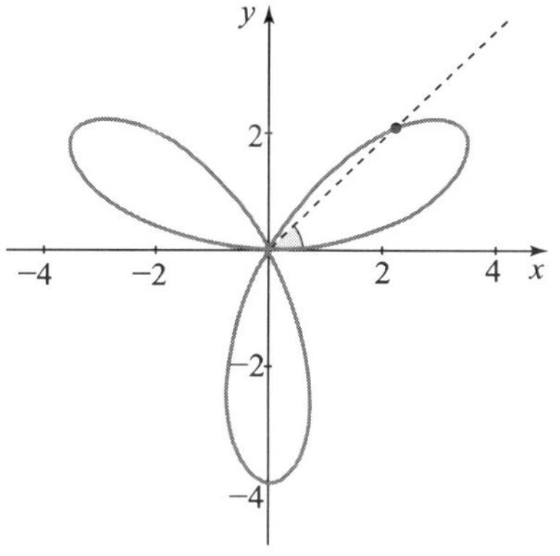

$$6\int_0^{\frac{\pi}{6}}\int_0^{4\sin 3\theta} r\,dr\,d\theta = 6\int_0^{\frac{\pi}{6}}\left[\frac{r^2}{2}\right]_0^{4\sin 3\theta} d\theta = 48\int_0^{\frac{\pi}{6}} \sin^2 3\theta\, d\theta$$

$$= 48\left[\frac{\theta}{2} + \frac{\sin 6\theta}{12}\right]_0^{\frac{\pi}{6}}$$

$$= 48 \cdot \frac{\pi}{12} = 4\pi$$

5. (1) $\int_0^{2\pi}\int_0^{1}\int_0^{\sqrt{4-r^2}} r\,dz\,dr\,d\theta$

$0 \le z \le \sqrt{4-r^2}$

$0 \le r \le 1$

$0 \le \theta \le 2\pi$

이 모양은 반지름이 2이고 $z \ge 0$인 반구와 원통면 $x^2 + y^2 = 1$으로 둘러싸인 영역이다.

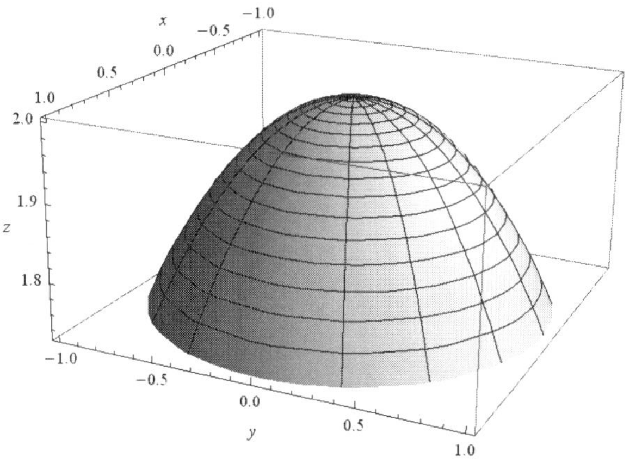

현재 원기둥좌표계로 주어져 있으므로 이를 직교좌표계로 바꾸면

$$\int_{-1}^{1}\int_{-\sqrt{1-x^2}}^{\sqrt{1-x^2}}\int_{0}^{\sqrt{4-x^2-y^2}} dzdydx$$

(3) $\displaystyle\int_0^4\int_0^1\int_{2y}^{2}\frac{4\cos(x^2)}{2\sqrt{z}}dxdydz$

$$=\int_0^4\int_0^2\int_0^{\frac{x}{2}}\frac{4\cos(x^2)}{2\sqrt{z}}dydxdz(\text{적분순서 교환})$$

$$=\int_0^4\left[\int_0^2 2x\cos(x^2)dx\right]\frac{1}{2\sqrt{z}}dz$$

$$=\int_0^4\left[\sin(x^2)\right]_0^2\frac{1}{2\sqrt{z}}dz$$

$$=(\sin 4)\int_0^4\frac{1}{2\sqrt{z}}dz=(\sin 4)(\sqrt{z})_0^4=2\sin 4$$

7. (1) 구 $x^2+y^2+z^2=4a^2$와 원기둥 $x^2+y^2=a^2$의 공통부분.

극좌표로 바꾸어서 생각해보면 영역은 $0\le r\le a, 0\le\theta\le 2\pi$이 되고 $x=rcos\theta$, $y=r\sin\theta$ $dxdy=rdrd\theta$이므로 이중적분을 극좌표로 변수변환하여 계산하면

$$\int_0^{2\pi}\int_0^a\int_{-\sqrt{4a^2-r^2}}^{\sqrt{4a^2-r^2}}rdzdrd\theta=\int_0^{2\pi}\int_0^a 2\sqrt{4a^2-r^2}\,rdrd\theta$$

$$=\int_0^{2\pi}\int_{4a^2}^{3a^2}-t^{\frac{1}{2}}dtd\theta$$

$$=\frac{32-12\sqrt{3}}{3}a^3\pi$$

(3) 포물면 $z=5-x^2-y^2$과 포물면 $z=4x^2+4y^2$으로 둘러싸인 영역.

두 곡면의 교선을 구해보면

$5-x^2-y^2=4x^2+4y^2$에서 $x^2+y^2=1$ 이때 $z=4$이므로 z-단순영역으로 보면 D는 단위원이 되고 영역 $W=(x,\ y,\ z)|(x,\ y)\in D,\ 4x^2+4y^2\le z\le 5-x^2-y^2$이다.

극좌표로 바꾸어서 생각해보면 영역은 $0\le r\le 1,\ 0\le\theta\le 2\pi$이 되고 $x=r\cos\theta$, $y=r\sin\theta$ $dxdy=rdrd\theta$이므로 이중적분을 극좌표로 변수변환하여 계산하면

$$\int_0^{2\pi}\int_0^1\int_{4r^2}^{5-r^2}rdzdrd\theta=\int_0^{2\pi}\int_0^1 5r(1-r^2)drd\theta$$

$$=\int_0^{2\pi}\left[\frac{5}{2}r^2-\frac{5}{4}r^2\right]_0^1 d\theta$$

$$=\int_0^{2\pi}\frac{5}{4}d\theta=\frac{5}{2}\pi$$

(5) $\rho = a$와 평면 $\theta = 0$, $\theta = \frac{\pi}{6}$으로 둘러싸인 제일 팔분공간안의 영역.

구면좌표로 바꾸어서 생각해보면 영역은 $0 \le \rho \le a$, $0 \le \phi \le \frac{\pi}{2}$, $0 \le \theta \le \frac{\pi}{6}$이 되고 $x = \rho \sin\phi \cos\theta$, $y = \rho \sin\phi \sin\theta$, $y = \rho \cos\theta$ $dxdydz = \rho^2 \sin\phi d\rho d\phi d\theta$ 이므로 삼중적분을 구면좌표로 변수변환하여 계산하면

$$\int_0^{\frac{\pi}{6}} \int_0^{\frac{\pi}{2}} \int_0^{a} \rho^2 \sin\theta d\rho d\phi d\theta = \int_0^{\frac{\pi}{6}} \int_0^{\frac{\pi}{2}} \frac{a^3}{3} sin\theta \, d\phi d\theta = \frac{a^3}{18}\pi$$

※ 영역을 잘 생각해보면, 구의 부피의 $\frac{1}{24}$임을 알 수 있다. 따라서 $\frac{4}{3}\pi a^3 \times \frac{1}{24} = \frac{\pi a^3}{18}$로 구할 수도 있다.

14.5 중적분의 응용

정리 14.5.1

영역 D에서 연속인 미분을 가지는 함수 $z=f(x, y)$의 그래프 S의 넓이 $A(S)$는 다음과 같다.

$$A(S)=\iint_D \sqrt{(f_x(x, y))^2+(f_y(x, y))^2+1}\,dxdy$$

정의 14.5.2

(1) xy 평면의 평면영역 D에서의 밀도함수가 연속함수 $\delta(x, y)$로 주어진다면 평면영역 D의 질량 M은 다음과 같다.

$$M=\iint_D \delta(x, y)dA$$

(2) xyz 공간의 입체영역 W에서의 밀도함수가 연속함수 $\delta(x, y, z)$로 주어진다면 입체영역 W의 **질량** M은 다음과 같다.

$$M=\iiint_D \delta(x, y, z)dV$$

정의 14.5.3

(1) xy 평면의 평면영역 D에서 밀도함수가 연속함수 $\delta(x, y)$로 주어진다면 평면영역 D의 좌표축에 대한 **모멘트**와 **질량중심**의 좌표 $(\bar{x}, \bar{y})$는 다음과 같다.

x**축에 대한 모멘트** : $M_x=\iint_D y\,\delta(x, y)\,dA$

y**축에 대한 모멘트** : $M_y=\iint_D x\,\delta(x, y)\,dA$

질량중심 : $\bar{x}=\dfrac{M_y}{M}$, $\bar{y}=\dfrac{M_x}{M}$

단, M은 D의 질량이다.

(2) xyz 공간의 입체영역 W에서의 밀도함수가 연속함수 $\delta(x, y, z)$로 주어진다면 입체영역 W의 각 좌표평면에 대한 **모멘트**와 **질량중심**의 좌표 $(\overline{x}, \overline{y}, \overline{z})$는 다음과 같다.

$$xy\text{평면에 대한 모멘트} : M_{xy} = \iiint_W z\,\delta(x, y, z)\,dV$$

$$yz\text{평면에 대한 모멘트} : M_{yz} = \iiint_W x\delta(x, y, z)\,dV$$

$$xz\text{평면에 대한 모멘트} : M_{xz} = \iiint_W y\,\delta(x, y, z)\,dV$$

$$\text{질량중심} : \overline{x} = \frac{M_{yz}}{M},\ \overline{y} = \frac{M_{xz}}{M},\ \overline{z} = \frac{M_{xy}}{M}$$

단, M은 W의 질량이다.

정의 14.5.4

(1) xy 평면의 평면영역 D에서 밀도함수가 $\delta(x, y)$로 주어지면 평면영역 D의 각 좌표축에 대한 **관성모멘트**는 다음과 같다.

$$x\text{축에 대한 관성모멘트} : I_x = \iint_D y^2\,\delta(x, y)\,dA$$

$$y\text{축에 대한 관성모멘트} : I_y = \iint_D x^2\,\delta(x, y)\,dA$$

(2) xyz 공간의 입체영역 W에서의 밀도함수가 $\delta(x, y, z)$이면 입체영역 W의 각 좌표축에 대한 **관성모멘트**는 다음과 같다.

$$x\text{축에 대한 관성모멘트} : I_x = \iiint_W (y^2 + z^2)\,\delta(x, y, z)\,dV$$

$$y\text{축에 대한 관성모멘트} : I_x = \iiint_W (z^2 + x^2)\,\delta(x, y, z)\,dV$$

$$z\text{축에 대한 관성모멘트} : I_z = \iiint_W (x^2 + y^2)\,\delta(x, y, z)\,dV$$

1. (1) 주어진 곡면 S는 $D = (x, y) : 0 \le x^2 + y^2 \le 4$ 에서 정의된 함수 $f(x, y) = x^2 + y^2$의 그래프이다. 따라서 곡면의 넓이는 다음과 같다.

$$A(S) = \int\int_D \sqrt{(2x)^2 + (2y)^2 + 1}\,dxdy$$

이 영역을 극좌표로 표시하여 바꿔주면 다음과 같다.

$$\int\int_D \sqrt{(2x)^2+(2y)^2+1}\,dxdy = \int_0^{2\pi}\int_0^2 r\sqrt{4r^2+1}\,drd\theta = (\frac{17\sqrt{17}-1}{6})\pi$$

(3) $z>0$이므로 $D=(x,\ y)|0\le x\le 1,\ 0\le y\le x$에서 함수 $f(x,\ y)=\sqrt{1-x^2}$의 그래프의 넓이 $A(S)$를 구하면 된다. 정리 14.5.1로부터

$$A(S)=\int_0^1\int_0^x \frac{1}{\sqrt{1-x^2}}dydx = \int_0^1 \frac{x}{\sqrt{1-x^2}}dx$$

$t=1-x^2$로 치환하면 $dt=-2xdx$이므로

$$A(S)=-\frac{1}{2}\int_1^0 \frac{1}{\sqrt{t}}dt=-\frac{1}{2}\left[2\sqrt{t}\right]_1^0=1$$

(5) $f(x,y)=\sqrt{4-x^2-y^2}$, $r=2\cos\theta$

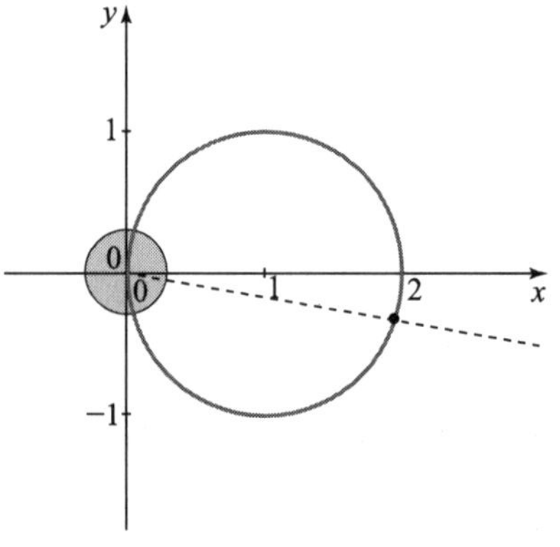

xy평면에서 $r=2\cos\theta$로 둘러싸인 영역을 D라 하면 구하는 넓이 $A(S)$는

$$A(S)=\iint_D \sqrt{f_x(x,y)^2+f_y(x,y)^2+1}\,dA$$

$$=\iint_D \sqrt{\left(-\frac{x}{\sqrt{4-x^2-y^2}}\right)^2+\left(-\frac{y}{\sqrt{4-x^2-y^2}}\right)^2+1}\,dA$$

$$=\iint_D \frac{2}{\sqrt{4-x^2-y^2}}dA$$

극좌표계로 변수변환하면

$$A(S)=\int_{-\frac{\pi}{2}}^{\frac{\pi}{2}}\int_0^{2\cos\theta}\frac{2r}{\sqrt{4-r^2}}drd\theta$$

($t=4-r^2$으로 치환하면)

$$=\int_{-\frac{\pi}{2}}^{\frac{\pi}{2}}\int_4^{4-4\cos^2\theta}-\frac{1}{\sqrt{t}}dtd\theta$$

$$= \int_{-\frac{\pi}{2}}^{\frac{\pi}{2}} (-2|2\sin\theta|+4)d\theta$$

$$= 2\int_{0}^{\frac{\pi}{2}} (-4\sin\theta+4)d\theta$$

$$= 2[4\cos\theta+4\theta]_0^{\frac{\pi}{2}} = 4\pi-8$$

(7) 평면 $ax+by+cz=d$ $(a, b, c, d>0)$

$z=0$을 대입해보면 D는 x,y축과 직선 $ax+by=d$으로 둘러싸인 영역이다. 한편,

$f(x, y)=\frac{d}{c}-\frac{a}{c}x-\frac{b}{c}y$라 하면, 평면의 방정식은 $z=f(x, y)$가 되므로

구하는 삼각형의 넓이 $A(S)$는

$$A(S)=\iint_D \sqrt{f_x(x, y)^2+f_y(x, y)^2+1}\,dA$$

이다. $f_x=-\frac{a}{c}$, $f_y=-\frac{b}{c}$이므로

$$\sqrt{f_x(x, y)^2+f_y(x, y)^2+1}=\frac{\sqrt{a^2+b^2+c^2}}{c}$$

이다. 따라서,

$A(S)=A(D)\cdot\frac{\sqrt{a^2+b^2+c^2}}{c}$인데 $A(D)=\frac{1}{2}\cdot\frac{d}{a}\cdot\frac{d}{b}=\frac{d^2}{2ab}$이므로

$A(S)=\frac{d^2\sqrt{a^2+b^2+c^2}}{2abc}$이다.

※ 3차원 피타고라스 정리를 (연습문제 11.3절 17번) 이용해도 된다.

3. (1) W: 가로 세로 높이가 각각 a, b, c인 직육면체

$\delta(x, y, z)=1$

$$M=\int_0^a\int_0^b\int_0^c dxdydz=abc$$

$$M_{yz}=\int_0^a\int_0^b\int_0^c xdzdydx=\frac{1}{2}a^2bc$$

$$M_{xz}=\int_0^a\int_0^b\int_0^c ydzdydx=\frac{1}{2}ab^2c$$

$$M_{xy}=\int_0^a\int_0^b\int_0^c zdzdydx=\frac{1}{2}abc^2$$

질량중심 $\left(\frac{1}{2}a, \frac{1}{2}b, \frac{1}{2}c\right)$

$$I_x=\int_0^a\int_0^b\int_0^c (y^2+z^2)dzdydx=\frac{abc}{3}(b^2+c^2)$$

$$I_y=\int_0^a\int_0^b\int_0^c (x^2+z^2)dzdydx=\frac{abc}{3}(c^2+a^2)$$

$$I_z=\int_0^a\int_0^b\int_0^c (x^2+y^2)dzdydx=\frac{abc}{3}(a^2+b^2)$$

(3) W: 좌표평면과 $\frac{x}{a}+\frac{y}{b}+\frac{z}{c}=1$ 로 둘러싸인 사면체

$\delta(x,\ y,\ z)=1$

$$M=\int_0^a\int_0^{b\left(1-\frac{x}{a}\right)}\int_0^{c\left(\frac{x}{a}+\frac{y}{b}\right)} 1dxdydz=\frac{abc}{6}$$

$$M_{yz}=\int_0^a\int_0^{b\left(1-\frac{x}{a}\right)}\int_0^{c\left(\frac{x}{a}+\frac{y}{b}\right)} xdzdydx=\frac{bc}{24}$$

$$M_{xz}=\int_0^a\int_0^{b\left(1-\frac{x}{a}\right)}\int_0^{c\left(\frac{x}{a}+\frac{y}{b}\right)} ydzdydx=\frac{ac}{24}$$

$$M_{xy}=\int_0^a\int_0^{b\left(1-\frac{x}{a}\right)}\int_0^{\left(\frac{x}{a}+\frac{y}{b}\right)} zdzdydx=\frac{ab}{24}$$

질량중심 : $\left(\frac{1}{4}a,\ \frac{1}{4}b,\ \frac{1}{4}c\right)$

$$I_x=\int_0^a\int_0^{b\left(1-\frac{x}{a}\right)}\int_0^{c\left(\frac{x}{a}+\frac{y}{b}\right)} (y^2+z^2)dxdydz=\frac{abc}{60}(b^2+c^2)$$

$$I_y=\int_0^a\int_0^{b\left(1-\frac{x}{a}\right)}\int_0^{c\left(\frac{x}{a}+\frac{y}{b}\right)} (x^2+z^2)dxdydz=\frac{abc}{60}(c^2+a^2)$$

$$I_z=\int_0^a\int_0^{b\left(1-\frac{x}{a}\right)}\int_0^{c\left(\frac{x}{a}+\frac{y}{b}\right)} (x^2+y^2)dxdydz=\frac{abc}{60}(a^2+b^2)$$

(5) W : xy 평면과 포물면 $z=4-x^2-y^2$ 으로 둘러싸인 영역

$\delta(x,y,z)=1$

xy 평면과 포물면 $z=4-x^2-y^2$ 이 만나는 교선은 원 $x^2+y^2=4$ 이므로 이 영역을 D 라 하면,

질량 : $M=\iint_D (4-x^2-y^2)dA=\int_0^{2\pi}\int_0^2 (4-r^2)r\,drd\theta$

$$=\int_0^{2\pi}\left[2r^2-\frac{r^4}{4}\right]_0^2 d\theta=\int_0^{2\pi}4\,d\theta=8\pi$$

질량중심 : 입체가 회전체이고 밀도가 균일하므로 $\overline{x}=\overline{y}=0$ 이다. $\overline{z}$ 를 구하기 위해 M_{xy} 를 구하자.

$$M_{xy} = \iiint_W z\, dzdxdy = \iint_D \int_0^{4-x^2-y^2} \frac{z^2}{2} dzdA$$
$$= \frac{1}{2}\iint_D (4-x^2-y^2)^2 dA$$
$$= \frac{1}{2}\int_0^{2\pi}\int_0^2 (4-r^2)^2 r\, drd\theta$$
$$= \frac{1}{2}\int_0^{2\pi}\left[\frac{(4-r^2)^3}{-6}\right]_0^2 d\theta$$
$$= \frac{1}{2}\cdot 2\pi \cdot \frac{32}{3} = \frac{32}{3}\pi$$

$$\therefore\ \bar{z} = \frac{32\pi}{3}\cdot\frac{1}{8\pi} = \frac{4}{3}$$
$$\therefore\ \left(0,\ 0,\ \frac{4}{3}\right)$$

관성모멘트 : $I_x = \iiint_W (y^2+z^2)dzdxdy = \iint_D \left[y^2 z + \frac{z^3}{3}\right]_0^{4-x^2-y^2} dA$
$$= \iint_D \left[y^2(4-x^2-y^2) + \frac{1}{3}(4-x^2-y^2)^3\right] dA$$
$$= \int_0^{2\pi}\int_0^2 \left[r^2\sin^2\theta(4-r^2) + \frac{1}{3}(4-r^2)^3\right] rdrd\theta$$
$$= \int_0^{2\pi}\left[\frac{16}{3}\sin^2\theta + \frac{32}{3}\right] d\theta = \frac{80\pi}{3}$$

입체의 모양이 회전체이고 밀도가 균일하므로 I_y는 I_x와 같다.

$$\therefore\ I_y = \iiint_W (x^2+z^2)dzdxdy = \frac{80\pi}{3}$$

그리고

$$I_z = \iiint_W (x^2+y^2)dzdxdy$$
$$= \iint_D (x^2+y^2)(4-x^2-y^2)dA$$
$$= \int_0^{2\pi}\int_0^2 r^2(4-r^2)rdrd\theta$$
$$= \int_0^{2\pi}\frac{16}{3}d\theta = \frac{16}{3}\cdot 2\pi = \frac{32\pi}{3}$$

$$\therefore\ I_x = \frac{80\pi}{3},\ I_y = \frac{80\pi}{3},\ I_z = \frac{32\pi}{3}$$

제 15 장 벡터미적분학

15.1 선적분

정리 15.1.1

함수 f가 벡터함수 $\mathbf{r}(t)=x(t)\mathbf{i}+y(t)\mathbf{j}+z(t)\mathbf{k}\ (a \le t \le b)$로 표시되는 곡선 C 위에서 연속인 함수라 하자. **곡선 C 에서의 f의 선적분**은 다음과 같이 정의한다.

$$\int_C f(x,\ y,\ z)ds = \lim_{\|P\|\to 0}\sum_{k=1}^{n} f(x_k,\ y_k,\ z_k)\Delta s_k$$

선적분의 계산

$$\int_C f(x,y,z)ds = \int_a^b f(x(t),y(t),z(t))\|\mathbf{r}'(t)\|dt$$

질량, 모멘트, 관성모멘트

곡선 C를 따라 놓인 철사와 유사한 형태의 물체의 밀도함수가 연속함수 $\delta(x,\ y,\ z)$로 주어질 때

질량 : $M=\int_C \delta\ ds$

좌표평면에 대한 모멘트 : $M_{yz}=\int_C x\delta\ ds,\ M_{xz}=\int_C y\delta\ ds,\ M_{xy}=\int_C z\delta\ ds$

질량중심 : $\bar{x}=\dfrac{M_{yz}}{M},\ \bar{y}=\dfrac{M_{xz}}{M},\ \bar{z}=\dfrac{M_{xy}}{M}$

좌표축에 대한 관성모멘트 :

$$I_x=\int_C (y^2+z^2)\delta ds,\ I_y=\int_C (x^2+z^2)\delta ds,\ I_z=\int_C (x^2+y^2)\delta ds$$

1. (1) $\mathbf{r}(t)=t\mathbf{k}, -1 \le t \le 1$

(3) $\mathbf{r}(t)=t\mathbf{i}+t^2\mathbf{j}, 0 \le t \le 2$

3. (a) 먼저 $\mathbf{r}_1(\mathrm{t})=(\mathrm{t},\ \mathrm{t})$의 경우 $\mathbf{r}'_1(t)=(1,\ 1)$이므로

$$\int_C f(x,\, y)ds = \int_0^1 f(t,\, t)\sqrt{2}\,dt$$

$\mathbf{r}_2(\mathrm{t}) = (2\mathrm{t},\, 2\mathrm{t})$의 경우 $\mathbf{r}'_2(t) = (2,\, 2)$이므로

$$\int_C f(x,\, y)ds = \int_0^{1/2} f(2t,\, 2t)2\sqrt{2}\,dt$$

$s = 2t$로 치환하면 $ds = 2dt$이므로

$$\int_0^{1/2} f(2t,\, 2t)2\sqrt{2}\,dt = \int_0^1 f(s,\, s)\sqrt{2}\,ds = \int_0^1 f(t,\, t)\sqrt{2}\,dt$$

$\mathbf{r}_3(\mathrm{t}) = (\mathrm{t}^2,\, \mathrm{t}^2)$의 경우 $\mathbf{r}'_3(t) = (2t,\, 2t)$이므로

$$\int_C f(x,\, y)ds = \int_0^1 f(t^2,\, t^2)2\sqrt{2}\,tdt$$

$s = t^2$으로 치환하면 $ds = 2tdt$이므로

$$\int_0^1 f(t^2,\, t^2)2\sqrt{2}\,tdt = \int_0^1 f(s,\, s)\sqrt{2}\,ds = \int_0^1 f(t,\, t)\sqrt{2}\,dt$$

따라서 주어진 선적분은 f에 관계없이 항상 같은 값이다.

(b) (a)에서 주어진 $\mathbf{r}_1$, $\mathbf{r}_2$, $\mathbf{r}_3$는 모두 점 (0, 0)과 (1, 1)를 잇는 선분의 매개화이다. 따라서 주어진 곡선 C의 서로 다른 매개화 $\mathbf{r}_1(t)|a \le t \le b)$, $\mathbf{r}_2(t)|c \le t \le d)$에 대하여 선적분 $\int_C f(x,\, y)ds$의 값은 같다.

15.2 벡터장과 선적분

정의 15.2.1

D가 R^2의 부분집합일 때, 함수 $\mathbf{F}: D \to R^2$를 **평면에서의 벡터장**이라고 한다.

정의 15.2.2

함수 $\mathbf{F}$가 벡터함수 $\mathbf{r}(t) = x(t)\mathbf{i} + y(t)\mathbf{j} + z(t)\mathbf{k}$ $(a \le t \le b)$로 표시되는 매끈한 곡선 C 위에서 정의된 연속인 벡터장이라고 하자. **곡선 C 에서의 F의 선적분**은 다음과 같이 정의한다.

$$\int_C \mathbf{F} \cdot \mathbf{T} ds = \int_C \left(\mathbf{F} \cdot \frac{d\mathbf{r}}{ds} \right) ds = \int_C \mathbf{F} \cdot d\mathbf{r}$$

1. (1)

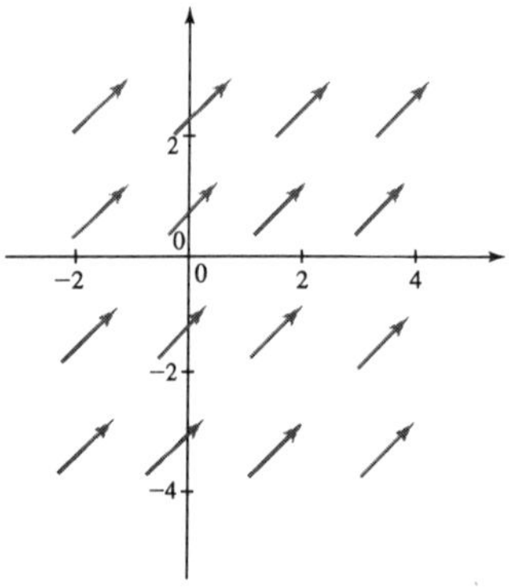

(3)

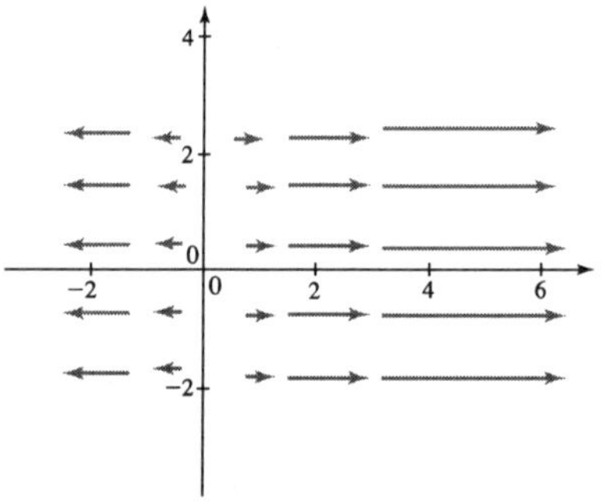

(5)

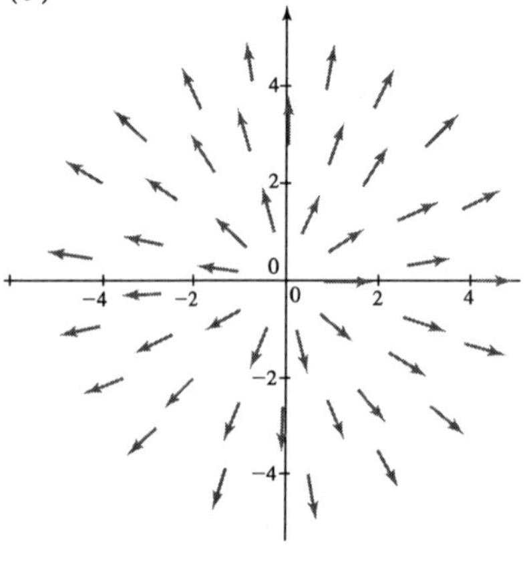

3. (1) $\mathbf{r}(t)=t^3\mathbf{i}+t^4\mathbf{j}\,(0\le t\le 1)$, $\mathbf{F}(x,\,y)=x^2\mathbf{i}+xy\mathbf{j}$

$$\int_C \mathbf{F}\cdot d\mathbf{r}=\int_0^1 \mathbf{F}(t^3,\,t^4)\cdot(3t^2,\,4t^3)dt$$
$$=\int_0^1 (t^6,\,t^7)\cdot(3t^2,\,4t^3)dt$$
$$=\int_0^1 3t^8+4t^{10}\,dt$$
$$=\left[\frac{t^9}{3}+\frac{4}{11}t^{11}\right]_0^1=\frac{23}{33}$$

(3) $\mathbf{r}(t)=\cos t\mathbf{i}+\sin t\mathbf{j}\,(0\le t\le 2\pi)$, $\mathbf{F}(x,\,y)=2\mathbf{i}+3\mathbf{j}$

$$\int_C \mathbf{F}\cdot d\mathbf{r}=\int_0^{2\pi}\mathbf{F}(\cos t,\,\sin t)\cdot(-\sin t,\,\cos t)dt$$
$$=\int_0^{2\pi}-2\sin t+3\cos t\,dt=0$$

5. (1) 먼저 중력법칙으로부터

$$\|\mathbf{F}(x,\,y,\,z)\|=\frac{mMG}{\|\mathbf{r}\|^2}$$

이므로 적당한 단위벡터 $\mathbf{u}$가 있어서

$$\mathbf{F}(x,\,y,\,z)=\frac{mMG}{\|\mathbf{r}\|^2}\mathbf{u}$$

이다. 중력법칙으로부터 질량 m인 물체에 작용하는 중력은 원점을 향하므로 $\mathbf{u}$는 $\mathbf{r}$과는 반대방향이다. 따라서,

$$\mathbf{u}=-\frac{\mathbf{r}}{\|\mathbf{r}\|}$$

이고

$$\mathbf{F}(x,\,y,\,z)=-\frac{mMG}{\|\mathbf{r}\|^3}\mathbf{r}$$

이다.

(2) $f(x,y,z)=\dfrac{mMG}{(x^2+y^2+z^2)^{1/2}}$이므로

$$\nabla f(x,\,y,\,z)=\left(-\frac{mMGx}{(x^2+y^2+z^2)^{3/2}},\,-\frac{mMGy}{(x^2+y^2+z^2)^{3/2}},\,-\frac{mMGz}{(x^2+y^2+z^2)^{3/2}}\right)$$
$$=mMG\left(-\frac{x}{\sqrt{x^2+y^2+z^2}^3},\,-\frac{y}{\sqrt{x^2+y^2+z^2}^3},\,-\frac{z}{\sqrt{x^2+y^2+z^2}^3}\right)$$

$$= mMG\left(-\frac{\mathbf{r}}{\|\mathbf{r}\|^3}\right) = \mathbf{F}(x,y,z)$$

따라서,

$\mathbf{F} = \nabla f$이다.

(3) (1)에서와 같이 물체에 작용하는 중력벡터를 $\mathbf{F}$라 하면 중력이 한 일은

$\int_C \mathbf{F} \cdot d\mathbf{r}$ 이다.

그런데

$$\int_C \mathbf{F} \cdot d\mathbf{r} = \int_0^{2\pi} -\frac{mMG}{\|\mathbf{r}(t)\|^3}\mathbf{r}(t) \cdot \mathbf{r}'(t)dt$$

에서 $\mathbf{r}'(t) = -\sin t\mathbf{i} + \cos t\mathbf{k}$이므로

$\mathbf{r}(t) \cdot \mathbf{r}'(t) = -\cos t\sin t + \sin t\cos t = 0$

$$\therefore \int_C \mathbf{F} \cdot d\mathbf{r} = \int_0^{2\pi} -\frac{mMG}{\|\mathbf{r}(t)\|^3}\mathbf{r}(t) \cdot \mathbf{r}'(t)dt = \int_0^{2\pi} 0dt = 0$$

따라서, 질량 m인 물체가 주어진 곡선을 따라 움직였을 때, 중력이 한 일은 0이다.

15.3 선적분의 기본정리

정의 15.3.1

$\mathbf{F}$가 공간상의 영역 D에서 정의된 벡터장이다. D 안의 임의의 두 점 A, B에 대해, A에서 B로 가는 경로 C에서의 $\mathbf{F}$의 선적분 $\int_C \mathbf{F} \cdot d\mathbf{r}$이 A에서 B로 가는 모든 경로에 대해 같은 값이면, 이때 선적분 $\int_C \mathbf{F} \cdot d\mathbf{r}$은 D에서 **경로의 독립**이라고 하고 벡터장 $\mathbf{F}$는 D에서 **보존적**이라고 한다.

정의 15.3.2

$\mathbf{F}$가 공간상의 영역 D에서 정의된 벡터장이이고 어떤 스칼라 함수 f가 있어서 $\mathbf{F} = \nabla f$를 만족시키면, f를 $\mathbf{F}$에 대한 **잠재적 함수**라고 한다.

정리 15.3.3(선적분의 기본정리)

곡선 C가 벡터함수 $\mathbf{r}(t)$로 주어지고 (평면 또는 공간상의) 두 점 A, B를 잇는 매끈한 곡선이라고 하자. f는 미분가능하고 그래디언트 벡터장 ∇f는 C를 포함하는 적당한 영역 D에서 연속이라고 하면 다음이 성립한다.

$$\int_C \nabla f \cdot d\mathbf{r} = f(B) - f(A)$$

정리 15.3.4

$\mathbf{F}$가 열려있고 연결된 영역 D에서 연속인 벡터장이라고 하자. $\mathbf{F}$는 D에서 보존적인 것은 $\mathbf{F}$가 적당한 미분가능 함수 f의 그래디언트 벡터장 ∇f인 것과 동치이다.

정리 15.3.5

영역 D 안의 모든 닫힌 곡선 C에 대해 $\int_C \mathbf{F} \cdot d\mathbf{r} = 0$인 것은 벡터장 $\mathbf{F}$가 D에서 보존적인 것과 동치이다.

정리 15.3.6

$\mathbf{F}(x, y, z) = F_1(x, y, z)\mathbf{i} + F_2(x, y, z)\mathbf{j} + F_3(x, y, z)\mathbf{k}$가 연결되고 단순연결 영역에서 정의된 벡터장이고 성분함수들이 연속인 편미분을 갖는다고 하자. $\mathbf{F}$가 보존적인 것은 다음과 동치이다.

$$\frac{\partial F_3}{\partial y} = \frac{\partial F_2}{\partial z}, \quad \frac{\partial F_1}{\partial z} = \frac{\partial F_3}{\partial x}, \quad \frac{\partial F_2}{\partial x} = \frac{\partial F_1}{\partial y}$$

벡터장 $\mathbf{F}$가 평면에서의 벡터장 $\mathbf{F}(x, y) = F_1(x, y)\mathbf{i} + F_2(x, y)\mathbf{j}$ 이라면, $\mathbf{F}$가 보존적인 것은 $\dfrac{\partial F_2}{\partial x} = \dfrac{\partial F_1}{\partial y}$와 동치

1. (1) $\mathbf{F}(x, y) = y\mathbf{i} - x\mathbf{j}$

$\dfrac{\partial F_2}{\partial x} = -1, \ \dfrac{\partial F_1}{\partial y} = 1$

따라서, $\dfrac{\partial F_2}{\partial x} \neq \dfrac{\partial F_1}{\partial y}$이므로 정리 15.3.6으로부터 $\mathbf{F}(x, y)$는 보존적이 아니다.

(3) $\mathbf{F}(x, y) = e^x \sin y\mathbf{i} + e^x \cos y\mathbf{j}$

$\dfrac{\partial F_2}{\partial x} = e^x \cos y = \dfrac{\partial F_1}{\partial y}$이므로 정리 15.3.6으로부터 $\mathbf{F}(x, y)$는 보존적이다.

잠재적 함수를 f라 하면

$\dfrac{\partial f}{\partial x} = e^x \sin y, \ \dfrac{\partial f}{\partial y} = e^x \cos y$

첫 번째 식으로부터

$f(x, y) = e^x \sin y + g(y)$

두 번째 식으로부터

$g'(y) = 0$이므로 임의의 상수 C에 대해

$f(x, y) = e^x \sin y + C$

는 모두 $\mathbf{F}$의 잠재적 함수가 된다.

3. 다음의 그림처럼 곡선 C를 두 개의 경로 C_1, C_2로 나누자.

그러면 $\displaystyle\int_C yzdx + xzdy + xydz = \int_{C_1} yzdx + xzdy + xydz + \int_{C_2} yzdx + xzdy + xydz$

이다. 먼저 C_1은 벡터함수 $\mathbf{r}(t) = -t\mathbf{j}, \ 0 \le t \le 1$로 나타낼 수 있으므로

$\displaystyle\int_{C_1} yzdx + xzdy + xydz = 0$ (C_1에서 $x = z = 0$이므로)

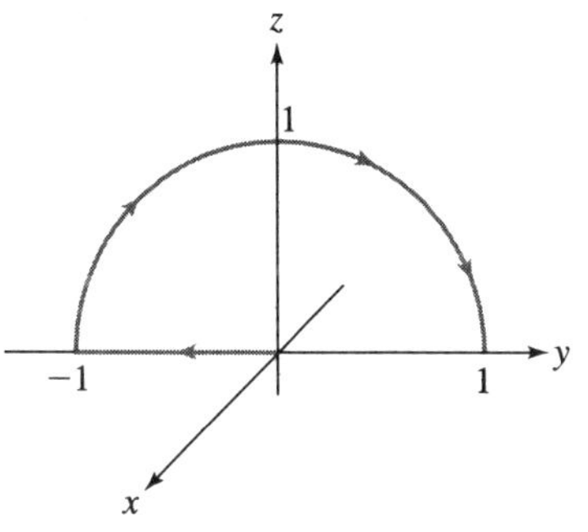

C_2는 벡터함수 $\mathbf{r}(t) = \cos(\pi - t)\mathbf{j} + \sin(\pi - t)\mathbf{k} = -\cos t\mathbf{j} + \sin t\mathbf{k}$, $0 \le t \le \pi$로 나타낼 수 있고 C_2에서 $x = 0$이므로

$$\int_{C_2} yzdx + xzdy + xydz = \int_{C_2} yzdx = \int_0^{\pi} -\cos t \sin t\, x'(t)dt$$

그런데 C_2에서 $x = 0$이므로 $x'(t) = 0$

따라서

$$\int_{C_2} yzdx + xzdy + xydz = 0$$

5. 첫 번째, 두 번째 경로를 각각 C_1, C_2라 하면

$$\int_{C_1} \mathbf{F} \cdot d\mathbf{r} = \int_0^{2\pi} \mathbf{F}(\cos t, \sin t) \cdot (-\sin t, \cos t)dt$$

$$= \int_0^{2\pi} (\sin t, -\cos t) \cdot (-\sin t, \cos t)dt$$

$$= \int_0^{2\pi} -1dt = -2\pi$$

$$\int_{C_2} \mathbf{F} \cdot d\mathbf{r} = \int_0^{2\pi} \mathbf{F}(\cos t, -\sin t) \cdot (-\sin t, -\cos t)dt$$

$$= \int_0^{2\pi} (-\sin t, -\cos t) \cdot (-\sin t, -\cos t)dt$$

$$= \int_0^{2\pi} 1dt = 2\pi$$

15.4 그린의 정리

정리 15.4.1(그린의 정리)

C가 양의 방향을 갖고 부분적으로 매끈한 단순 닫힌 곡선이고 D는 C로 둘러싸인 평면영역이라 하자. 이변수함수 F_1, F_2가 D에서 정의되고 연속인 편도함수를 갖는다고 하면 다음이 성립한다.

$$\int_C F_1 dx + F_2 dy = \iint_D \left(\frac{\partial F_2}{\partial x} - \frac{\partial F_1}{\partial y}\right) dx dy$$

정의 15.4.2

공간상의 벡터장 $\mathbf{F} = F_1\mathbf{i} + F_2\mathbf{j} + F_3\mathbf{k}$에 대해 $\mathbf{F}$의 발산은 다음의 삼변수 함수로 정의된다.

$$\div \mathbf{F} = \nabla \cdot \mathbf{F} = \frac{\partial F_1}{\partial x} + \frac{\partial F_2}{\partial y} + \frac{\partial F_3}{\partial z}$$

정의 15.4.3

공간상의 벡터장 $\mathbf{F} = F_1\mathbf{i} + F_2\mathbf{j} + F_3\mathbf{k}$에 대해 $\mathbf{F}$의 회전은 다음의 벡터장으로 정의된다.

$$\begin{aligned} \operatorname{curl} \mathbf{F} = \nabla \times \mathbf{F} &= \begin{vmatrix} \mathbf{i} & \mathbf{j} & \mathbf{k} \\ \dfrac{\partial}{\partial x} & \dfrac{\partial}{\partial y} & \dfrac{\partial}{\partial z} \\ F_1 & F_2 & F_3 \end{vmatrix} \\ &= \left(\frac{\partial F_3}{\partial y} - \frac{\partial F_2}{\partial z}\right)\mathbf{i} + \left(\frac{\partial F_1}{\partial z} - \frac{\partial F_3}{\partial x}\right)\mathbf{j} + \left(\frac{\partial F_2}{\partial x} - \frac{\partial F_1}{\partial y}\right)\mathbf{k} \end{aligned}$$

정리 15.4.4

연속인 2계 편도함수를 갖는 삼변수 함수 f에 대해 $\operatorname{curl}(\nabla f) = \mathbf{0}$이다.

정리 15.4.5

공간상의 벡터장 $\mathbf{F}$가 단순연결 영역에서 정의된 벡터장이고 성분함수들이 연속인 편미분을 갖고 $\operatorname{curl}\mathbf{F}=0$이면, $\mathbf{F}$는 보존적 벡터장이다.

정리 15.4.6

공간상의 벡터장 $\mathbf{F}$의 성분함수들이 연속이 2계 편도함수를 갖으면 다음이 성립한다.

$$\div \operatorname{curl}\mathbf{F}=0$$

정리 15.4.7

D가 그린의 정리를 적용할 수 있는 평면영역이고 C가 양의 방향을 갖는 D의 경계라고 하자. $\mathbf{F}=F_1\mathbf{i}+F_2\mathbf{j}$ 는 연속인 편미분을 갖는 D에서 정의된 벡터장이라고 하면 다음이 성립한다.

(1) $\displaystyle\int_C \mathbf{F}\cdot\mathbf{T}\,ds=\iint_D(\operatorname{curl}\mathbf{F})\cdot\mathbf{k}\,dA$

(2) $\displaystyle\int_C \mathbf{F}\cdot\mathbf{n}\,ds=\iint_D \operatorname{div}\mathbf{F}\,dA$

여기서 $\mathbf{n}$은 $\mathbf{r}(t)=x(t)\mathbf{i}+y(t)\mathbf{j}\ (a\le t\le b)$가 양의 방향을 갖는 경로 C를 나타낼 때, $\mathbf{n}=\dfrac{y'(t)}{\|\mathbf{r}'(t)\|}\mathbf{i}-\dfrac{x'(t)}{\|\mathbf{r}'(t)\|}\mathbf{j}$ 로 주어지는 C의 외부방향의 단위법선벡터이다.

1. (1) $D=(x,\,y)\,|\,x^2+y^2\le 1,\ F_1(x,\,y)=xy^2,\ F_2(x,\,y)=-x^2y$

양의 방향을 갖는 D의 경계 C는 $\mathbf{r}(t)=\cos t\mathbf{i}+\sin t\mathbf{j},\ 0\le t\le 2\pi$로 나타낼 수 있으므로 $dx=-\sin t dt,\ dy=\cos t dt$이다. 따라서,

$$\begin{aligned}\int_C F_1dx+F_2dy&=\int_0^{2\pi}(\cos t\sin^2t(-\sin t)-\cos^2t\sin t\cos t)dt\\&=\int_0^{2\pi}-\cos t\sin t dt\\&=\int_0^{2\pi}-\frac{\sin 2t}{2}dt\\&=\left[\frac{\cos 2t}{4}\right]_0^{2\pi}=-\frac{1}{4}\end{aligned}$$

한편, 영역 D를 극좌표변환을 하면

$$\iint_D \left(\frac{\partial F_2}{\partial x} - \frac{\partial F_1}{\partial y}\right) dxdy = \int_0^{2\pi}\int_0^1 -4r^3\cos\theta\sin\theta\, drd\theta$$

$$= \int_0^{2\pi} [-\cos\theta\sin\theta r^4]_0^1 d\theta$$

$$= \int_0^{2\pi} -\cos\theta\sin\theta\, d\theta = -\frac{1}{4}$$

따라서, $\int_C F_1dx + F_2dy = \iint_D \left(\frac{\partial F_2}{\partial x} - \frac{\partial F_1}{\partial y}\right)dxdy$가 되어 그린의 정리가 성립함을 확인할 수 있다.

(3) $D = (x, y)|x^2 + y^2 \le 4,\ x \ge 0,\ y \ge 0,\ F_1(x, y) = xy = F_2(x, y)$

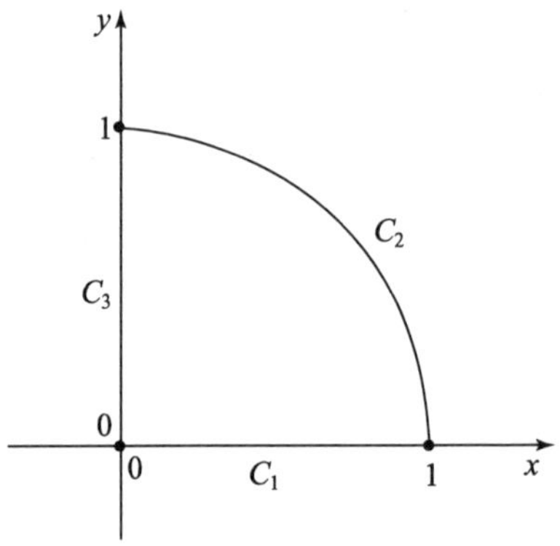

양의 방향을 갖는 D의 경계 C를 위의 그림처럼 C_1, C_2, C_3 세 개로 나누자. 먼저 C_1은 벡터함수 $\mathbf{r}(t) = t\mathbf{i}, 0 \le t \le 1$ 로 나타낼 수 있다. 이때 C_1에서는 $y = 0$이므로 $F_1 = F_2 = xy = 0$이다.

$$\therefore \int_{C_1} F_1dx + F_2dy = 0$$

C_3는 벡터함수 $\mathbf{r}(t) = (1-t)\mathbf{j},\ 0 \le t \le 1$로 나타낼 수 있다. 이때 C_3에서는 $x = 0$이므로 $F_1 = F_2 = xy = 0$이다.

$$\therefore \int_{C_3} F_1dx + F_2dy = 0$$

한편 C_2는 벡터함수 $\mathbf{r}(t) = \cos t\mathbf{i} + \sin t\mathbf{j}, 0 \le t \le \pi/2$ 로 나타낼 수 있으므로 $dx = -\sin tdt,\ dy = \cos tdt$이다

$$\therefore \int_{C_2} F_1dx + F_2dy = \int_0^{\frac{\pi}{2}} (-\cos t\sin^2 t + \cos^2 t\sin t)dt$$

$$= \left[-\frac{\sin^3 t}{3} - \frac{\cos^3 t}{3}\right]_0^{\frac{\pi}{2}}$$

$$=-\frac{1}{3}-\left(-\frac{1}{3}\right)=0$$

따라서,

$$\int_C F_1dx+F_2dy=0$$

한편, 영역 D를 극좌표변환을 하면

$$\iint_D\left(\frac{\partial F_2}{\partial x}-\frac{\partial F_1}{\partial y}\right)dxdy=\iint_D(y-x)dxdy$$

$$=\int_0^{\frac{\pi}{2}}\int_0^1 r^2(\sin\theta-\cos\theta)drd\theta$$

$$=\int_0^{\frac{\pi}{2}}\left[\frac{r^3}{3}(\sin\theta-\cos\theta)\right]_0^1 d\theta$$

$$=\int_0^{\frac{\pi}{2}}\frac{1}{3}(\sin\theta-\cos\theta)d\theta$$

$$=\left[-\frac{1}{3}(\cos\theta+\sin\theta)\right]_0^{\frac{\pi}{2}}$$

$$=-\frac{1}{3}-\left(-\frac{1}{3}\right)=0$$

$$\therefore \iint_D\left(\frac{\partial F_2}{\partial x}-\frac{\partial F_1}{\partial y}\right)dxdy=0=\int_C F_1dx+F_2dy$$

따라서, 그린의 정리가 성립함을 확인할 수 있다.

3. (1) $\mathbf{F}(x, y, z)=yz\mathbf{i}+xz\mathbf{j}+xy\mathbf{k}$

$$\mathrm{div}\,\mathbf{F}=\frac{\partial F_1}{\partial x}+\frac{\partial F_2}{\partial y}+\frac{\partial F_3}{\partial z}=0$$

$$\mathrm{curl}\,\mathbf{F}=\left(\frac{\partial F_3}{\partial y}-\frac{\partial F_2}{\partial z}\right)\mathbf{i}+\left(\frac{\partial F_1}{\partial z}-\frac{\partial F_3}{\partial x}\right)\mathbf{j}+\left(\frac{\partial F_2}{\partial x}-\frac{\partial F_1}{\partial y}\right)\mathbf{k}$$

$$=(x-x)\mathbf{i}+(y-y)\mathbf{j}+(z-z)\mathbf{k}=\mathbf{0}$$

(3) $\mathbf{F}(x, y)=y\mathbf{i}-x\mathbf{j}$

$$\mathrm{div}\,\mathbf{F}=\frac{\partial F_1}{\partial x}+\frac{\partial F_2}{\partial y}+\frac{\partial F_3}{\partial z}=0$$

$$\mathrm{curl}\,\mathbf{F}=\left(\frac{\partial F_2}{\partial x}-\frac{\partial F_1}{\partial y}\right)\mathbf{k}=-2\mathbf{k}$$

5. (1) $A=\int_C xdy$

$F_1=0,\ F_2=x$라 하면

그린의 성리 $\int_C F_1 dx + F_2 dy = \iint_D \left(\frac{\partial F_2}{\partial x} - \frac{\partial F_1}{\partial y} \right) dxdy$ 로부터

$$\int_C xdy = \int_C 0dx + xdy = \iint_D (1-0)dxdy = \iint_D dxdy$$

따라서 $A = \int_C xdy$ 이다.

(3) $A = \frac{1}{2}\int_C xdy - ydx$

$F_1 = -\frac{y}{2}$, $F_2 = \frac{x}{2}$ 라 하면 $\frac{\partial F_2}{\partial x} = \frac{1}{2}$, $\frac{\partial F_1}{\partial y} = -\frac{1}{2}$ 이므로

그린의 정리 $\int_C F_1 dx + F_2 dy = \iint_D \left(\frac{\partial F_2}{\partial x} - \frac{\partial F_1}{\partial y} \right) dxdy$ 로부터

$$\frac{1}{2}\int_C xdy - ydx = \iint_D \left(\frac{1}{2} + \frac{1}{2} \right) dxdy = \iint_D dxdy = A$$

따라서 $A = \frac{1}{2}\int_C xdy - ydx$ 이다.

7. (1) 양의 방향을 갖는 경로 C는 벡터함수

$\mathbf{r}(t) = a\cos t\mathbf{i} + b\sin t\mathbf{j}, 0 \le t \le 2\pi$

로 나타낼 수 있다. 문제 5번의 (1)번을 이용하면

$$A = \int_C xdy = \int_0^{2\pi} a\cos t\,(b\cos t)dt$$

$$= \int_0^{2\pi} ab\cos^2 t dt$$

$$= \int_0^{2\pi} ab\left(\frac{1+\cos 2t}{2}\right)dt = \frac{ab}{2} \times 2\pi = ab\pi$$

(3)

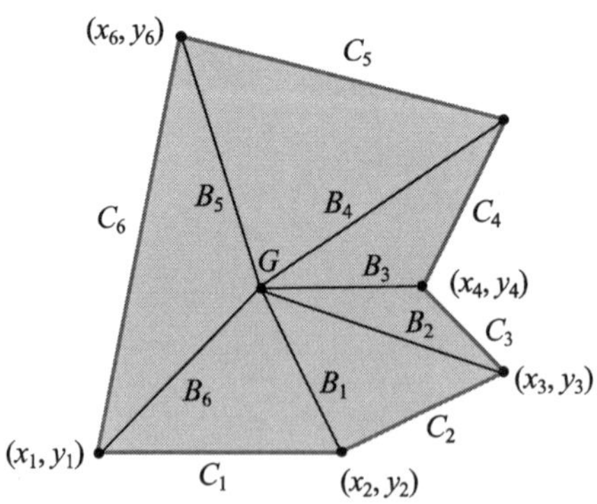

편의상 다각형의 위의 그림처럼 주어졌다고 하자. 내부의 한 점 G를 선택해서 다각형을 작은 삼각형들로 나누었다. 문제 5번과 7(2)번의 결과로 경로 C_1을 포함하는 작은 삼각형은 면적은

$$\frac{1}{2}\int_{B_6 \cup C_1 \cup -B_1} xdy - ydx$$

$$= \frac{1}{2}\int_{B_6} xdy - ydx + \frac{1}{2}\int_{-B_1} xdy - ydx + \frac{1}{2}(x_1y_2 - y_1x_2)$$

이다. 여기서 C_i는 양의 방향(반시계방향)을 갖는 경로이고 B_i는 점 G에서 나오는 방향의 경로이다. 마찬가지로 다른 작은 삼각형들에 대해서도 같은 방법으로 계산하면

$$\frac{1}{2}\int_{B_1 \cup C_2 \cup -B_2} xdy - ydx = \frac{1}{2}\int_{B_1} xdy - ydx + \frac{1}{2}\int_{-B_2} xdy - ydx + \frac{1}{2}(x_2y_3 - y_2x_3)$$

$\cdots$

$$\frac{1}{2}\int_{B_5 \cup C_6 \cup -B_6} xdy - ydx = \frac{1}{2}\int_{B_{51}} xdy - ydx + \frac{1}{2}\int_{-B_6} xdy - ydx + \frac{1}{2}(x_6y_1 - y_6x_1)$$

위의 식에서 좌변의 값들을 모두 더하면 결국 다각형의 면적을 얻는데 우변의 경로 B_i 상에서의 적분들은 모두 상쇄된다. $ad - bc = \begin{vmatrix} a & b \\ c & d \end{vmatrix}$이므로 결국

$$A = \frac{1}{2}\left(\begin{vmatrix} x_1 & y_1 \\ x_2 & y_2 \end{vmatrix} + \begin{vmatrix} x_2 & y_2 \\ x_3 & y_3 \end{vmatrix} + \cdots + \begin{vmatrix} x_{n-1} & y_{n-1} \\ x_n & y_n \end{vmatrix} + \begin{vmatrix} x_n & y_n \\ x_1 & y_1 \end{vmatrix}\right)$$

이다.

15.5 면적분

정의 15.5.1

평면영역 D와 벡터함수 $\mathbf{r}: D \to R^3$에 대해 $\mathbf{r}$의 치역을 **매개변수 곡면** S라 한다. $\mathbf{r}(u,v) = (x(u,v), y(u,v), z(u,v))$라 하면

$$x = x(u, v),\ y = y(u, v),\ z = z(u, v)$$

를 S의 **매개변수 방정식**이라 한다.

정의 15.5.2

$\mathbf{r}(u, v) = x(u, v)\mathbf{i} + y(u, v)\mathbf{j} + z(u, v)\mathbf{k}$, $(u, v) \in D$로 주어진 매개변수 곡면 S에서 연속인 함수 $f(x,y,z)$에 대해, **곡면 S에서의 f의 면적분**을 다음과 같이 정의한다.

$$\iint_S f(x, y, z)\, dS = \iint_D f(\mathbf{r}(u, v)) \|\mathbf{r}_{\mathrm{u}} \times \mathbf{r}_{\mathrm{v}}\| \,\mathrm{dudv}$$

함수의 그래프에서의 면적분

$$\iint_S f(x, y, z)\, dS = \iint_D f(x, y, g(x, y)) \sqrt{\left(\frac{\partial g}{\partial x}\right)^2 + \left(\frac{\partial g}{\partial y}\right)^2 + 1}\ dxdy$$

질량, 모멘트, 관성모멘트

얇은 곡면 S의 밀도함수가 $\delta(x, y, z)$로 주어졌을 때, 다음이 성립한다.

질량 : $M = \iint_S \delta\, dS$

좌표평면에 대한 모멘트 : $M_{yz} = \iint_S x\delta\, dS$, $M_{xz} = \iint_S y\delta\, dS$, $M_{xy} = \iint_S z\delta\, dS$

질량중심 : $\overline{x} = \dfrac{M_{yz}}{M}$, $\overline{y} = \dfrac{M_{xz}}{M}$, $\overline{z} = \dfrac{M_{xy}}{M}$

좌표축에 대한 관성모멘트 :

$$I_x = \iint_S (y^2 + z^2)\delta\, dS,\quad I_y = \iint_S (x^2 + z^2)\delta\, dS,\quad I_z = \iint_S (x^2 + y^2)\delta\, dS$$

정의 15.5.3

F가 단위 법선벡터 **n**을 가진 유향곡면 S에서 연속인 벡터장일 때, **곡면 S에서 F의 면적분**을 다음과 같이 정의한다.

$$\iint_S \mathbf{F} \cdot d\mathbf{S} = \iint_S \mathbf{F} \cdot \mathbf{n}\, dS$$

정의 15.5.4

$$\iint_S \mathbf{F} \cdot d\mathbf{S} = \iint_D \mathbf{F} \cdot (\mathbf{r}_u \times \mathbf{r}_v)\, dA$$

1\. (1) $x^2 + y^2 = 4,\ 0 \le z \le 1$

$x = 2\cos u,\ y = 2\sin u,\ z = v,\ (0 \le u \le 2\pi,\ 0 \le v \le 1)$

(3) $x^2 + y^2 + z^2 = 4,\ -1 \le z \le \sqrt{3}$

일단 (x, y, z)가 반지름이 2인 구면 위에 있으므로

$x = 2\sin\phi\cos\theta,\ y = 2\sin\phi\sin\theta,\ z = 2\cos\phi$

로 놓으면 된다. 범위를 구해야 하는데,

당연히 $0 \le \theta \le 2\pi$이고 $-1 \le 2\cos\phi \le \sqrt{3}$ 으로부터 $\frac{\pi}{3} \le \phi \le \frac{2\pi}{3}$ 이다.

따라서, 구하는 매개변수 방정식은

$x = 2\sin\phi\cos\theta,\ y = 2\sin\phi\sin\theta,\ z = 2\cos\phi,\ 0 \le \theta \le 2\pi,\ \frac{\pi}{3} \le \phi \le \frac{2\pi}{3}$

3\. (1) 단위구면이므로 벡터함수

$\mathbf{r}(\phi, \theta) = \sin\phi\cos\theta\,\mathbf{i} + \sin\phi\sin\theta\,\mathbf{j} + \cos\phi\,\mathbf{k},\ D = [0,\pi] \times [0,2\pi]$

로 나타낼 수 있다. $\mathbf{r}_\phi \times \mathbf{r}_\theta$를 계산하면 (예제 3번 참조)

$\mathbf{r}_\phi \times \mathbf{r}_\theta = \sin^2\phi\cos\theta\mathbf{i} + \sin^2\phi\sin\theta\mathbf{j} + \sin\phi\cos\phi\mathbf{k}$

를 얻는다. 따라서

$\frac{\mathbf{r}_u \times \mathbf{r}_v}{\|\mathbf{r}_u \times \mathbf{r}_v\|} = \sin\phi\cos\theta\mathbf{i} + \sin\phi\sin\theta\mathbf{j} + \cos\phi\mathbf{k} = \mathbf{r}(\phi, \theta)$

이므로 이것은 구면의 바깥 방향 법선벡터이다.

$$\iint_S \mathbf{F} \cdot d\mathbf{S} = \iint_D \mathbf{F} \cdot (\mathbf{r}_\phi \times \mathbf{r}_\theta)\, dA$$

$$= \iint_D (\sin^3\phi\sin\theta\cos\theta - \sin^3\phi\cos\theta\sin\theta + \sin\phi\cos^2\phi)\, d\phi\, d\theta$$

$$= \int_0^{2\pi}\int_0^{\pi} \sin\phi\cos^2\phi \, d\phi d\theta$$

$$= \int_0^{2\pi}\left[-\frac{\cos^3\phi}{3}\right]_0^{\pi} d\theta = \frac{4\pi}{3}$$

(3) $\mathbf{F}(x, y, z) = x\mathbf{i} + y\mathbf{j} + z^3\mathbf{k}$, $S : z = \sqrt{x^2+y^2}\ (0 \le z \le 2)$ 이고 위로 방향을 가진 곡면

원뿔면이므로 $x = r\cos\theta$, $y = r\sin\theta$ 로 놓으면 $z = r$ 이 된다. 즉,

$\mathbf{r}(r, \theta) = r\cos\theta\mathbf{i} + r\sin\theta\mathbf{j} + r\mathbf{k}$, $D = [0, 2] \times [0, 2\pi]$

이 매개변수 방정식이 된다. (또는 연습문제 1(2) 참조)

$\mathbf{r}_r(r, \theta) = (\cos\theta, \sin\theta, 1)$

$\mathbf{r}_\theta(r, \theta) = (-r\sin\theta, r\cos\theta, 0)$

$$\Rightarrow \mathbf{r}_r \times \mathbf{r}_\theta = -r\cos\theta\mathbf{i} - r\sin\theta\mathbf{j} + r\mathbf{k}$$

이 매개변수 곡면은 위로 방향을 가진 곡면이다.

$$\iint_S \mathbf{F}\cdot d\mathbf{S} = \iint_D \mathbf{F}\cdot(\mathbf{r}_r \times \mathbf{r}_\theta)\, dA$$

$$= \iint_D (-r^2\cos^2\theta - r^2\sin\theta + r^4)\, dr d\theta$$

$$= \int_0^{2\pi}\int_0^2 (r^4 - r^2)\, dr d\theta$$

$$= \int_0^{2\pi}\left[\frac{r^5}{5} - \frac{r^3}{3}\right]_0^2 d\theta = \frac{112\pi}{15}$$

(5) $\mathbf{F}(x,y,z) = x\mathbf{i} + y\mathbf{j} - e^{x+y}z\mathbf{k}$, S : 원점에서 멀어지는 방향을 가진 곡면

$x^2 + y^2 = 4,\ 0 \le z \le 1$

매개변수 방정식은

$\mathbf{r}(u, v) = 2\cos u\mathbf{i} + 2\sin u\mathbf{j} + v\mathbf{k}$, $D = [0, 2\pi] \times [0, 1]$

$\mathbf{r}_u(u, v) = (-2\sin u, 2\cos u, 0)$

$\mathbf{r}_v(u, v) = (0, 0, 1)$

$$\Rightarrow \mathbf{r}_u \times \mathbf{r}_v = 2\cos u\mathbf{i} + 2\sin u\mathbf{j}$$

이 매개변수 곡면은 원점에서 멀어지는 방향을 가진 곡면이다.

$$\iint_S \mathbf{F}\cdot d\mathbf{S} = \iint_D \mathbf{F}\cdot(\mathbf{r}_u \times \mathbf{r}_v)\, dA$$

$$= \iint_D (2\cos u, 2\sin u, -e^{2\cos u + 2\sin u}v)\cdot(2\cos u, 2\sin u, 0)\, dA$$

$$= \iint_D 4\cos^2 u + 4\sin^2 u\, dA$$

$$= \int_0^{2\pi}\int_0^1 4\, du dv = 8\pi$$

5. 일반성을 잃지 않고 밀도함수 $\delta(x,\ y,\ z)=1$로 가정해도 된다. 그리고 대칭성에 의해 $\bar{x}=\bar{y}=0$임을 알 수 있다. $\bar{z}$를 구하기 위해 먼저 질량을 생각하면

$$M=\iint_S \delta\ dS=\iint_S 1\ dS$$

인데 이것은 곡면의 면적이다. 따라서 $M=2\pi$이다. xy평면에 대한 모멘트 M_{xy}를 구하기 위해 먼저 반구면의 매개변수 방정식을 구하면

$$\mathbf{r}(\phi,\ \theta)=\sin\phi\cos\theta\,\mathbf{i}+\sin\phi\sin\theta\,\mathbf{j}+\cos\phi\,\mathbf{k},\ \ D=[0,\frac{\pi}{2}]\times[0,2\pi]$$

이다. 이때, $\|\mathbf{r}_u\times\mathbf{r}_v\|=\sin\phi$이므로

따라서

$$\begin{aligned} M_{xy} &= \iint_S z\,dS \\ &= \int_0^{2\pi}\int_0^{\pi/2}\cos\phi\sin\phi\,d\phi d\theta \\ &= \int_0^{2\pi}\left[-\frac{\cos 2\phi}{4}\right]_0^{\pi/2} d\theta \\ &= \frac{1}{2}(2\pi)=\pi \end{aligned}$$

따라서, $\bar{z}=\dfrac{\pi}{2\pi}=\dfrac{1}{2}$이 되어 질량중심은 $(\bar{x},\ \bar{y},\ \bar{z})=\left(0,\ 0,\ \dfrac{1}{2}\right)$이다.

15.6 스토크스의 정리와 발산 정리

정리 15.6.1(스토크스의 정리)

S를 조각마다 매끈한 단순 닫힌 곡선 C를 경계로 갖는 조각마다 매끈한 유향곡면이라고 하자. $\mathbf{F}$는 성분함수들이 연속인 편도함수를 갖는 S위의 벡터장이라고 하면 다음이 성립한다.

$$\int_C \mathbf{F} \cdot d\mathbf{r} = \iint_S \text{curl}\,\mathbf{F} \cdot d\mathbf{S}$$

정리 15.6.2(발산 정리)

W를 단순영역이라 하고 S를 바깥 쪽 방향을 갖는 W의 경계 곡면이라고 하자. $\mathbf{F}$가 성분함수들이 연속인 편도함수를 갖는 W 위의 벡터장이라고 하면 다음이 성립한다.

$$\iint_S \mathbf{F} \cdot d\mathbf{S} = \iiint_W \div\, \mathbf{F}\, dV$$

1. (1) $\mathbf{F}(x, y, z) = x^3\mathbf{i} + 3x\mathbf{j} + z\mathbf{k}$, C : 원 $x^2 + y^2 = 4$

스토크스의 정리를 이용하기 위해 곡면 S를 곡선 C를 포함하는 원과 그 내부라고 하자.
곡면의 매개변수 방정식을

$\mathbf{r}(r, \theta) = r\cos\theta\mathbf{i} + r\sin\theta\mathbf{j}$, $D = [0,2] \times [0, 2\pi]$

로 잡자. 그러면

$\mathbf{r}_r(\mathrm{r}, \theta) = (\cos\theta, \sin\theta, 0)$

$\mathbf{r}_\theta(\mathrm{r}, \theta) = (-\mathrm{r}\sin\theta, r\cos\theta, 0)$

$$\Rightarrow \mathbf{r}_r \times \mathbf{r}_\theta = (0, 0, \mathrm{r})$$

따라서 이 곡면의 방향은 곡선의 방향을 유도한다.
그리고 $\text{curl}\mathbf{F} = (0,0,3)$이므로

$$\int_C \mathbf{F} \cdot d\mathbf{r} = \iint_S \text{curl}\,\mathbf{F} \cdot d\mathbf{S} = \int_0^{2\pi}\int_0^2 3r\,drd\theta = \int_0^{2\pi} 6\,d\theta = 12\pi$$

(3) $\mathbf{F}(x, y, z) = y^3\mathbf{i} - x^3\mathbf{j} + z^2\mathbf{k}$, C : 평면 $x + y + z = 1$과 $x^2 + y^2 = 1$의 교선

스토크스의 정리를 이용하기 위해 곡면 S를 평면 $x + y + z = 1$에서 곡선 C과 그 내부라 하자.

곡면의 매개변수 방정식을

$\mathbf{r}(r,\theta)=r\cos\theta\mathbf{i}+r\sin\theta\mathbf{j}+(1-r(\cos\theta+\sin\theta))\mathbf{k},\ D=[0,1]\times[0,2\pi]$

로 잡자. 그러면

$\mathbf{r}_{\mathrm{r}}(\mathrm{r},\theta)=(\cos\theta,\sin\theta,-\cos\theta-\sin\theta)$

$\mathbf{r}_\theta(r,\theta)=(-r\sin\theta,r\cos\theta,r(\sin\theta-\cos\theta))$

$$\Rightarrow \mathbf{r}_{\mathrm{r}}\times\mathbf{r}_\theta=(\mathrm{r},\mathrm{r},\mathrm{r})$$

따라서 이 곡면의 방향은 곡선의 방향을 유도한다. 그리고 $\mathrm{curl}\mathbf{F}=(0,0,-3(x^2+y^2))$ 이므로

$$\int_C \mathbf{F}\cdot d\mathbf{r}=\iint_S \mathrm{curl}\,\mathbf{F}\cdot d\mathbf{S}$$

$$=\int_0^{2\pi}\int_0^1 -3r^3\,drd\theta$$

$$=\int_0^{2\pi}-\frac{3}{4}d\theta=-\frac{3\pi}{2}$$

3. (1) 곡면 S_1을 곡선 C를 경계로 갖는 또 다른 유향 곡면이라 하면 스토크스의 정리로부터

$$\iint_{S_1}\mathrm{curl}\,\mathbf{F}\cdot d\mathbf{S}=\int_C \mathbf{F}\cdot d\mathbf{r}=\iint_S \mathrm{curl}\,\mathbf{F}\cdot d\mathbf{S}$$

이므로 적분이 간단한 곡면 S_1을 찾아보자. 먼저 $\mathrm{curl}\mathbf{F}$를 구하면

$\mathrm{curl}\mathbf{F}=(xe^y,1-e^y,-1)$

이다. 그리고 주어진 곡면 S의 경계는 $x^2+y^2=1,\ z=0$, 즉 xy평면의 중심이 원점인 단위원이므로 곡면 S_1을 단위원과 그 내부인 (위 쪽 방향을 가진) 곡면이라 하면 단위법선벡터가 z축과 평행하여 $\iint_{S_1}\mathrm{curl}\,\mathbf{F}\cdot d\mathbf{S}$의 계산이 간단해질 것이다.

곡면 S_1의 매개변수 방정식은

$\mathbf{r}(r,\theta)=r\cos\theta\mathbf{i}+r\sin\theta\mathbf{j},\ D=[0,1]\times[0,2\pi]$

이므로

$\mathbf{r}_{\mathrm{r}}(\mathrm{r},\theta)=(\cos\theta,\sin\theta,0)$

$\mathbf{r}_\theta(r,\theta)=(-r\sin\theta,r\cos\theta,0)$

$$\Rightarrow \mathbf{r}_{\mathrm{r}}\times\mathbf{r}_\theta=(0,0,\mathrm{r})$$

$$\therefore \iint_{S_1}\mathrm{curl}\,\mathbf{F}\cdot d\mathbf{S}=\int_0^{2\pi}\int_0^1 -r\,drd\theta=\int_0^{2\pi}-\frac{1}{2}d\theta=-\pi$$

5. (1) $\mathbf{F}(x, y, z) = x^3\mathbf{i} + 3yz^2\mathbf{j} + 3y^2z\mathbf{k}$, S : 구면 $x^2 + y^2 + z^2 = 4$

W를 구면 S와 그 내부인 영역이라 하면 $\text{div}\mathbf{F} = 3(x^2 + y^2 + z^2)$이므로 W를 구면좌표계로 나타내어 계산하면

$$\iint_S \mathbf{F} \cdot d\mathbf{S} = \iiint_W \text{div}\,\mathbf{F}\,dV$$
$$= \int_0^{2\pi}\int_0^{\pi}\int_0^2 3\rho^2(\rho^2\sin\phi)\,d\rho\,d\phi\,d\theta$$
$$= \int_0^{2\pi}\int_0^{\pi}\frac{96}{5}\sin\phi\,d\phi\,d\theta$$
$$= \int_0^{2\pi}\frac{192}{5}d\theta = \frac{384}{5}\pi$$

(3) $\mathbf{F}(x, y, z) = x^2\mathbf{i} + y^2\mathbf{j} + z^2\mathbf{k}$, S : 평면 $x + y + z = 1$과 xy평면, yz평면, xz평면으로 둘러싸인 입체의 경계

W를 S로 둘러싸인 영역이라고 하면 $\text{div}\mathbf{F} = 2(x + y + z)$이므로

$$\iint_S \mathbf{F} \cdot d\mathbf{S} = \iiint_W \text{div}\,\mathbf{F}\,dV$$
$$= \int_0^1\int_0^{1-x}\int_0^{1-x-y}(2x + 2y + 2z)\,dzdydx$$
$$= \int_0^1\int_0^{1-x}\int_0^{1-x-y}(2x + 2y + 2z)\,dzdydx$$
$$= \int_0^1\int_0^{1-x}[1 - (x + y)^2]\,dydx$$
$$= \frac{1}{3}\int_0^1(x^3 - 3x + 2)\,dx = \frac{1}{4}$$

(개정판)

미분적분학 (연습문제 풀이집)

2019년 2월 28일 개정판 발행
2025년 2월 25일 재판 발행

저 자	**박재명 · 정세영 · 안재현**
발행자	**신 동 수**
발행처	도서출판 **신 성**
주 소	서울시 동작구 흑석로6길 8
전 화	814-7655
팩 스	812-7109
등 록	1989년 10월 27일
등록번호	제14-85호
E-mail	putin9@hanmail.net

http://www.신성출판사.com

정가 17,000원 ISBN 978-89-6361-39-9 93410